建/筑/物/改/造/丛/书

建筑物概论

Introduction to Buildings

主　编 ◎ 高作平
副主编 ◎ 何英明　廖杰洪

武汉大学出版社
Wuhan University Press

图书在版编目(CIP)数据

建筑物概论／高作平主编 . -- 武汉：武汉大学出版社,2024.12.
建筑物改造丛书 . -- ISBN 978-7-307-24667-6
Ⅰ. TU-87
中国国家版本馆 CIP 数据核字第 2024CZ5252 号

责任编辑：史永霞　　　责任校对：鄢春梅

出版发行：武汉大学出版社　　（430072　武昌　珞珈山）
（电子邮箱：cbs22@whu.edu.cn 网址：www.wdp.com.cn）
印刷：湖北恒泰印务有限公司
开本：787×1092　1/16　　印张：20.5　　字数：486 千字
版次：2024 年 12 月第 1 版　　2024 年 12 月第 1 次印刷
ISBN 978-7-307-24667-6　　定价：79.00 元

版权所有，不得翻印；凡购买我社的图书，如有质量问题，请与当地图书销售部门联系调换。

高作平

高作平，教授，武汉大学董事会2012—2022年董事，武汉巨成结构集团股份有限公司董事长、创始人，建筑物检测与加固教育部工程研究中心创始人。从事建筑物改造的技术与产品研究开发逾三十年，获专利368项，其中第一发明人191项，国际发明专利4项，国内发明专利52项，主编国家行业和地方标准11部；带领巨成获工信部2015年60家"知识产权运用标杆企业"称号，并获2016年中国"水力发电科学技术特等奖"，获2019年"武汉十大科技创新企业家"，带领巨成获2022年国家级专精特新"小巨人"荣誉，获2022年光谷工匠企业家。

何英明

何英明，武汉大学土木建筑工程学院教授，一级注册结构工程师，武汉巨成结构集团股份有限公司结构首席专家，湖北珞珈工程结构检测咨询有限公司顾问总工程师，中国土木工程学会会员。主持和参加水利水电科学基金、国家"十一五"科技支撑计划等各类科研项目40余项；参编教材和专著9本，参编国家和行业规范10余部。

廖杰洪

廖杰洪，同济大学工学博士，高级工程师，一级注册结构工程师，注册土木工程师（岩土）。武汉巨成结构集团股份有限公司副总经理、巨成研究院副院长。主持完成火灾后混凝土结构残余抗剪承载力研究与扩孔自锁锚固技术等课题，主持完成十余座特大桥设计，主持完成工程改造设计、检测鉴定百余项；参编国家、行业及地方规范规程5项；获得国家发明及实用新型专利60项。

丛书编委会

主　编　高作平
副主编　周剑波　卢亦焱　陈明祥　万雄卫
　　　　廖杰洪　张　畅
编　委　何英明　李北星　张黎明　韩　晗
　　　　周志勇　吴　博　张玉峰　祖国栋
　　　　谭星舟　李志强　李　妍　魏　伟
　　　　马　瑜　余　超　董成龙

序

当受高作平老师之邀,为这本《建筑物概论》作序时,我深感荣幸。我与高老师相识已有 20 余年,于我而言,高老师亦师亦友亦同道,他既是一位有情怀的大教授,也是一位有情怀的企业家。

2023 年,在巨成[①] 24 周年庆典的盛会上,我有幸目睹了巨成顶升试验工地上那句震撼人心的大标语:"只有科技大突破,才有营销大突破"。这不仅仅是对巨成企业精神的精准诠释,更是高老师作为企业家所秉持的创新、冒险和合作精神的集中体现。尤其是那种永不满足、追求卓越的创新精神,让我印象深刻,历久弥新。

几年前,高老师提出了钢滑道同步顶升技术,为城市更新领域带来了革命性的突破。这项技术能够在不拆除原有历史建筑的前提下,将建筑顶升抬高,重新开发其下方的空间,使建筑重焕新生。这一技术的出现,不仅是对习近平总书记提出的"望得见山、看得见水、记得住乡愁"[②]理念的生动实践,更是对中华优秀传统文化的有力保护和传承。它巧妙地解决了城市更新过程中的诸多难题,让历史街区和历史建筑得以保留,延续城市的历史文脉。

作为清华大学土木专业的学子,我与高老师一样,深耕这个行业数十载,共同见证了无数建筑的诞生、成长与变迁。从古朴的草房、平瓦房,到现代的筒子楼、单元房,再到如今琳琅满目的商品房、超高层建筑、超大型公共建筑等,每一座建筑都承载着人类的智慧与情感,都讲述着人与环境和谐共处的动人故事。它们跨越时空,激发着我们对美好生活的向往和追求,承载着历史的厚重,传承着文化的精髓,展现着时代的风貌。

而高作平老师主编的这本《建筑物概论》,正是这样一座连接过去、现在与未来的桥梁。它以通俗易懂的语言,全面展示了各类建筑物的起源、发展以及对既有建筑物改造等方面的知识;通过国内外典型建筑物的案例,深入探讨了建筑与人类社会、自然环境的关系,引导我们深入思考建筑的本质和意义。这本书不仅是对建筑物的简单介绍,更是对建筑改造艺术的深入解读,对人类文明发展史的精彩呈现。

有人说,建筑如诗,其韵律与意境贯穿人类文明的始终。从高山之巅到大海之滨,从东方文化到西方艺术,从远古的石屋到今日的高楼大厦,每一座建筑都是一首无言的诗,诉说着人类与自然、历史与未来的对话。在阅读这本书的过程中,我深刻感受到了建筑的庄重

---

① 武汉巨成结构集团股份有限公司。
② 出自 2013 年 12 月 12 日习近平总书记在中央城镇化工作会议上的讲话。

与神圣，目睹了现代建筑的崛起与繁荣，领略了它们所散发出的创新精神和勃勃生机。

尤其令人印象深刻的是书中对既有建筑物改造的探讨。在当前社会，随着城市化的快速推进，建筑物改造已经成为一个重要的议题。通过改造，我们可以赋予老旧建筑新的生命和价值，让它们重新融入现代生活。这种改造不仅是对建筑本身的挑战，更是对人类智慧和创造力的考验。书中的深入剖析和案例分享，让我们对既有建筑改造有了更深刻的理解和认识。

我坚信，《建筑物概论》将成为建筑改造领域的一部优秀著作。它不仅能够拓宽我们的视野，深化我们对建筑物的理解，更能够提升我们的专业素养和技能水平。我衷心希望，每一位读者都能以此书为媒，全面领略建筑物改造的独特魅力，从中汲取智慧与灵感，共同推动建筑改造领域的发展和创新。让我们一起在建筑的世界里感受那份庄重与神圣，那份创新与活力，那份对美好生活的无限向往和追求吧。

全国工程勘察设计大师

前　言

新中国成立以前,钢筋混凝土的建筑很少,只能在一些沿海城市和内河城市的租界见到,基本上是由外国人设计建造。古建筑和近现代建筑基本上是以石材、砌体和木结构为主,钢筋混凝土的建筑极少。大量的民居以砌体结构、木结构、土坯房和草棚为主。

随着第一个五年计划的实施,我国出现了大型的工业厂房,以及人民大会堂、军事博物馆等大型钢筋混凝土公共建筑。在改革开放以前,我们的建筑物主要以砌体为主,钢筋混凝土和钢结构的比例相对较小,高层建筑与超高层建筑更是十分稀少。路桥、水工建筑物、水利建筑物、港航码头、发电变电结构等都以小型的和普通的为主。以桥梁为例,长江上只有苏联援建的武汉长江大桥和我们自主修建的南京长江大桥。

改革开放40多年是中国的大基建时代,这期间我们新建的建筑物主要以钢筋混凝土和钢结构为主,砌体结构的比例明显降低。几乎所有的城市都出现了大量的高层建筑,在一些特大型城市出现了许多超高层建筑。我们的高速公路,高速铁路,超大型的高铁客运站,超大型的国际航空港,超大型集装箱码头、港口,超大型水力发电站,超高压变电输电结构,超大型供水工程,超大型厂房,超大型公共建筑物,超高型各类构筑物,几乎都成了世界之最。中国的建筑铁军,以"建筑狂魔"的名号享誉世界。

今后新形成的大建筑业市场在哪里呢？就是对既有建筑物的保护、维护、改造和升级。对既有建筑物改造的大市场主要来自四个方面。一是国家加大了对文物建筑的保护力度。中国现在申报的世界文化遗产已经超过意大利,成为世界第一。中国是世界上最古老的文明国家之一,史前文化遗址、古建筑、近现代建筑等的数量极其巨大。二是国家开始执行严厉的环境保护政策,大拆大建将会彻底禁止,这样就会使大量的建筑物进入建筑物改造市场。三是社会发展进步很快,我们前几十年建成的建筑物已经完全满足不了现代生活的需求,需要进行功能改造。以老旧小区为例,20世纪八九十年代建成的住宅小区,现在普遍存在无停车空间、无电梯、无社区养老、无其他公共社会服务空间等,这一块建筑物将源源不断地进入建筑物改造市场。四是我们国家是一个建筑物体量大国,更要成为一个建筑物安全大国、建筑物品质大国;我国的危房、危楼、危坝等建筑物存在非常大的体量,每年有大批的这类建筑物进入建筑业市场。这四类建筑物改造市场的规模将很快超过新建建筑物市场。

既有建筑物改造产业所需的人才、技术、材料、设备、工艺等与新建工程有很大的不同。

武汉大学建筑物检测与加固教育部工程研究中心与武汉巨成结构集团股份有限公司组成了一个学研产的联合体，20多年以来，围绕这一产业方向进行了持续深入的研究，边研究，边试验，边应用，边改进，边标准化，已经在技术开发、材料制造、设备研制、工艺改进方面进行了成功的探索和大量的工程实践，同时形成了一整套人才培训的教材。

《建筑物概论》是我们推出的第一本教材，它是建筑物改造专业的基础教材。这本教材的推出，旨在培训建筑工程的全才，也就是说，只要读过土木工程类任何一个专业的学生，在阅读了这本书以后，就能够将土木工程的各个专业融会贯通。

我们希望这本书能够成为今后我们培养建筑物改造方向硕士生、博士生的基础教材，成为有志于这个方向的年轻教师和工程技术人员的教材和参考书。

本书由武汉大学和武汉巨成结构集团股份有限公司联合推出，由高作平任主编，何英明、廖杰洪任副主编，其中第1章由周志勇编写，第2章和第8章由吴博编写，第3、4章和第7章由廖杰洪编写，第5、6章和第9章由张畅编写。本书从初稿开始共修订八稿，前三稿由何英明教授修订，后五稿由高作平教授修订。

我们努力想把这本书写成既能传播知识又有趣味性，既能通俗易懂又有真材实料的好书，所以在编写的时候改了一次又一次，虽然下足了功夫，但由于我们学识有限，书中的谬误在所难免，希望读者们批评指正。

高作平
2024年7月26日

目 录

第 1 章 民用建筑物概论 ··· (1)
1.1 起源与发展 ··· (1)
1.1.1 民用建筑物的起源与发展 ······································ (1)
1.1.2 民用建筑物的分类 ·· (6)
1.2 构造与功能 ··· (6)
1.2.1 地基和基础 ··· (7)
1.2.2 墙、柱 ··· (7)
1.2.3 楼层、地层 ··· (9)
1.2.4 屋顶 ·· (10)
1.2.5 楼梯、电梯 ··· (10)
1.2.6 门、窗 ··· (10)
1.2.7 变形缝 ··· (10)
1.3 结构形式与力学模型 ··· (12)
1.3.1 砌体结构 ··· (12)
1.3.2 框架结构 ··· (13)
1.3.3 混合结构 ··· (16)
1.3.4 剪力墙结构 ··· (18)
1.3.5 空间结构 ··· (21)
1.4 改造与加固 ··· (29)
1.4.1 直接加层 ··· (30)
1.4.2 外套框架加层 ··· (30)
1.4.3 顶升增层 ··· (31)
1.4.4 拓展地下空间改造 ·· (39)
1.4.5 大幅度提高承载力加固 ··· (40)
1.4.6 面层清水混凝土加固改造 ····································· (42)
1.5 国内外著名民用建筑物 ·· (44)

第2章　工业建筑物概论 (50)

2.1　起源与发展 (50)
- 2.1.1　世界工业建筑的起源与发展 (50)
- 2.1.2　我国工业建筑的起源与发展 (55)

2.2　构造与功能 (57)
- 2.2.1　工业厂房的构造 (57)
- 2.2.2　工业建筑内部的起重运输设备 (63)

2.3　结构形式 (64)
- 2.3.1　墙体承重体系 (65)
- 2.3.2　骨架承重体系 (65)
- 2.3.3　特种结构 (68)

2.4　改造与加固 (68)
- 2.4.1　大幅度提高结构承载力 (68)
- 2.4.2　空间改造与顶升工程 (71)
- 2.4.3　特殊环境加固改造 (72)
- 2.4.4　特种结构改造 (72)

2.5　国内外著名工业建筑物 (75)

第3章　水电建筑物概论 (78)

3.1　起源与发展 (78)
- 3.1.1　水力发电的起源与发展 (78)
- 3.1.2　重力坝的起源与发展 (79)
- 3.1.3　拱坝的起源与发展 (81)
- 3.1.4　碾压混凝土坝的起源与发展 (83)
- 3.1.5　支墩坝的起源与发展 (83)
- 3.1.6　土石坝的起源与发展 (84)
- 3.1.7　抽水蓄能电站的起源与发展 (85)

3.2　构造与功能 (86)
- 3.2.1　挡水建筑物 (87)
- 3.2.2　泄水建筑物 (89)
- 3.2.3　水电站厂房 (92)
- 3.2.4　水电站洞室 (93)
- 3.2.5　过坝建筑物 (94)
- 3.2.6　抽水蓄能电站 (95)

3.3 结构形式与力学模型 …………………………………………………… (99)
   3.3.1 重力坝 ………………………………………………………… (99)
   3.3.2 拱坝 …………………………………………………………… (101)
3.4 改造与加固 ……………………………………………………………… (103)
   3.4.1 大坝加高加固 ………………………………………………… (103)
   3.4.2 大坝整体加固 ………………………………………………… (112)
   3.4.3 闸墩加固 ……………………………………………………… (112)
   3.4.4 水工廊道加固 ………………………………………………… (114)
   3.4.5 抗冲磨修复 …………………………………………………… (115)
3.5 国内外著名水电建筑物 ……………………………………………… (117)

第4章 水利建筑物概论 …………………………………………………… (121)
4.1 起源与发展 ……………………………………………………………… (121)
   4.1.1 水利工程的起源与发展 ……………………………………… (121)
   4.1.2 泵站的起源与发展 …………………………………………… (122)
   4.1.3 水闸的起源与发展 …………………………………………… (123)
   4.1.4 渡槽的起源与发展 …………………………………………… (123)
   4.1.5 隧洞的起源与发展 …………………………………………… (124)
4.2 构造与功能 ……………………………………………………………… (125)
   4.2.1 泵站 …………………………………………………………… (125)
   4.2.2 水闸 …………………………………………………………… (126)
   4.2.3 渡槽 …………………………………………………………… (126)
   4.2.4 水工隧洞、管道与箱涵 ……………………………………… (127)
   4.2.5 倒虹吸管 ……………………………………………………… (127)
   4.2.6 接缝处的止水 ………………………………………………… (128)
4.3 结构形式 ………………………………………………………………… (129)
   4.3.1 泵房 …………………………………………………………… (129)
   4.3.2 水闸 …………………………………………………………… (130)
   4.3.3 渡槽 …………………………………………………………… (131)
   4.3.4 隧洞 …………………………………………………………… (135)
4.4 改造与加固 ……………………………………………………………… (137)
   4.4.1 泵站修型改造 ………………………………………………… (137)
   4.4.2 渡槽加固改造 ………………………………………………… (137)
   4.4.3 水工隧洞加固改造 …………………………………………… (142)

4.4.4　有压供水管道加固 …………………………………………………… (145)
　　　4.4.5　倒虹吸管加固 ………………………………………………………… (146)
　4.5　国内外著名水利建筑物 ……………………………………………………… (148)

第5章　桥梁工程概论 ……………………………………………………………… (152)
　5.1　起源与发展 …………………………………………………………………… (152)
　　　5.1.1　古代桥梁(1840年之前) …………………………………………… (153)
　　　5.1.2　近代桥梁(1840—1949年) ………………………………………… (156)
　　　5.1.3　现代桥梁(1949年至今) …………………………………………… (158)
　5.2　分类与组成 …………………………………………………………………… (159)
　　　5.2.1　桥梁的分类 …………………………………………………………… (159)
　　　5.2.2　桥梁的组成 …………………………………………………………… (167)
　5.3　结构形式和力学模型 ………………………………………………………… (168)
　　　5.3.1　梁桥 …………………………………………………………………… (168)
　　　5.3.2　拱桥 …………………………………………………………………… (174)
　　　5.3.3　斜拉桥 ………………………………………………………………… (178)
　　　5.3.4　悬索桥 ………………………………………………………………… (181)
　5.4　加固与改造 …………………………………………………………………… (184)
　　　5.4.1　大幅度提升桥梁承载力 ……………………………………………… (184)
　　　5.4.2　桥台锚固 ……………………………………………………………… (190)
　　　5.4.3　不封道桥梁检测和加固 ……………………………………………… (190)
　5.5　国内外著名桥梁 ……………………………………………………………… (192)

第6章　隧道工程概论 ……………………………………………………………… (200)
　6.1　起源与发展 …………………………………………………………………… (201)
　　　6.1.1　古代隧道 ……………………………………………………………… (201)
　　　6.1.2　近代隧道 ……………………………………………………………… (202)
　　　6.1.3　现代隧道 ……………………………………………………………… (203)
　　　6.1.4　我国隧道工程的成就 ………………………………………………… (204)
　6.2　分类与构造 …………………………………………………………………… (206)
　　　6.2.1　隧道按功能分类 ……………………………………………………… (207)
　　　6.2.2　隧道结构构造 ………………………………………………………… (207)
　6.3　结构形式与力学模型 ………………………………………………………… (216)
　　　6.3.1　隧道力学研究的发展 ………………………………………………… (216)

6.3.2　隧道结构体系的计算模型 ………………………………………… (218)
　　6.3.3　计算荷载及其组合 ………………………………………………… (220)
6.4　加固与改造 ………………………………………………………………… (221)
6.5　国内外著名隧道 …………………………………………………………… (222)

第7章　港口水工建筑物概论 ……………………………………………………… (225)
7.1　起源与发展 ………………………………………………………………… (225)
7.2　构造与功能 ………………………………………………………………… (226)
　　7.2.1　码头 ………………………………………………………………… (227)
　　7.2.2　防波堤 ……………………………………………………………… (227)
　　7.2.3　护岸建筑 …………………………………………………………… (228)
7.3　结构形式与力学模型 ……………………………………………………… (229)
　　7.3.1　重力式码头 ………………………………………………………… (229)
　　7.3.2　板桩码头 …………………………………………………………… (231)
　　7.3.3　高桩码头 …………………………………………………………… (236)
7.4　改造与加固 ………………………………………………………………… (239)
　　7.4.1　重力式码头的加固改造 …………………………………………… (239)
　　7.4.2　板桩码头的加固改造 ……………………………………………… (243)
　　7.4.3　高桩码头的加固改造 ……………………………………………… (246)
7.5　国内外著名港口水工建筑物 ……………………………………………… (250)

第8章　高耸构筑物概论 …………………………………………………………… (252)
8.1　起源与发展 ………………………………………………………………… (252)
　　8.1.1　古代高耸构筑物 …………………………………………………… (252)
　　8.1.2　近现代高耸构筑物 ………………………………………………… (255)
8.2　构造与功能 ………………………………………………………………… (258)
　　8.2.1　高耸构筑物的功能 ………………………………………………… (258)
　　8.2.2　高耸构筑物的材料与构造 ………………………………………… (260)
8.3　结构形式与力学模型 ……………………………………………………… (264)
8.4　改造与加固 ………………………………………………………………… (265)
　　8.4.1　某气象塔顶升改造 ………………………………………………… (265)
　　8.4.2　高耸构筑物纠偏改造 ……………………………………………… (265)
　　8.4.3　高耸构筑物应急工程 ……………………………………………… (267)
　　8.4.4　高耸构筑物耐久性改造 …………………………………………… (268)

8.5　国内外著名高耸构筑物 …………………………………………………… (270)

第9章　新能源发电工程概论 ………………………………………………… (275)
9.1　起源与发展 ……………………………………………………………… (275)
9.1.1　风能的起源与发展 ………………………………………………… (275)
9.1.2　太阳能的起源与发展 ……………………………………………… (279)
9.2　结构形式和功能 ………………………………………………………… (281)
9.2.1　风力发电 …………………………………………………………… (281)
9.2.2　光伏发电 …………………………………………………………… (288)
9.3　设计要点 ………………………………………………………………… (295)
9.3.1　风机基础设计 ……………………………………………………… (295)
9.3.2　风机塔筒（架）设计 ………………………………………………… (296)
9.3.3　光伏支架设计 ……………………………………………………… (297)
9.4　加固与改造 ……………………………………………………………… (298)
9.4.1　风机整体破坏 ……………………………………………………… (298)
9.4.2　风机基础局部病害 ………………………………………………… (299)
9.4.3　典型工程案例 ……………………………………………………… (299)
9.5　国内外著名风电和太阳能电站 ………………………………………… (307)

参考文献 ……………………………………………………………………… (310)

第1章 民用建筑物概论

1.1 起源与发展

1.1.1 民用建筑物的起源与发展

原始人类为避寒暑遮风雨，防虫蛇猛兽，住在山洞里或树上，即所谓的"穴居"和"巢居"（树上筑巢）。随着人类文化的发展与技术的进步，人们开始按照事先设计好的方案建造房屋。于是，经过人们精工雕琢、科学拼接而成的木屋和石屋，以及木石土合用建造的各种形式的房屋大量出现，村落、街道开始出现，规模宏大的宫殿建筑群和寺庙建筑群逐步出现，直至发展为钢筋混凝土结构和钢结构等现代材料建成的城市建筑群。

由于历史文化或风俗习惯不同，不同民族的人们创造了各式不同的房屋。我国考古发掘证明，原始社会时期产生的房屋建筑主要有两种。一种是北方的以陕西西安半坡遗址为代表的半地穴式房屋和地面式房屋，如图 1-1 所示。半地穴式房屋多圆形，地穴有深有浅，以坑壁作墙基或墙壁；坑上搭架屋顶，顶上抹草泥土；有的四壁和屋室中间还立有木柱支撑屋顶。另一种是南方的以浙江余姚河姆渡遗址为代表的干栏式建筑，如图 1-2 所示。一般是用竖立的木桩或竹桩构成高出地面的底架，底架上有大小梁木承托的悬空的地板，其上用竹木、茅草等建造住房。干栏式建筑下面饲养牲畜，上面住人。

(a) 半地穴式

(b) 地面式

图 1-1 陕西西安半坡遗址复原剖面图

在奴隶社会时期，出现了建筑群组合规整的廊院，然后逐步发展为宫室和陵墓，西周时期发明了瓦，由此奠定了中国传统建筑以木、土、瓦、石为基本材料的营造方式。到春秋时期，出现了建造在高大夯土台上的宫殿等建筑物。

在战国时期，出现了城市建设的高潮，有些宫殿建筑还配套有取暖、排水、冷藏、

图 1-2　浙江余姚河姆渡遗址复原实景图

洗浴等功能设施。冶炼技术的出现及铁制工具的使用，使得建筑的施工质量和结构技术大幅提高，出现阿房宫、长城等巨型建筑物；在两汉时期，木构架体系逐渐成熟，砖石建筑和结构有了很大的发展，除了宫殿、陵寝、猎场等皇家建筑和普通居民居住建筑，坛庙、宗庙、寺庙、园林等形式更加丰富的建筑也多了起来；到了中国封建社会鼎盛的隋唐时期，城市规模越来越大，建筑群体布局日趋成熟，城市规划更加宏伟，开始注重空间组合，提升城市功能。中国现存古代建筑中的明、清建筑最多，其建筑实物类型众多、数量庞大，列入世界文化遗产名录的也最多。木构架建筑体系达到高度成熟，梁柱构架的整体性加强，砖构件已经普遍用于民居砌墙，装修水平得到提高。

图 1-3　英格尔斯大楼

近代，西方科技发展迅速。从 1684 年英国科学家牛顿的力学理论奠定土木工程的力学分析基础，到 1825 年法国科学家纳维建立结构设计的容许应力法，从 1824 年波特兰水泥的发明（当时的水泥用于制造饰面砂浆），到 1859 年采用转炉炼钢法生产的钢材应用于建筑工程，再到 1867 年钢筋混凝土开始应用，这些大大促进了现代建筑工程的发展。1903 年美国辛辛那提市建成的英格尔斯大楼（the Ingalls Building，图 1-3），有 16 层 64m 高，是首次采用钢筋混凝土建造的高层建筑。

近代中国的建筑式样随着"西学东渐"，最初以模仿或照搬西洋建筑为主。1876 年，意大利传教士在武汉督造了天主教堂（图 1-4）；1903 年，法国人在汉口设计建造了大智路火车站（图 1-5）；

1921年，俄国人在汉口建造了新泰大楼（图1-6）；1933年，由工部局出资兴建、英国设计师巴尔弗斯设计的上海工部局宰牲场（图1-7），类似清水混凝土建筑，现改造成创意园。19世纪末20世纪初，上海外滩和武汉汉口江岸的建筑群形成了独特的西方近代建筑风貌，其中上海外滩1923年建造的汇丰银行和1925年建造的江海关大楼是主要的两幢标志性建筑（图1-8）。汇丰银行的穹顶采用了钢结构，主体采用了钢筋混凝土框架结构。1920—1930年，上海建筑设计业务基本由外国建筑师一统天下，而中国建筑师自己开办的建筑师事务所中能与外商竞争，且在业务上取得很大发展的，寥寥无几。对后来上海乃至全中国的建筑设计界影响最大的是庄俊。庄俊成立事务所后的第一个业务项目是上海金城银行大楼（图1-9）。1928年，金城银行大楼建成，其整体设计体现了欧洲文艺复兴时期的建筑艺术和20世纪初期的建筑技术，这个建筑的完成使人们相信，中国人也能设计现代化的具有建筑艺术的大建筑。

图1-4　汉口上海路天主教堂

图1-5　汉口大智路火车站

图1-6　汉口新泰大楼

图1-7　上海工部局宰牲场旧址

新中国成立初期，经济底子薄，技术落后，作为一个农业大国，我国基本上没有自己的机器制造业，甚至连一颗螺丝钉都要从外国进口，钉子叫"洋钉"，水泥叫"洋灰"，火柴叫"洋火"，煤油叫"洋油"。建筑总体上以经济实用为主。1959年，北京建成"十大建筑"，分别是人民大会堂、中国革命历史博物馆、中国革命军事博物馆、北京火车站、北京工人体育馆、全国农业展览馆、钓鱼台国宾馆、北京民族文化宫、民族饭店、华侨大厦，它们皆是具有典型中国建筑特色、大力倡导民族风的建筑，体现出简洁、实用的现代审美倾向。

改革开放后，我国现代超高层建筑开始在深圳出现，比如始建于1982年、由中南建

图1-8 上海外滩汇丰银行（左）和江海关大楼（右）

图1-9 上海金城银行大楼

筑设计院设计的深圳国际贸易中心大厦（图1-10），有53层，高度160m，是典型的现代建筑。20世纪90年代，我国建筑开始进入以现代主义流派为主流的大规模高速发展期，出现大量具有代表性的新建筑。如：1990年建成的上海商城，是一座办公商业综合大楼；始建于1994年的东方明珠电视塔（图1-11），高468m，与外滩历史建筑群隔江相望，为当时最高的高耸构筑物。

图 1-10　深圳国际贸易中心大厦　　　　　　图 1-11　东方明珠电视塔

到 21 世纪，我国成为世界级建筑大作不断上演的舞台，如浦东国际机场航站楼、北京大兴国际机场、上海东方艺术中心、国家大剧院、国家体育场"鸟巢"、武汉大悦城城市商业综合体（图 1-12）等。随着经济、社会的高速发展，中国已成为世界建筑发展的中心，已成为一个引领潮流的"世界建筑博物馆"。

图 1-12　武汉大悦城城市商业综合体

1.1.2 民用建筑物的分类

民用建筑物一般分为两类：居住建筑物和公共建筑物。居住建筑物是指供人们生活、休息等居住用的建筑物，如公寓、别墅等。公共建筑物一般是指供人们进行工作、学习、商贸、运动、聚会等各种公共活动的建筑物，如办公楼、商场、酒店、体育馆、教学楼等。

本教材将民用建筑物按结构形式分为五类：砌体结构、框架结构、混合结构、剪力墙结构和空间结构。后面将详细介绍。

1.2 构造与功能

建筑构造是建筑设计的一部分。一幢民用建筑物，一般由基础（地基）、墙（柱）、楼（地）层、屋顶、楼（电）梯、门窗等基本部件组成，如图1-13所示。除上述六大基本部件之外，有不同功能要求的建筑，还有其他各种不同的构件和配件，如阳台、雨篷、烟囱、散水、垃圾井等。

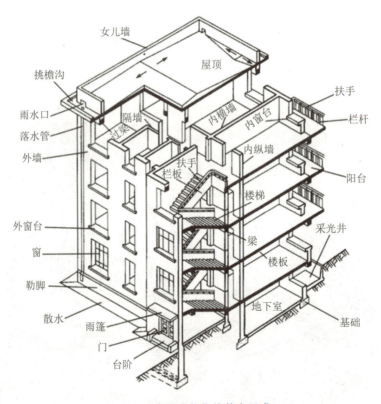

图1-13 房屋建筑物的基本组成

1.2.1 地基和基础

基础是建筑物最底部的构件,它将整个建筑物托起,并稳稳地坐在地基上,如图 1-14 所示。地基是承受整个建筑物重量的(岩)土层,不属于建筑物的组成部分。

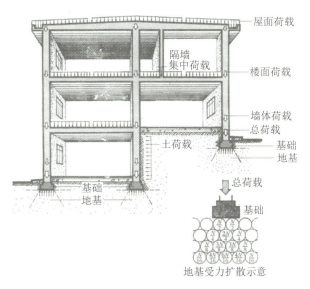

图 1-14 地基和基础

若地基承载力强,基础可以弱一些,比如独立基础或条形基础(图 1-15(a));若地基承载力弱,基础就必须加强,比如井格基础(图 1-15(b))、筏板基础(图 1-15(c))、箱形基础(图 1-15(d)),甚至桩基础(图 1-15(e)),将基桩深入地基(岩)土层,起到加固地基的作用。

1.2.2 墙、柱

墙是建筑物的竖向分隔构件或竖向承重构件,柱是建筑物的竖向承重构件。利用墙体承重时,其间距在符合建筑空间大小要求的同时,还应符合梁和楼板等水平构件的经济跨度的要求。通常板的经济跨度是 2.5~4m,梁的经济跨度为 6~8m,完全的墙体承重结构只适用于中小建筑空间。

墙只作为竖向分隔构件时,需满足分隔、围护和美观的要求。墙既是分隔构件,又起承重作用时,还需要满足结构承载力的要求。

施工建造中常见的墙体包括砌体墙(图 1-16(a))、现场浇筑墙(简称现浇墙,图 1-16(b))、板材墙、骨架墙等。砌体墙包括石墙、砖墙和砌块墙,它们都是用块材和砂浆按一定的组砌方式砌筑而成的。现场浇筑墙主要是混凝土墙或钢筋混凝土墙,经现场绑扎钢筋、支模、浇筑而成。板材墙是指在工厂预制的一块块大板经现场拼装而成的墙。骨架墙由骨架和面板组成。传统的骨架面板墙为轻质墙,以室内隔墙居多。现在有了很多新型的骨架面板墙,它们由钢骨架和玻璃及各种形式的金属板材构成。

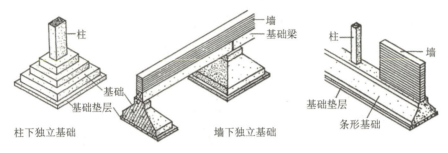

(a) 独立基础、条形基础

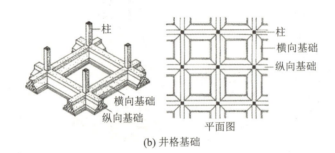

(b) 井格基础

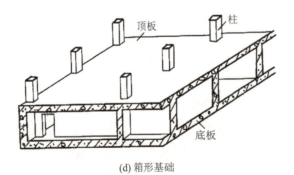

(c) 筏板基础

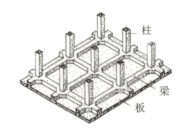

(d) 箱形基础

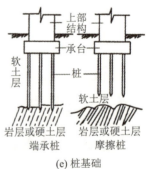

(e) 桩基础

图 1-15　各种结构基础

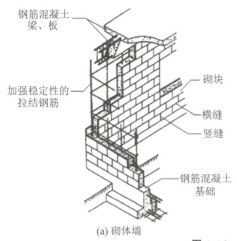

(a) 砌体墙　　　　　　　(b) 钢筋混凝土现浇墙

图 1-16　常见墙体类型

墙体除了具有分隔和承重的作用外，还应满足保温隔热、防潮防水、防火、隔声等要求。不仅如此，墙体的美观要求也很重要，主要体现在造型及其比例、尺度和墙面的色彩及质感等方面。结构表面不作修饰的墙体，俗称清水墙；装饰后的墙体表面，称墙体饰面。随着清水混凝土技术的发展，可以在现有墙体表面浇一层清水混凝土薄层，这样既能起到结构加固的作用，又能达到装饰的效果。非墙体承重结构中的外墙，有填充墙和幕墙两种，填充墙的重量是"搁"在框架结构上的，幕墙的重量则是"挂"在结构上的。

1.2.3　楼层、地层

楼层、地层是人们活动的"场地"，是建筑物的水平分隔和承重传力构件。建筑物的略高于室外地面的带有众多出入口的这一层，通常称为底层平面；当没有地下室时，这一地面层就是建筑空间与地表土层的分隔层。

楼层、地层的使用功能是相同的，地层通常是指将建筑底层的地坪直接建造在地表土层上，而楼层则是将楼板层架在墙体或柱子上的，它们的结构要求是不一样的。地层的结构要求不高，做法上多按经验设计。有地下室时，地下室底层的地层是"搁"在（岩）土层上的，但因为它通常是基础的一部分，并可能受到地下水的作用，故应由结构工程师完成其受力部分的设计，包括地下室的抗浮设计。

楼层、地层是水平分隔构件，有分隔空间和隔声的要求，同样也有保温隔热、防潮防水、防火等要求。楼层同时还是下面一层的顶棚，因此，楼层由地面层、结构层和顶棚层三个基本层组成，再依据特殊情况加保温隔热、防潮防水和隔声等夹层，构成完整的楼层。

楼层、地层的结构层材料通常是钢筋混凝土、木材和钢材等，地面层有石材、地砖、木地面、地毯、塑胶地面等，顶棚层有结构抹灰面、石音板、矿棉板和各种材料（钢、铝合金、塑料）的扣板、格构等。

1.2.4 屋顶

屋顶是建筑室内空间的最顶部部分，它覆盖和保护着整幢建筑，与建筑的竖向构件相互支撑。屋顶既是承重构件，也是围护构件。屋顶的围护作用主要体现在防水和保温隔热上。

屋顶通常由屋面层、结构层和顶棚层三个基本层组成，再辅以保温隔热和防水层。平屋顶的结构层和顶棚层构造与楼层基本相同。坡屋顶的结构层构造类型较多，大型的多采用钢筋混凝土或钢材，中小型的则可以采用木结构、轻钢结构等。

1.2.5 楼梯、电梯

楼梯、电梯和自动扶梯是联系楼面、地面不同标高的交通构件。电梯和自动扶梯不是严格意义上的建筑构件，更不是建筑的必备设施，但现在建筑楼层高了，建筑标准也提高了，为了更快地输送人流和满足使用者的舒适性，安装电梯和自动扶梯的建筑越来越多。

楼梯由梯段、平台和扶手栏杆三部分组成。梯段起垂直交通作用，平台起休息或转换方向作用，扶手栏杆起安全作用。

1.2.6 门、窗

门、窗是特殊的墙壁，需对它们进行特殊的设计，以方便人们进出建筑，满足人们在室内能适时享受自然的阳光和空气、欣赏室外的风景等需求。

门的主要功能是空间之间的交通联系，窗的主要功能是采光、通风，保温隔热和装饰也是其应该满足的功能要求。

1.2.7 变形缝

变形缝是保证房屋在温度变化、基础不均匀沉降或地震时有一定的自由伸缩，以防止墙体开裂、结构破坏，而在建筑上预留的竖直的缝。变形缝包括伸缩缝、沉降缝和防震缝。

预留变形缝会增加相应的构造措施，也不经济，故在设计时，应尽量不设缝。可通过验算温度应力、加强配筋、改进施工工艺（如分段浇筑混凝土），或适当加大基础面积来防止结构变形超限；对于地震区，可通过简化平面、立面形式，增加结构刚度等措施来解决。只有当采取上述措施不能防止结构变形超限或在经济效益低的情况下才设置变形缝。

1. 伸缩缝

建筑物因受温度变化的影响而产生热胀冷缩，当受到约束时会在结构内部产生温度应力，当建筑物长度超过一定限度、建筑平面变化较多或结构类型变化较大时，建筑物会因热胀冷缩变形而产生开裂。为预防这种情况发生，常常沿建筑物长度方向每隔一定距离或在结构变化较大处预留缝隙，将建筑物断开。这种因温度变化而设置的缝隙被称为伸缩缝或温度缝。

2. 沉降缝

沉降缝是为了预防建筑物各部分由于不均匀沉降引起的破坏而设置的变形缝。沉降缝要求建筑物从基础到屋顶全部断开。同时也可以兼顾伸缩的作用，在设计时应满足伸缩和沉降的双重要求。

沉降缝与伸缩缝最大的区别在于：伸缩缝只需要保证建筑物在温度变化时在水平方向的自由伸缩变形，而沉降缝则主要应满足建筑物各部分在垂直方向的自由沉降变形。一般而言，地面以下部分建筑物温度变化不大，故伸缩缝在基础部分可以不断开，而沉降缝则必须连同基础一起断开。所以说，沉降缝可以兼做伸缩缝，但伸缩缝不能兼做沉降缝。

3. 防震缝

防震缝是将体型复杂的房屋划分为体型简单、质量和刚度均匀的独立单元，以减弱地震力对建筑的破坏。防震缝应沿房屋全高设置。

防震缝应与伸缩缝、沉降缝统一布置，并满足设计要求。一般情况下，防震缝在基础部分可以不断开，但在防震缝处应加强上部结构和基础的连接。在平面复杂的建筑中，或当建筑相邻部分刚度差别很大时，需要将基础断开。按沉降缝要求的防震缝也应将基础断开。

三种变形缝的比较见表 1-1。

表 1-1 三种变形缝的比较

比较项目	缝 的 类 型		
	伸缩缝	沉降缝	防震缝
对应变形的原因	因温度产生的变形	不均匀沉降	地震力
墙体缝的形式	平缝、错口缝、企口缝	平缝	平缝
缝的宽度	20～30mm	参见相关技术标准	参见相关技术标准
盖缝板的允许变形方向	水平方向自由变形	垂直方向自由变形	水平与垂直方向自由变形
基础是否断开	可不断开	必须断开	必要时断开

1.3 结构形式与力学模型

本书将民用建筑物常用的结构形式概括为五种：砌体结构、框架结构、混合结构、剪力墙结构和空间结构。我国从 20 世纪 70 年代开始建造的单层、低层（1~3 层）、多层（4~6 层）和部分中高层（7~9 层）住宅建筑物大多为墙体承重结构；在一些不发达的地区，对于一般标准的中小型公共建筑，如中小学校和卫生院等，也多选用墙体承重结构。甚至到了 21 世纪的今天，我国农村的房屋仍普遍为墙体承重结构。墙体承重结构大多属于砌体结构体系。而在中大型城市，多层、中高层的学校、商业楼、办公楼等，高层（超过 10 层或建筑高度超过 24m）住宅和大型办公楼等公共建筑，多选择框架结构体系或剪力墙结构体系。随着我国经济和技术的发展，新型建筑材料的种类也日益增多，支撑建筑空间的结构体系不断革新，出现了悬索结构、空间薄壁结构、空间网架结构等，这类结构体系多用于大型活动空间，比如大型体育馆、展览馆、影剧院等专用建筑物的屋面结构。

1.3.1 砌体结构

砌体结构一般指用砖砌体、石砌体或砌块砌体等建造的结构，该类建筑物中竖向承重结构的墙采用砖、石或者砌块砌筑，构造柱以及横向承重的梁、楼板、屋面板等采用钢筋混凝土结构或钢、木结构。砖（石）是经济性较好的承重墙体材料，如果需要用砖（石）来做梁或楼板等水平构件，则需要做成拱形，以将竖向荷载转换为拱轴方向的压力。图 1-17 所示为竖向构件、水平构件和拱的受力模型。

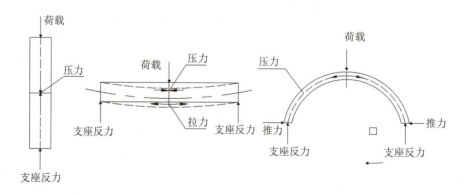

图 1-17 竖向构件、水平构件和拱的受力模型

砌体结构因受梁板经济跨度的制约，不宜用于建造较大空间的房屋，所以在平面布置上，常常具有矩形网格砌体承重墙的特点。那些房间不大、层数不高且为一般标准的某些公共建筑，如学校、中小型办公楼（图 1-18）、医院等，以及中小城市新建的多层住宅（图 1-19）等，都适用砌体结构类型。该类建筑物的主要特点为：内墙和外墙起到分

隔建筑空间和支承上部结构重量的双重作用。

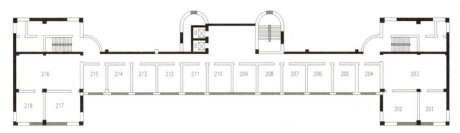

图 1-18　办公建筑物平面布置

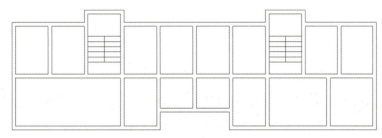

图 1-19　多层住宅建筑物平面布置

另外，从砌体承重墙布置的方式看，有纵墙承重和横墙承重之分，应结合布局的需要加以选择。因砌体结构中的承重墙体需要承受上部屋顶或楼板的荷载，故应充分考虑屋顶或楼板的合理布置，并要求梁板或屋面的结构构件规格整齐，统一模数，为方便施工创造有利的条件。针对这种结构的特点，在进行建筑布局时，应注意以下要求：

（1）为了保证墙体有足够的刚度，承重墙的布置应做到均匀，并应符合规范的规定。

（2）为了使墙体传力合理，在多层建筑中，上下承重墙应尽量对齐，门窗洞口的大小也应有一定的限制。此外，还应尽量避免大房间压在小房间之上，出现承重墙落空的弊病。

（3）墙体的厚度和高度（自由高度与厚度之比），应在允许的合理范围内。

1.3.2　框架结构

框架结构是由梁和柱作为承重构件的结构形式，如图 1-20 所示。承重系统与非承重系统有明确的分工，这是框架结构最明显的特点，即支承建筑空间的骨架是承重系统，而分隔室内外空间的围护结构和轻质隔断则是不承受荷载的。钢筋混凝土框架结构和钢框架结构大多用于工业建筑，民用建筑中也有应用。如图 1-21（a）所示，湖北省博物馆楚文化馆是一栋二层的钢筋混凝土框架结构，基础采用独立柱基础，楚文化馆高台阶、宽屋檐、大坡面"覆斗"式屋顶，秉承了楚国宫殿"层台累榭"的建筑特点；如图 1-21（b）所示，华中科技大学东九教学楼是邵逸夫先生与华中科技大学共同出资建造的框架结构教学楼，建成时是亚洲第一大教学楼。图 1-22 所示为钢框架民用建筑物应用实例。

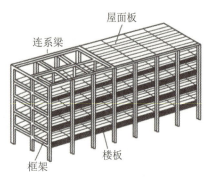
(a) 横向框架体系

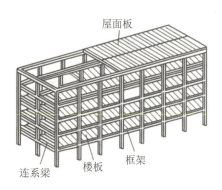
(b) 纵向框架体系

图 1-20　框架结构体系

(a) 湖北省博物馆楚文化馆

(b) 华中科技大学东九教学楼

图 1-21　钢筋混凝土框架结构

(a) 钢结构立体车库

(b) 钢结构住宅

图 1-22　钢框架结构

　　框架结构是利用梁、柱组成的纵、横两个方向的框架形成的结构体系。它同时承受竖向荷载和水平荷载，常见的力学模型如图 1-23 和图 1-24 所示。其主要优点是建筑平面布置灵活，可形成较大的建筑空间，建筑立面处理也比较方便；主要缺点是侧向刚度较小，当层数较多时会产生过大的侧移，易引起非结构性构件（如隔墙、装饰墙等）破坏，从而影响使用。

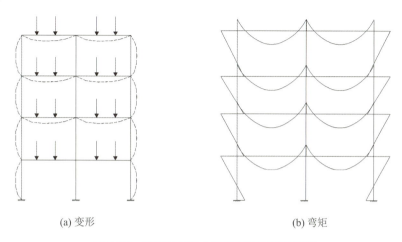

图 1-23　框架在竖向力作用下的变形和弯矩

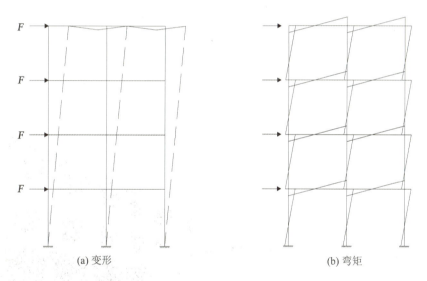

图 1-24　框架在水平力作用下的变形和弯矩

框架结构的柱与柱之间可根据需要做成填充墙或全部开窗，也可部分填充，部分开窗，或做成空廊，使室内外空间灵活通透。隔墙的形状多种多样，可以是直线的，也可以是折线或曲线的。因此，应充分利用承重柱与轻隔墙的布置与分工，显示出框架结构体系的特色和优越性。

我国古建筑的木构架体系颇具框架结构的特点，已沿用了数千年之久。西欧在中世纪才出现具有框架结构特点的建筑，直至19世纪才开始采用钢框架和钢筋混凝土框架结构。新材料框架结构因为具有强度大、刚度好的优点，同时还给建筑空间组合赋予较大的灵活性，所以适用于高层建筑或空间比较复杂的公共建筑。在进行建筑空间组合时，应充分体现新材料框架结构的这个特色。

有的公共专用建筑常依据空间组合的需要，将室内外的墙体进行灵活安排。隔墙和柱网之间可以是脱开的，也可以是部分脱开、部分衔接的，使建筑空间产生彼此流动渗透而又灵活多变的效果，这是砌体结构和剪力墙结构所不能比拟的。

1.3.3 混合结构

混合结构建筑一般泛指采用多种建筑材料作为主要承重构件的房屋建筑物。为了区别，本书从结构类型出发，将混合结构建筑特指为混凝土框架与砌体混合建造的建筑物。混合结构主要分为底部框架结构和内框架结构两种。

底部框架结构房屋的底部（底层或底部两层）一般因使用要求而需要大空间，故采用框架结构，框架上部则采用纵横墙的砌体结构；内框架结构房屋既具有比类似的框架结构更经济和施工简单的优点，又有砖墙承重结构所达不到的较大空间的优点。这类混合结构在我国广大中西部地区临街建筑中普遍采用，混合结构也是我国特有的一种结构形式。由于框架和砌体两种结构的抗震性能相差较大，组合建造后的混合结构可能是一种抗震不合理的结构，因此抗震分析是混合结构设计及加固改造设计中的主要技术控制点。

1. 底部框架结构

底部框架结构是指底层或底部两层为钢筋混凝土框架或框架-抗震墙结构，上部几层为砌体墙（砖或小砌块）承重的多层房屋，底部框架结构也简称为底框结构，如图1-25所示。

(a) 底部框架结构示意图　　(b) 底部框架结构案例

图 1-25　底部框架结构

一般来说，底框结构的高度不是很高，受风荷载的影响较小，主要承受竖向荷载和水平地震作用。当底层没有设置抗震墙时，其在地震作用下的破坏特征如下：

（1）二层以上砖房破坏的状况与一般多层砖房基本相同。

（2）底层的破坏比上面各层都严重，主要是因为底层柱丧失承载力，或因为变形集中引起位移过大而破坏。底层柱在竖向荷载和水平地震剪力的联合作用下，沿斜截面发生破坏后,又加剧了受压破坏。有的柱由于箍筋间距过大,特别是在柱的上下端箍筋没有加密的情况下,破坏更加突出。有的钢筋混凝土柱因纵向钢筋的配筋率太高(超过6%),丧失韧性,发生脆性破坏。

(3) 由于底框结构上部砖房的重量较大,底部重量相对较轻,即"头重脚轻",再加上平面布置不对称而发生扭转破坏。

针对以上情况,《建筑抗震设计规范》(GB 50011—2010)规定,对此类结构的底层不能采用纯框架结构,必须在两个方向设置抗震墙,成为框架-抗震墙结构。至于抗震墙的材料,在6、7度抗震设防时,允许采用砖墙,但应计入砖对框架的附加轴力和附加剪力。其余情况均应采用钢筋混凝土抗震墙。

《建筑抗震设计规范》(GB 50011—2010)对底框结构的层数和总高度做了明确规定。例如:在抗震设防烈度为6度的地区,普通砖砌体的底框结构层数限制为7层、高度限制为22m;在抗震设防烈度为7度(0.10g)的地区,层数和高度与6度地区一致,但在7度(0.15g)的地区,高度则降为19m。

底框结构的底层抗震横墙也有限制。抗震横墙的间距限制主要是防止楼板平面出现过大的变形而不能使各层的地震作用传递到抗震墙,因此抗震横墙的间距与楼、屋盖的刚度有关。一般情况下,底框结构的楼、屋盖采用现浇,应保证整体式装配。此时,抗震横墙的最大间距在6度时为25m,在7度时为21m。

2. 内框架结构

内框架结构建筑内部由梁柱组成的框架来承重,梁的端头搁置在外墙上,如图1-26所示,四周由外墙来承重。内框架结构可以发挥外墙的承重能力,比较经济、节约,适用于内部有较大通透空间但可设柱的建筑,如食堂、商店等建筑。

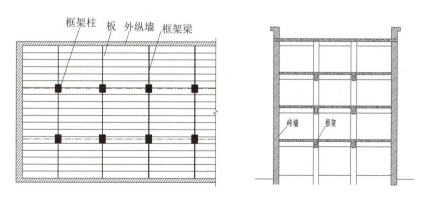

图1-26 内框架结构

内框架结构以外墙、内部柱承重,取消了承重内墙,由柱代替,内部空间敞开,具有较大的空间灵活性,同时也不需要增加梁的跨度。内框架结构的混凝土柱与外砖墙是两种材料,在强度、刚度等方面都存在差异,容易产生不均匀的形变,形成附加内力,加上横墙较少,所以抗震性能很差,只能在非地震设防区使用。

武汉工艺大楼(图1-27)位于武汉市中山大道与民生路的十字路口,始建于20世纪

50年代，曾经是全国最大的工艺美术品商场之一，该建筑物就是典型的内框架结构。

图 1-27　武汉工艺大楼

1.3.4　剪力墙结构

当房屋层数更多或高宽比更大时，骨架式框架结构的梁、柱截面将增大到不经济甚至不合理的地步。这时，采用高强度的结构材料，虽然能够减小构件尺寸和减轻房屋的重量，但是又会使房屋受到水平力作用的反应更为敏感。因为框架结构在水平荷载作用下表现出抗侧力刚度小、水平位移大的特点，且对水平荷载的动力反应特别敏感，故风荷载或水平地震作用是高层房屋设计中的决定因素。因此，当房屋向更高层发展时，解决问题的正确途径，应该着重提高抗侧力刚度，其有效措施就是在房屋中设置剪力墙。

剪力墙结构利用建筑物的墙体（内墙、外墙）作为抗侧力构件来抵抗水平力，这与框架结构体系中墙体只起到分隔维护作用不同。剪力墙一般为钢筋混凝土墙，厚度不小于140mm，剪力墙的间距一般为3~8m，多适用于拥有小开间的住宅和旅馆等。剪力墙既承受垂直荷载，也承受水平荷载，高层建筑主要荷载为水平荷载，墙体既受弯又受剪。剪力墙结构的优点是侧向刚度大，水平荷载作用下侧移小；缺点是剪力墙的间距小，结构建筑平面布置不灵活，不适用于大空间的公共建筑，结构自重也较大。

随着房屋高度的不断增加，一方面对抗侧力构件的要求逐渐增加，另一方面房屋中也要求有不同的功能分区。为了满足房屋对刚度和不同功能分区的要求，目前主要有四类新型剪力墙结构形式：框架-剪力墙结构、剪力墙结构、框支剪力墙结构和筒体结构。

1. 框架-剪力墙结构

框架-剪力墙结构就是在框架体系的房屋中的适当部位增设一定数量的剪力墙，形成框架和剪力墙结合在一起共同承受竖向和水平力的结构,如图 1-28 所示。在整个体系中,框架与剪力墙同时存在,剪力墙承担绝大部分的水平荷载,而框架则以负担竖向荷载为主,两者共同受力,合理分工,物尽其用。由于框架-剪力墙结构是以框架体系为主体、以剪力墙为辅助补救框架结构之不足的一种组合体系,因此,这种结构属半刚性结构体系。

2. 剪力墙结构

随着房屋层数和高度的进一步增加,水平荷载对房屋的影响更大,如果仍然采用框架-剪力墙结构,则需要大幅度增加设置的剪力墙数量,以致整个房屋中剩下的框架寥寥无几。为简化设计和施工,宜全部采用剪力墙结构,工程中称全剪力墙结构,也可简称剪力墙结构,如图 1-29 所示。

图 1-28 框架-剪力墙结构　　图 1-29 全剪力墙结构

剪力墙结构是全部由剪力墙承重而不设框架的结构体系,剪力墙结构的墙体布置,实际上相当于将砌体结构的砌体墙换成现浇的钢筋混凝土墙。由于剪力墙结构全部由纵横墙体所组成,故刚度比框架-剪力墙结构更好。

3. 框支剪力墙结构

在高层住宅或旅馆等建筑中,底层做商业用房或停车场,往往需要较大空间,这种情况下,常采用底层为框架的剪力墙结构,即所谓框支剪力墙结构,如图 1-30 所示。这种结构的底层由于以框架代替了若干片剪力墙,所以房屋的底部抗侧力刚度有所削弱,其刚度虽然比全剪力墙结构差,但它毕竟相当于全剪力墙结构的类型,就墙片本身而言,墙片底部相当于开大洞的剪力墙。框支剪力墙的结构形式如图 1-31 所示。

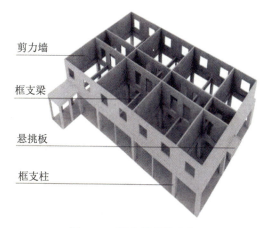

图 1-30 框支剪力墙结构

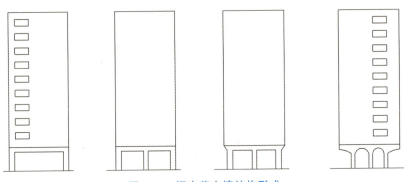

图 1-31 框支剪力墙结构形式

框架的侧移曲线是剪切型曲线，曲线凹向原始位置，如图 1-32（a）所示。而剪力墙的侧移曲线是弯曲型曲线，曲线凸向原始位置，如图 1-32（b）所示。在框架-剪力墙结构中，由于楼盖在自身平面内刚度很大，在同一高度处框架、剪力墙的侧移基本相同，这使得框架-剪力墙的侧移曲线既不是剪切型，也不是弯曲型，而是一种弯剪混合型，简称弯剪型，如图 1-32（c）所示。在结构底部，框架将把剪力墙向右推；在结构顶部，框架将把剪力墙向左拉，如图 1-32（d）所示。框架-剪力墙结构底部侧移比纯框架结构的侧移要小一些，比纯剪力墙结构的侧移要大一些；其顶部侧移则正好相反。框支剪力墙结构底部框架侧移保持框架结构侧移特性，上部剪力墙结构则与框架-剪力墙结构类似，如图 1-32（e）所示。

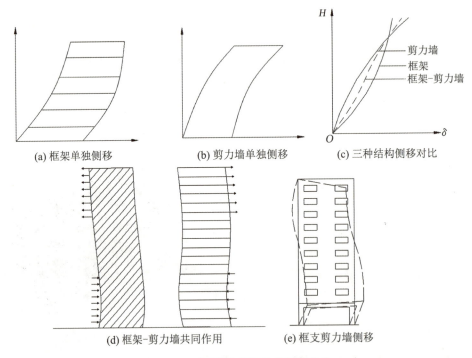

图 1-32 不同剪力墙结构的侧移曲线

4. 筒体结构

筒体结构是由片状布置的剪力墙集中布置演变发展而来的。在框架剪力墙结构中，剪力墙是片状布置的。单片剪力墙在本身平面内的刚度很大，但在平面外的刚度很小，必须在各主轴方向同时布置剪力墙，以抵抗不同方向的水平荷载。将剪力墙集中到房屋的内部或外部形成封闭的筒体，筒体在水平荷载作用下，像一个竖向悬臂封闭箱，它的空间刚度大，可抵抗不同方向的水平荷载，抗扭性能也好，又因为剪力墙的集中布置不妨碍房屋的使用空间，使得建筑平面设计具有良好的灵活性，所以筒体结构适用于各种高层公共建筑。

筒体的基本抗侧力单元有三种主要形式：实腹筒、框筒、桁架筒，如图 1-33 所示。

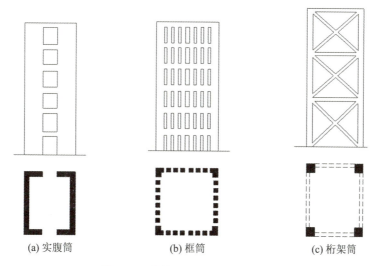

图 1-33 筒体的基本抗侧力单元

筒体结构中，常利用房屋中的电梯井、楼梯间、管道井及服务间等作为核心筒（实腹筒），利用四周外墙作为外筒（框筒）。

核心筒与外筒都属于单筒，单筒常与框架结合在一起，故也称为框架-筒体结构。

对于超高层房屋，特别是办公建筑，已经形成一种"外筒"结构；而与外筒相互作用的剪力墙式内核"内筒"组成的结构，则称为筒中筒结构。筒中筒，是对高度要求高、刚度要求大、内核与外筒之间要求有广阔的自由空间的房屋的合理解决办法。核心筒可作安置服务设施之用，结构上又可以获得额外刚度；外筒则可作安装立面玻璃的框架之用。

1.3.5 空间结构

空间结构一般用于公共建筑物中的大型体育馆、展览馆等专用建筑物，且经济性优越。近年来，高新建筑材料，如高强的钢材、混凝土、塑钢板、铝合金板与管材及尼龙制材等不断出现,促使轻型高效的空间结构得到迅速发展,有效地解决了大跨度结构的建筑空间问题。

大跨度空间结构包括悬索结构、空间薄壁结构、网架结构等。

1. 悬索结构

悬索结构是大跨度空间结构的一种理想形式,在工程上应用最早的是悬索桥。在大跨度公共建筑中,悬索结构是没有烦琐支撑体系的屋盖结构类型,是较为理想的形式。

悬索结构的受力很简单,即轴心受拉(图1-34),因此,悬索结构体系具有两个突出的特点:一是悬索结构的钢索不承受弯矩,可以使钢材耐拉性发挥最大的效用,从而能够降低钢材的消耗量,所以结构自重较轻,从理论上讲,只要施工方便、构造合理,就可以做成很大的跨度;二是施工时不需要大型起重设备和大量的模板,施工期限较短。当然,在选择悬索结构形式时,需要注意其受力特性,解决好公共建筑空间环境的组合问题。另外,在荷载作用下,悬索结构体系能承受巨大的拉力,因此,要求设置能承受较大压力的构件与之相平衡,这就是该结构体系的受力特殊性能。为了使整体结构有良好的刚性和稳定性,需要选择良好的组合形式,常见的有单层索系结构、双层索系结构和交叉索系结构(鞍形)三种类型。

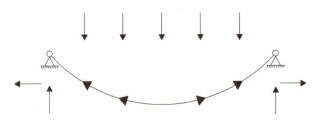

图1-34 单悬索受力情况

1)单层索系结构

单层索系结构包括单曲面单层悬索结构、双曲面单层悬索结构和双曲网状布置索系。图1-35所示为单曲面单层悬索结构,也称为单层平行索系,其优点是传力明确、构造简单,缺点是屋面稳定性差。

双曲面单层悬索结构也称为单层辐射索系,通过单层索网辐射状布置成圆形或椭圆形平面,整个屋面形成一个旋转曲面;拉索的一端支承在周边柱顶的环梁上,另一端支承在中心内环梁上或柱上。图1-36所示是典型的双曲面单层悬索结构。

双曲网状布置索系一般是指正交布置的网状下凹型双曲索系结构,常用于圆形、矩形等各种平面。

2)双层索系结构

双层索系结构一般由一系列位于同一平面内(也可不在同一平面)的承重索和曲率相反的稳定索组成。其特点是稳定性好、整体刚度大、自重轻、节约材料,适用于采用轻屋面和轻质高强保温材料的屋面结构。1966年建成的瑞典斯德哥尔摩约翰尼绍夫滑冰场屋盖(图1-37),是世界上第一个双层索系结构。

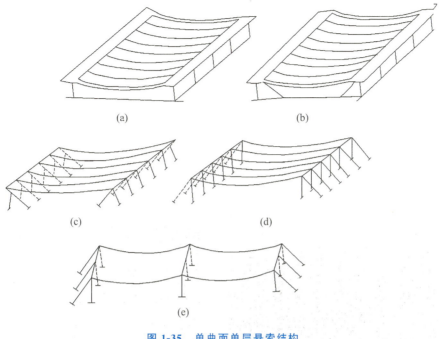

图 1-35　单曲面单层悬索结构

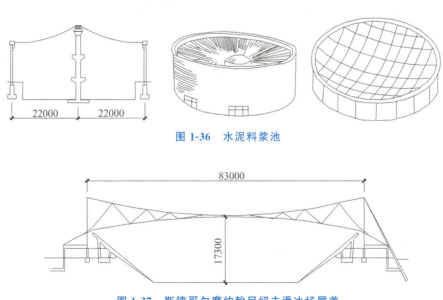

图 1-36　水泥料浆池

图 1-37　斯德哥尔摩约翰尼绍夫滑冰场屋盖

双层索系结构包括单曲面双层索体系、双曲面双层悬索体系和网状布置的双层悬索体系。图 1-38 所示为平行布置的多跨单曲面双层悬索结构示意图。吉林滑冰馆（图 1-39）是典型的单曲面双层悬索体系。

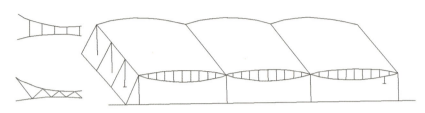

图 1-38 平行布置的多跨单曲面双层悬索结构示意图

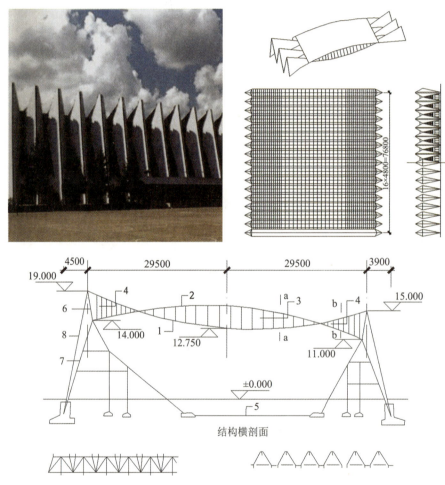

图 1-39 吉林滑冰场

双曲面双层拉索体系也称为双层辐射索系,如图 1-40（a）所示,其特点是悬索均沿辐射方向布置,周边支承在受压的外环梁上,一般中心设置受拉内环梁。图 1-40（b）所示为网状布置的双层悬索体系。

3) 交叉索系结构

交叉索系结构体系又称为鞍形索网体系,图 1-41 所示为几种不同的鞍形悬索结构。该结构由两组正交、曲率相反的拉索直接叠交组成,曲面为双曲抛物面。该索网体系中下凹者为承重索,上凸者为稳定索。其特点是刚度大、轻屋面、排水易处理,适用广泛。

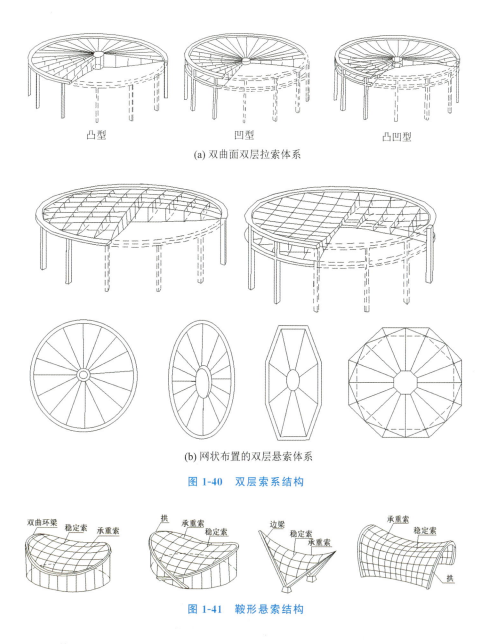

(a) 双曲面双层拉索体系

(b) 网状布置的双层悬索体系

图 1-40 双层索系结构

图 1-41 鞍形悬索结构

2. 空间薄壁结构

空间薄壁结构常称为薄壳结构,是大跨度公共建筑采用的另一种结构形式。钢筋混凝土具有可塑性能,作为壳体结构的材料是比较理想的。空间薄壁结构一般具有如下特性:

(1) 壳体结构的刚度取决于它的合理形状,而不像其他结构形式需要加大结构断面,所以材料消耗量低。

(2) 壳体结构不像其他结构形式那样,静载是随跨度增长而加大的,所以其厚度可以做得很薄。

（3）壳体结构本身具有骨架和屋盖的双重作用，而不像其他结构形式，只起骨架作用，屋盖结构体系需要另外设置。承重与屋盖的合而为一，使这种结构更加经济有效，且建筑空间利用上更加充分。

因为壳体结构属于高效能空间薄壁结构范畴，可以适应力学要求的各种曲线形状，所以它承受弯曲及扭转的能力远比平面结构大。另外，因结构受力均匀，可充分发挥材料的性能，大大降低结构的重量和材料的消耗，所以壳体结构非常适用于大跨度的公共建筑，常用的形式有筒壳、折板、波形壳、双曲壳等，如图 1-42 所示。

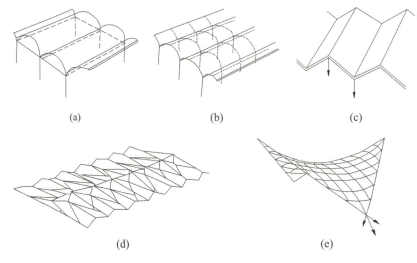

图 1-42　壳体结构的常用形式

中国国家大剧院（图 1-43）的主体建筑为钢结构，超椭圆球体壳为一个超大空间壳体，其外围护装饰板面积约 36000m^2，巨大的壳体融合建筑与结构，墙体与顶面浑然一体，没有界限。整个钢壳体由顶环梁、钢架构成骨架，148 榀弧形钢架呈放射状分布，钢架之间由连杆、斜撑连接，壳体钢架从外观看，好似落在水中，实际上是支撑在宽 3m×高 2m 的混凝土圈梁上。整个壳体钢结构重达 6475 吨，东西方向长轴跨度 212.20m，南北方向短轴跨度 143.64m，是目前世界上最大的穹顶。

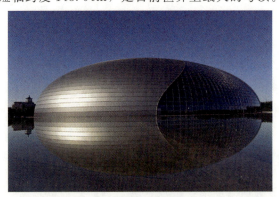

图 1-43　中国国家大剧院

3. 网架结构

网架结构通常指的是平板网架结构，是以多根杆件按一定规律组合而成的网格状空间杆系结构。当今，空间平板网架结构在我国已有较大的发展。网架结构的杆件多采用金属管材，能承受较大的轴向力，与一般钢结构相比，可节约大量钢材和降低施工费用（根据有关资料统计，节约钢材约35%，降低施工费用约25%，甚至在某些情况下，耗钢量接近于普通钢筋混凝土梁中的钢筋数量）。因此，空间网架的结构形式用于大跨度公共建筑具有很大的经济意义。另外，空间平板网架具有较大的刚度，所以结构高度不大，特别适用于大跨度空间造型。

网架结构种类较多，分类方法也不尽相同。

按网架结构的支撑方式，网架可分为周边支撑网架、点支撑网架、周边支撑与点支撑相结合（混合支撑）网架、单边支撑网架、两边支撑网架和三边支撑网架等，如图1-44所示。

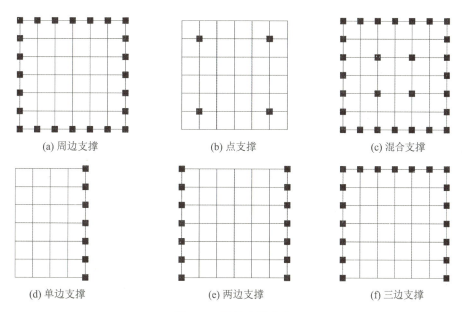

图1-44 网架支撑方式

按网架结构的组成方式，网架可分为交叉平面桁架体系网架和交叉空间桁架体系网架等。交叉平面桁架体系网架是由两向交叉或三向交叉的平面桁架组成的网架结构，交叉空间桁架体系网架是由一系列四角锥、三角锥排列组合构成的网架。本书只对交叉空间桁架体系网架做简单介绍。

1）四角锥体系网架

四角锥体系网架是由若干个四角锥体按一定规律排列而构成的网架，这种网架的平面网格常为方形或矩形，如图1-45（a）所示。当锥底面四边与网架边界平行或垂直时，称为正放四角锥网架。当组成网架的四角锥体均为倒置布置，即锥底朝上、锥尖朝下时，称为正放倒置四角锥网架,如图 1-45(b)所示;当组成网架的四角锥体均为正置布置,即锥底朝下、锥尖朝上时,称为正放正置四角锥网架,如图 1-45(c)所示。

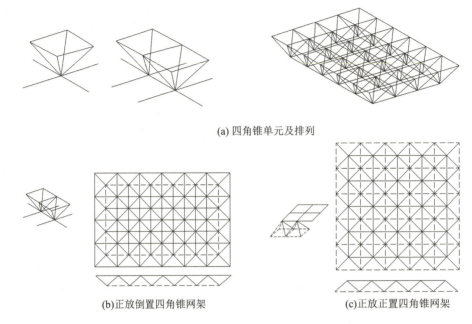

(a) 四角锥单元及排列

(b) 正放倒置四角锥网架　　　　(c) 正放正置四角锥网架

图 1-45　四角锥网架

正放倒置四角锥网架锥体底面为上弦杆,侧棱为腹杆,顶点相连的杆件为下弦杆。而正放正置四角锥网架锥体底面为下弦杆,侧棱为腹杆,顶点相连的杆件为上弦杆。

正放四角锥网架适用于建筑平面形状为矩形或正方形的周边支撑网架、点支撑网架,以及有悬吊荷载或屋面荷载较大的网架。

如果把正放四角锥网架的底边相对于边界转动一定角度(一般是 45°)后布置,就构成了斜放四角锥网架。

2) 三角锥体系网架

三角锥体系网架是以倒置的三角锥体为组成单元的,如图 1-46 所示。锥底为等边三角形,将各个三角锥体底面互相连接起来即为网架的上弦杆,锥顶用杆件相连即为网架的下弦杆,三角锥体的三条棱即为网架的斜腹杆。这种网架的网格常为三角形或六边形。

武汉商学院游泳馆如图 1-47 所示,屋面是开有较大洞口的大跨度结构,因此结构设计将洞口三边设置成框架结构与屋面钢结构网架相结合,形成完整大洞口,设计现代、布局新颖。随着我国高新技术的不断发展,尤其是轻质高强钢材的不断更新,新型的空间网架结构体系一定会日新月异、飞速发展,为大跨度公共建筑空间的创造提供了更加宽广的前景。

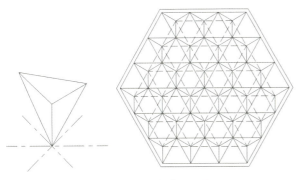
图 1-46　三角锥体系网架

图 1-47　武汉商学院游泳馆

4. 其他空间结构

近年来，随着先进技术的不断发展，充气结构类型广泛应用于国外的一些公共建筑，特别是大跨度公共建筑。所谓充气结构，是指薄膜系统充气后使之能承受外力，形成骨架与围护系统，两者结合为统一的整体。如气承式的充气结构类型，充气后的薄膜大部分受拉，从而可以使薄膜材料充分发挥耐拉的效能。此外，风雪、震动、自重等荷载，大部分由薄膜内外压差所承受，因此自重可忽略不计，这是充气结构最大的优越性。当然，充气结构的历史还比较短，尚有不少问题需进一步研究，如充气薄膜材料老化、充气结构的精确计算等问题。我国在充气结构技术方面也有一定的发展，但多处于研究与试制阶段，常用于较小规模的临时帐篷、库房、展览厅、体育场馆等。图 1-48 所示为山东青岛胶州一座电竞气膜馆，占地面积 9156m^2，施工周期 46 天。

(a) 青岛胶州电竞气膜馆外景

(b) 气膜馆室内

图 1-48　青岛胶州电竞气膜馆

1.4　改造与加固

民用建筑改造与加固的案例很多，本书只介绍加层改造（包括直接加层、外套框架加层、顶升增层）、拓展地下空间改造、大幅度提高承载力加固、面层清水混凝土加固改造的部分案例。

1.4.1 直接加层

湖北省发展和改革委员会办公楼（图1-49）是典型的直接增层改造工程（2005年）。该建筑物建于20世纪80年代，为5层钢筋混凝土框架结构，建筑面积约为4500m^2，结构柱网为6m×（10～6）m，现浇框架柱截面尺寸为500mm×600mm，框架梁截面尺寸为300mm×（700～1100）mm，柱下为独立承台，无地下室，基础采用钻孔灌注桩，桩径为500mm，单桩承载力特征值为700kN。

图1-49 湖北省发展和改革委员会办公楼

该建筑物因办公建筑面积严重不足而被计划拆除重建。拆除重建属于新建，按新的城市规划，新建建筑物应在原址向后退10m以上，但该建筑物后有居民区，且整个施工工期长，于是在原建筑基础上进行加层改造。根据业主要求，加层部分（建筑面积约10000m^2）均为办公使用，加层部分结构的柱网调整为4m×（10～6）m，加层改造不能对桩基部分做任何处理。设计方案为：将3层楼面以上所有结构全部拆除，保留3层楼面以下结构，并对3层楼面以下框架柱、框架梁进行加固改造处理（框架柱采用湿式外包钢、框架梁采用粘钢进行抗震加固），采用钢结构在3层楼面以上加建10层，并在3～4层做钢结构支撑转换层，将下部混凝土6m柱网转换成上部钢结构4m柱网。设计方案完全满足业主的要求。本方案通过计算分析，原桩基承载力满足加层后上部结构荷载要求，承台厚度也满足当时执行的荷载规范要求，即在对原基础不进行加固处理的前提下，将原5层建筑物（4500m^2）加层改造为12层（高度45.1m）的办公楼（约12000m^2），完全满足业主的使用要求，同时为业主节省了征地、勘察、基础施工等工程建设周期及相关费用，在明显减少投资的前提下，建设周期至少提前了1年，使业主得到了可观的经济效益和社会效益，也避免了拆除产生的大量建筑垃圾。

1.4.2 外套框架加层

中铁第四勘察设计院集团有限公司老办公楼原为4层砖混结构，通过外套预应力巨型框架的方式加层改造为10层的建筑结构。其结构平面布置图如图1-50（a）、（b）所示。具体结构布置为：每两个开间设一单跨两层横向巨型框架，柱截面为800mm×1100mm，楼面梁截面为600mm×2000mm，屋面梁截面为400mm×1500mm；在横向巨型框架的第二层内及两榀巨型框架之间的二层内各设一榀六层三跨的子框架，子框架柱截面为350mm×

450mm、梁截面为 300mm×700mm 和 300mm×500mm 两种；纵向巨型框架在二层范围每跨内形成多跨六层子框架，在一层范围内每跨内悬挂两跨四层子框架。其中一榀横向巨型框架结构剖面如图 1-50（c）所示，局部纵向巨型框架如图 1-50（d）所示。

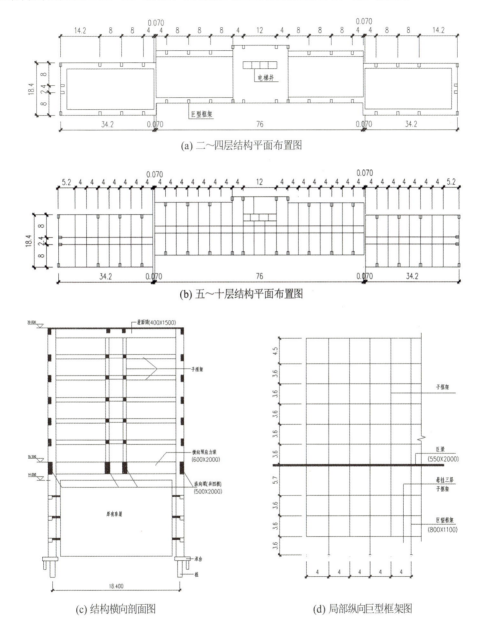

图 1-50 加层改造办公楼结构设计（图中除梁、柱截面外的尺寸单位为米）

1.4.3 顶升增层

建筑物的整体顶升是指在保证原有建筑上部结构（或包括一定范围的基础）安全和

外观完整的条件下，通过同步顶升设备对其空间高度进行提升。根据改造功能的要求，提升到一定程度即可将增高的空间进行加层处理，这就是顶升增层法。顶升增层一般要通过托换结构，将柱或承重墙截断后进行同步顶升，可在建筑物底部（地面位置）进行顶升，也可以在建筑物中间层进行顶升，也有对屋面进行顶升的情况。随着建筑物整体顶升技术与装备的深入研究，顶升技术（包括顶升增层法和顶升纠偏法）也日趋成熟，利用顶升技术对建筑物进行空间改造的工程应用也将越来越多。

1. 钢滑道顶升增层法

"钢滑道顶升"的工程技术理念就是截柱顶升时用钢滑道进行托换。钢滑道顶升增层法的实施过程是：对于单体框架结构，先拆除首层砖墙，然后在柱上安装钢滑道、钢牛腿和液压千斤顶等托换装置和设备，再将所有柱按设计的同一标高切断，采用液压千斤顶自动控制同步顶升系统向上逐级分段顶升。顶升过程中，利用钢滑道、钢牛腿和液压千斤顶与高强混凝土垫块实现交替托换；每顶升一段，需将钢滑道与高强混凝土垫块灌注成一段钢管混凝土柱作为结构加长的柱段；以上顶升工程实施过程中不产生建筑废料，钢牛腿、钢支撑等托换装置均为可拆卸的定型产品，能重复使用，工程措施绿色环保，顶升增层费用经济。整套顶升装备位移控制精准，能确保顶升过程结构的安全；顶升过程通过计算机控制，施工工期短。

钢滑道顶升增层法结构设计的关键是托换结构体系，如图 1-51 所示。固定式上牛腿通过包钢和自锁锚杆工程固定在切割断面上部的柱体上，可移动式下牛腿通过挂钩悬挂在切断面以下的混凝土柱体包钢钢板上，同时通过钢拉杆将两侧的钢牛腿对拉连接；千斤顶和工作垫块支撑在上、下牛腿之间，工程垫块在切断后的上下柱体之间。

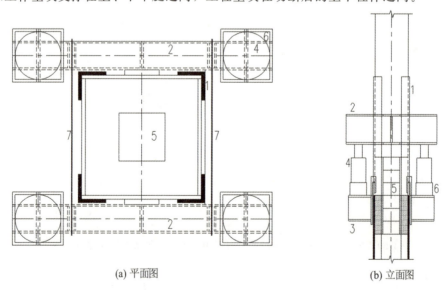

(a) 平面图　　　　　　　(b) 立面图

图 1-51　托换结构体系示意图

1—钢滑道；2—固定式上牛腿；3—可移动式上牛腿；4—千斤顶；5—工程垫块；
6—工作垫块；7—拉杆

2. 同步顶升成套设备

实现钢滑道顶升增层法的关键是同步顶升成套设备，该成套设备由集中控制同步顶升数控设备发展为群控同步顶升大型数控设备，通过同步顶升软件，应用德国西门子的多种工业芯片，使看起来复杂、危险的顶升工程实现了自动化、数字化、信息化，让顶升工程的安全度达到100%，顶升速度比传统顶升快了4倍，而顶升造价为传统方法的1/10。

群控同步顶升大型数控设备包括群控站、集控站、数控泵站和液压千斤顶，如图1-52所示。其中，1个集控站可以控制125套数控泵站、500个液压千斤顶，1个群控站可以控制60套集控站、7500套数控泵站、30000个液压千斤顶。

(a) 群控站　　　(b) 集控站　　　(c) 数控泵站　　　(d) 液压千斤顶

图 1-52　群控同步顶升大型数控设备

顶升施工成套工具和关键部件包括钢牛腿系列、高精度高强度垫块系列、可伸缩钢支撑和钢抱箍等，如图1-53所示。钢牛腿系列包括穿双孔单顶牛腿、穿双孔双顶牛腿和

(a) 穿双孔单顶牛腿　　(b) 穿双孔双顶牛腿　　(c) 悬挂式下牛腿　　(d) 钢抱箍

(e) 可伸缩钢支撑

(f) 高精度高强度钢筋混凝土工程垫块和　　(g) 高精度高强度钢筋混凝土工作垫块和钢骨
　　钢骨混凝土工程垫块　　　　　　　　　　　混凝土工作垫块

图 1-53　顶升施工成套工具和关键部件

悬挂式下牛腿,均适用于结构托换体系的钢结构构件;高精度高强度垫块系列包括钢筋混凝土工程垫块、钢骨混凝土工程垫块、钢筋混凝土工作垫块和钢骨混凝土工作垫块,工程垫块用于柱芯受力,并浇筑到钢管混凝土内,工作垫块用于液压千斤顶下的高度调节,能反复使用;可伸缩钢支撑在顶升过程中可自由伸缩,与钢抱箍一起形成新增柱结构的柱间支撑,用于承受顶升施工期间的水平荷载。

3. 两个力学模型

在交替顶升过程中,涉及钢滑道受力状态和柱芯受力状态两个力学模型。图 1-54 为钢滑道受力状态力学模型示意图,其内容为:系统控制千斤顶顶升,上部结构荷载通过上牛腿传递给千斤顶和工作垫块,再传递给下牛腿,下牛腿将竖向力通过挂钩传递给包钢后的下部柱体和钢滑道,同时两侧下牛腿的弯矩则分解为下牛腿对柱体的水平推力以及钢拉杆的拉力。图 1-55 所示为柱芯受力状态力学模型示意图,其内容为:一段顶升完成后,由柱中心的工程垫块受力,传递上部荷载;此时系统则控制千斤顶回落,在千斤顶下增加工作垫块顶升,工程垫块受力时,钢牛腿等不传递荷载。

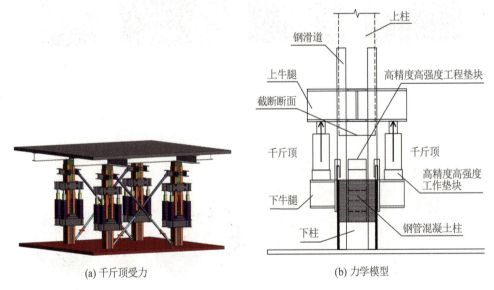

图 1-54 顶升时的力学模型

4. 同步顶升结构试验

通过一个单层单开间的 2×2 框架结构,在其顶部进行不均匀堆载,总堆载是 200t(四个柱子折算荷载分别是 20t、40t、60t、80t),图 1-56 所示为框架结构设计简图和堆载示意图。

采用自动控制同步顶升系统对该结构进行钢滑道顶升增层结构试验。试验过程为:钢结构支撑体系安装→千斤顶预顶→开始同步顶升→顶升一定高度后在柱中心插入高强混凝土垫块→垫块受力、千斤顶缩回→千斤顶下安装垫块→千斤顶再次受力顶升→往复

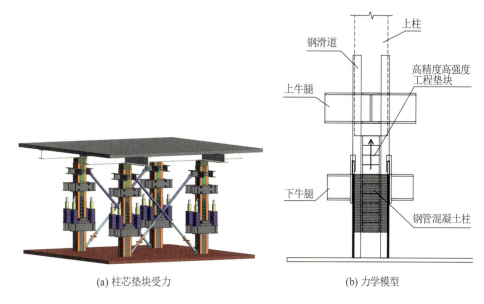

(a) 柱芯垫块受力　　(b) 力学模型

图 1-55　顶升交替时的力学模型

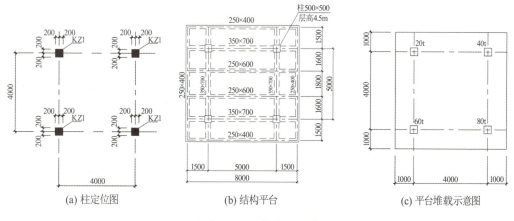

(a) 柱定位图　　(b) 结构平台　　(c) 平台堆载示意图

图 1-56　试验结构设计

交替→钢滑道四面焊接钢板并浇筑快硬型高强材料,以形成钢管混凝土短柱→顶升到达预定高度后接柱施工并形成整个钢管混凝土柱→试验结束。

结构最终顶升高度为1055mm,完成顶升预定目标。图 1-57 所示为结构顶升前后对比图。试验表明:①基于位移控制的同步顶升系统实测同步顶升的位移误差在±0.3mm范围内,高精度的同步率使结构同步顶升过程安全可控;②同步顶升系统监测的荷载与实际荷载相差约5t,监测表明,该荷载差值为钢滑道与混凝土柱之间的滑动摩擦力,差值在可控范围内,结构试验安全状态良好;③钢支撑体系结构构件可拆除反复使用,成本低、绿色环保;④试验成功验证了钢滑道顶升增层技术原理。

(a) 顶升前　　　　　　　　　　(b) 顶升后

图 1-57　结构整体顶升前后照片

5. 顶升增层工程

武汉市东湖高新区某园区内一栋检测楼（图 1-58）为两层砌体结构，平面布置为 11.9m×30m，一层层高 3.7m，二层层高 3.1m。由于该业主单位检测资质升级，检测楼不满足实验室面积使用的要求，因此需对该结构从底部向上顶升增层改造，并将顶层屋面改造为露天花园。顶升增层改造后形成两层底框和两层砌体的底框混合结构，且首层层高 5.1m，二层层高 4.2m，有效面积增加了 1 倍，获得的高空间也能更好地进行资源配置。

图 1-58　某砌体结构检测楼（顶升前）

总体实施过程是：对原建筑物的基础进行加固处理，将底部纵横墙通过加固形成钢筋混凝土托盘梁，设置钢滑道并安装同步顶升设备，屋面结构改造，交替顶升以及增层结构施工，最后是装饰施工。具体施工过程是：①平整原建筑室外施工场地，沿建筑外墙轮廓垂直开挖至室外地坪以下 0.5m 标高；②沿原结构纵横承重墙两侧绑扎钢筋网，浇筑钢筋混凝土形成托盘梁（高度 700mm），其中，将纵横墙交界的砖墙凿除并置换成钢筋混凝土，并与托盘梁浇筑成整体，作为第一阶段顶升施工过程的上牛腿；③在托盘梁对应柱子位置处预留孔道，用于设置钢滑道；④采用跳仓法分两批浇筑基础，跳仓开挖至新独立基础底部设计标高，并局部开挖预留基础工作面，将钢滑道沿柱子四周向下穿过托盘梁至新浇基础内锚固，每一批基础浇筑完成后，用千斤顶临时支撑对应部位托盘梁；⑤在跳仓法施工完、千斤顶安装就位并受力后，拆除原屋顶并浇筑顶层梁板；⑥顶层梁板脱模后，千斤顶按计算受力施加荷载后切割墙体，使上部结构完全断开，开始顶升施工；⑦顶升到一定高度后，浇筑地面梁（即顶升完成后的第三层楼面梁），并安装可伸缩钢支撑；⑧继续交替顶升至首层设计标高后，浇筑新的楼面梁、板结构（即顶升完成后的第二层楼面梁、板）；⑨继续顶升至最终设计标高，完成结构连接后开展装饰施工（包括屋面花园改造）。图1-59所示为该砌体结构顶升9.3m的现场照片。

使用钢滑道顶升增层法对该检测楼进行增层改造，顶升工期仅为1个月，综合造价约300万元，对比拆除重建，费用基本相同，但增层改造法减少了大量的建筑垃圾排放，符合国家建筑绿色发展方向，社会效益显著。图1-60是顶升增层改造后的检测楼实景图。

图1-59 砌体结构顶升9.3m照片

图1-60 顶升增层改造后的检测楼实景图

6. 错层顶升改造

武汉市江岸区某专科医院院区有3栋建筑物，图1-61（a）所示为该院区建筑平面布置图。其中A栋和C栋临街建设，且A栋与C栋之间各楼面高度基本一致，通过连廊连接后可正常通行。图1-61（b）所示为建设于20世纪90年代的B栋建筑物，该建筑物八层框架结构，单层面积1000m^2，原为某中学教学楼，后被该医院购置后改造为医院楼使用。但该楼第四层层高仅为3.3m，而A栋该层层高4.5m，即在A、B栋之间四层以上每层存在1.2m的错层，如图1-61（c）所示，这1.2m的错层通过台阶实现连通，使得很多医疗器械（急救车、轮椅等）难以直接在A、B栋之间穿行，由此也对该医院整体科室的布局造成影响。图1-62所示为A、B栋错层示意图。

业主拟更换院区内的若干大型设备并对各建筑物整体重新装修，由此也提出了对B栋四层以上结构开展顶升改造的要求，顶升后各楼栋楼层均在同一平面高度，方便医疗器械通行，也可以重新调整各科室布局，使医疗功能优化配置。图1-63所示为B栋截柱顶升方案示意图。

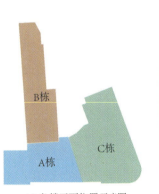
(a) 各楼平面位置示意图

(b) B栋实景

(c) 错层照片

图 1-61　某框架结构医院及错层情况

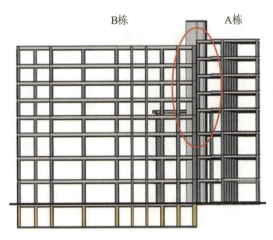

图 1-62　A、B栋错层示意图

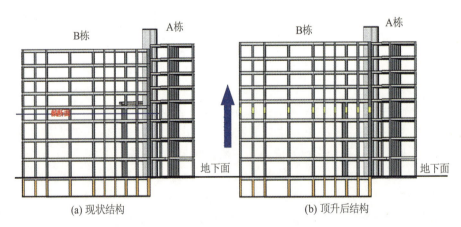

图 1-63　B栋四楼截柱后整体顶升 1.2m

7. 老旧小区顶升增层综合改造方案

目前，我国正大力推行城市老旧小区综合改造，但现有的改造方式几乎都不涉及结构改造，仅仅是针对绿化、水暖电、外立面等进行翻新改造，也有对结构影响甚微的加装电梯改造，这种改造方式没有从根本上解决老旧小区的功能问题，老旧小区停车难、无公共活动中心等问题无法解决。如果将钢滑道顶升技术应用在老旧小区整体改造中，将老旧小区各栋建筑物整体顶升1层或2层，再用框架将各栋连成整体，这样原建筑物群就整体向上抬升了一层或两层，下部形成了一个大空间。下部空间可以安排大量的停车位，还可以设置社区养老院、幼儿园、托儿所、公共洗手间等；上部平台则可以布置园林景观。顶升施工期间，还可以在柱底安装隔震垫，提高抗震性能，也可以加装电梯，修复旧楼的防水与外观。这样，一个老旧的小区可被改造成为一个全新的现代化小区。

1.4.4 拓展地下空间改造

城市地下空间是一种宝贵的资源，可用来开发生活和生产所需空间，在解决交通拥堵问题、优化城市功能配置、提高环境质量和完善基础设施等方面发挥重要作用。

随着城市地下空间技术的不断发展，城市地下空间资源的开发不断立体化，新型城市建设构想呈现"由地上至地下，由浅层至深层"的发展趋势，构建既有建筑物地下空间技术得到了进一步发展。目前主要有延伸式增建、水平扩展式增建和混合式增建三种方法，如图1-64所示。延伸式增建主要是对既有建筑物向其下部地层进行延伸拓展，水平扩展式增建是对既有建筑物四周空余地下空间进行利用开发，混合式增建则是将上述两种方式结合起来。

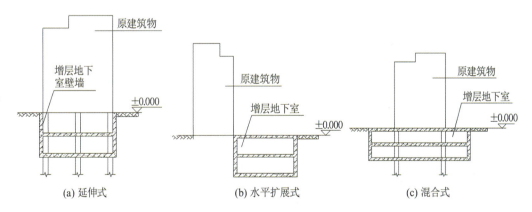

图1-64 构建既有建筑物地下空间的三种方式

在构建既有建筑物地下空间施工技术中，托换技术是最重要的基础加固施工技术。上海外滩源33号历史保护建筑改造及地下空间开发项目，在基础托换及加固施工中，针对历史保护建筑基础薄弱的特性，预先进行老基础整体加固与托换，并采取穿墙型钢、锚杆静压桩等手段，解决了原结构及基础在施工中的耐受性问题。图 1-65 所示为该项目基础托换节点示意图。

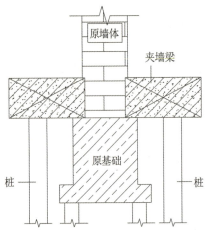

图 1-65　基础托换节点示意图

下面介绍静压托换法构建既有建筑地下空间技术。静压托换法构建既有建筑物地下空间的工法为：先开挖至设计深度，再浇筑临时桩基承台，然后开始静压桩工程，最后拆卸静压桩段（压的静压桩段是可拆卸反复使用的）。桩基工程完成后，开始分层开挖，每挖一层，就在桩之间安装支撑，挖至设计深度后，开始施工底层防水，浇筑永久桩基承台和底板，再开始浇筑柱体和各层梁板，将柱与上部临时桩基承台牢固连接后，开始拆卸桩段和临时桩基承台，从而拓展了一个完整的地下空间。该方法采用桩进行托换，相比常规做法，其最大优势是：桩分两段，其中永久段在底板以下，临时段可以拆除，后用柱托换，这使得拓展的有效使用空间多了 $\frac{1}{4}$；同时，托换中各类临时结构构件可反复使用，大大降低了工程成本。图 1-66 所示是常规托换法构建地下空间效果及静压托换法构建地下空间效果。

1.4.5　大幅度提高承载力加固

现有混凝土构件粘接加固一般采用粘钢板、粘碳纤维布进行加固，但只能有限提高构件的承载力（有关规范规定提高的幅度不超过 40%），且对构件的刚度提升幅度很小。在实际工程中，经常需要快速、大幅度提升结构承载力和刚度，粘接型钢加大截面加固法是适用于各行各业的结构，如国防工程和抢险工程等。

中国移动通信集团湖北移动通信办公大楼（图 1-67（a））原设计作为普通办公楼使用，楼面使用荷载为 2.5kN/m²，因使用需要，需将部分楼面改造为机房、电池室。改造后，这些楼面使用荷载需提高至 8～12kN/m²，荷载等级提高幅度较大，部分梁、板承载力严重不满足要求，需增大梁、板截面尺寸。若采用常规混凝土增大截面的方法，一是增加的厚度较大、自重较大，导致原结构基础和框架柱需要加固；二是混凝土增大

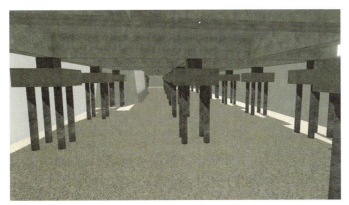

(a) 常规托换法构建地下空间效果图(托换结构占用大量使用面积)

(b) 静压托换法构建地下空间(临时桩段托换)

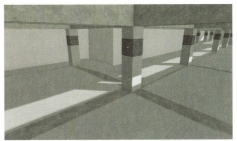

(c) 静压托换法构建地下空间最终效果(柱托换、拆除临时桩段)

图 1-66　常规托换法与静压托换法构建地下空间效果

截面加固施工周期长，现场施工时间不允许。综合考虑，本项目采用外粘型钢加大截面的方式来大幅度提高梁、板的承载力和刚度，加固处理面积为 $5000m^2$，用时仅 38 天。本工程既在混凝土梁底粘结型钢加大截面加固，又在板底粘结型钢改变传力途径，由此大幅快速提升结构承载力（图 1-67（b））。

(a) 湖北移动通信办公大楼

(b) 粘结型钢加固改造

图 1-67　湖北移动通信办公大楼粘结型钢加固改造工程

1.4.6 面层清水混凝土加固改造

所谓清水混凝土，就是直接利用混凝土成型后的自然质感作为饰面效果的混凝土。清水混凝土是建筑现代主义的一种表现手法，因其极具装饰效果，也被称为装饰混凝土，在现代建筑中越来越受到青睐。清水混凝土的实现方式主要包括现浇清水混凝土、预制清水混凝土、后浇面层清水混凝土。

现浇清水混凝土，即新建混凝土结构直接按清水混凝土标准施工而成。图1-68（a）所示为原联想研发基地，是国内首个清水混凝土建筑。预制清水混凝土就是工厂预制成型的清水混凝土构件。图1-68（b）所示为武汉琴台大剧院预制清水混凝土挂板施工后的建筑效果。现浇清水混凝土和预制清水混凝土的工艺及材料应满足《清水混凝土应用技术规程》（JGJ 169—2009）的要求。

(a) 原联想研发基地　　　　　　　　　(b) 武汉琴台大剧院

图1-68　现浇清水混凝土和预制清水混凝土

后浇面层清水混凝土是在原有的墙、柱、梁等结构构件表面，新浇筑钢筋混凝土结构薄层，其表面质感达到清水混凝土效果。后浇面层清水混凝土能将装饰与加固有效地结合起来，图1-69所示是几种常见结构构件面层清水混凝土改造效果图和改造设计方案示意图。后浇面层清水混凝土结构属于后浇施工，首先要确保该结构薄层与原结构或构件连接成一个整体，共同受力；其次要求新浇的薄层结构混凝土在外观质量上达到清水混凝土标准。面层清水混凝土的工艺及材料应满足《清水混凝土应用技术规程》（JGJ 169—2009）的要求。

巨成大厦（图1-70）应用了面层清水混凝土改造技术，该大楼的混凝土柱和剪力墙均进行了80mm厚的后浇面层清水混凝土饰面改造，大楼侧立面的竖向线条采用了预制清水混凝土构件，该大楼是湖北省第一栋清水混凝土高楼。

深圳滨海的某小区内一栋砌体别墅，闲置10年后，发现多处结构出现缺陷、外观破败不堪，建筑功能布局亦不理想。采用清水混凝土对其进行改造加固，同时能达到装饰的效果，建筑结构改造后能满足8度抗震要求。另外，该别墅临近大海，房屋、大海、

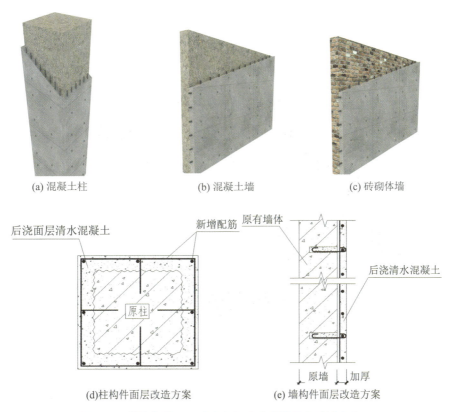

(a) 混凝土柱　　(b) 混凝土墙　　(c) 砖砌体墙

(d) 柱构件面层改造方案　　(e) 墙构件面层改造方案

图 1-69　结构构件面层清水混凝土改造效果和设计方案

图 1-70　湖北省第一栋清水混凝土高楼——巨成大厦

山色浑然天成，成为小区的亮点。改造后的实景照片如图 1-71 所示。

图 1-71　清水混凝土改造加固后的某临海别墅

1.5　国内外著名民用建筑物

本节介绍住宅建筑物、公共建筑物的典型工程。

1. 世界上最大的宫殿建筑——北京故宫博物院

成立于 1925 年的北京故宫博物院是建立在明清两朝（1368—1911 年）皇宫——紫禁城的基础之上的。紫禁城始建于明代永乐年间，于 1406 年开始建设，1420 年落成，辉煌程度远高于世界现存的任何一个宫殿。故宫宫殿是木结构建筑，以黄琉璃瓦为顶、青白石为底座、金碧辉煌的彩画为饰，如图 1-72 所示。故宫之所以被称为世界上最大的宫殿，是因为它是世界上现存规模最大、保存最完整的木质结构的古建筑群。

自建成以来，故宫古建筑经受了大大小小至少 222 次地震的考验，其中包括 1679 年北京平谷发生的 8.0 级地震和 1976 年唐山发生的 7.8 级大地震。建筑保持完好得益于中国古人的建造智慧，如中国古建筑中的榫卯结构。故宫古建筑中梁与柱采用榫卯节点形式连接，梁端做成榫头形式，插入柱顶预留的卯口中。地震作用下，榫头与卯口之间反复开合转动，并产生少量拔榫（拔榫即榫头从卯口拔出，但不是脱榫，榫头始终搭在卯口位置）。这种相对转动也是摩擦减震、隔震机理的体现。

2. 世界最高住宅楼——纽约中央公园壹号

纽约中央公园壹号住宅楼，是一栋位于美国纽约市曼哈顿中央公园南部的全玻璃摩天大楼（图 1-73），其建筑高度 472m，由 Extell 地产集团和负责上海中心大厦建设的上

图 1-72 北京故宫

海城投（集团）有限公司美国子公司（SMI USA）共同开发，于 2020 年完工，为全球最高的住宅楼。该摩天大楼总共 131 层，包含 179 套公寓、总共 7 层的 Nordstrom 商场旗舰店和 50000 平方英尺的服务和配套设施。

3. 中国第一高楼——上海中心大厦

上海中心大厦（Shanghai Tower）是综合性超高层建筑（图 1-74），以办公为主，其他业态有会展、酒店、观光娱乐、商业等。上海中心大厦总建筑面积 $57.8×10^4 m^2$，建筑主体为地上 127 层、地下 5 层，总高为 632m，结构高度为 580m。上海中心大厦是世界第三高楼，是中国第一高楼。

上海中心大厦主楼桩基于 2008 年 11 月 29 日开工，建筑总体于 2016 年 3 月 12 日正式完工，于 2016 年 4 月 27 日举行建设者荣誉墙揭幕仪式并宣布分步试运营。

图 1-73 纽约中央公园壹号住宅楼

上海中心大厦主楼 61000m³ 大底板混凝土浇筑工程于 2010 年 3 月 29 日凌晨完成，如此大体积的底板浇筑工程，在世界民用建筑领域内开了先河。上海中心大厦基础大底板浇筑施工的难点在于，主楼深基坑是全球少见的超深、超大、无横梁支撑的单体建筑基坑，其大底板是一块直径 121m、厚 6m 的圆形钢筋混凝土平台，11200m² 的面积相当于 1.6 个标准足球场大小，厚度则达到两层楼高，是世界民用建筑底板体积之最。其施工难度之大，对混凝土的供应和浇筑工艺都提出了极大的挑战。作为632m高摩天大楼的底板,它将和其下方的955根主楼桩基一起承载上海中心121层主楼的负载,被施工人员形象地称为"定海神座"。

4. 世界第一高楼——哈利法塔

"世界第一高楼"哈利法塔(图1-75),位于阿联酋迪拜,始建于2004年,于2010年落成,集酒店、住宅、办公室、商业和停车场于一身。哈利法塔高828m,楼层总数162层,造价15亿美元,大厦本身的修建耗资至少10亿美元,不包括其内部大型购物中心、湖泊和稍矮的塔楼群的修筑费用。哈利法塔总共使用约 $33×10^4 m^3$ 混凝土、6.2万吨强化钢筋, $14.2×10^4 m^2$ 玻璃。

图1-74 上海中心大厦　　　　　　　图1-75 哈利法塔

哈利法塔设计为伊斯兰教建筑风格,楼面为"Y"字形,设计灵感源自沙漠之花蜘蛛兰,这种设计最大限度地提高了结构的整体性,并能让人们尽情欣赏阿拉伯海湾的迷人景观。大楼的中心有一个采用钢筋混凝土结构的六边形"扶壁核心"。楼层呈螺旋状排列,能够抵御肆虐的沙漠风暴。大厦的3个支翼由花瓣演化而成,每个支翼自身均拥有混凝土核心筒和环绕核心筒的支撑;大厦中央六边形的中央核心筒由花茎演化而来,这一设计使得3个支翼互相联结支撑——这四组结构体自立而又互相支持,拥有严谨缜密的几何形态,增强了哈利法塔的抗扭性能,大大减小了风力的影响,同时又保持了结构的简洁。

5. 世界上最大的钢结构建筑——中国国家体育场"鸟巢"

中国国家体育场"鸟巢"(图1-76),位于北京奥林匹克公园中心区南部,是特级体育建筑、大型体育场馆。2003年12月24日开工建设,2008年3月完工,总造价22.67亿元。"鸟巢"占地 $20.4×10^4 m^2$,建筑面积25.8万平方米,可容纳观众9.1万人。"鸟巢"是 2008 年北京奥运会主体育场，已成为地标性的体育建筑和奥运遗产。

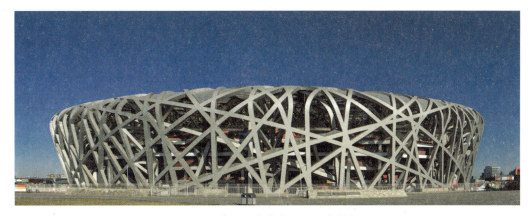

图 1-76　中国国家体育场（"鸟巢"）

国家体育场是世界上最大的钢结构建筑，其结构主体由一系列钢桁架围绕碗状座席区编制而成，空间结构新颖，建筑和结构浑然一体，且独特、美观，具有很强的震撼力和视觉冲击力。它的立面与结构统一在一起，形成格栅一样的结构。格栅由 1.2m×1.2m 的银色钢梁组成，宛如金属树枝编织而成的巨大鸟巢，体育场表层架构之间的空间覆盖 ETFE（四氟乙烯）薄膜。钢结构屋盖呈双曲面马鞍形，东西轴长 298m、南北轴长 333m，最高点 69m、最低点 40m。主体结构设计使用年限为 100 年，耐火等级为一级，抗震设防烈度 8 度，地下工程防水等级达 Ⅰ 级。

6. 世界最大的单体隔震建筑——北京大兴国际机场航站楼

北京大兴国际机场是建设在我国北京市大兴区与河北省廊坊市广阳区之间的超大型国际航空综合交通枢纽（图 1-77）。其航站楼是世界上最大的机场单体航站楼，是全球最大的隔震建筑。北京大兴国际机场于 2014 年 12 月 26 日开工建设，2019 年 9 月 25 日正式通航，该工程被誉为新世界七大奇迹之首。北京大兴国际机场北距天安门 46km、距北京首都国际机场 67km、南距雄安新区 55km，为 4F 级国际机场、世界级航空枢纽、国家发展新动力源。截至 2021 年 2 月，北京大兴国际机场航站楼面积为 $78×10^4 m^2$，远期规划在航站区南端再建设新的航站楼，以达到 1 亿人次左右年旅客吞吐量的目标。

与首都国际机场 T3 航站楼"一"字造型不同，北京大兴国际机场航站楼形如展翅的凤凰，是五指廊的造型，这个造型完全以旅客为中心，整个航站楼有 82 个登机口，但是旅客从航站楼中心步行到达任何一个登机口所需的时间不超过 8min。跑道建设东一（3400m×60m）、北一（3800m×60m）、西一（3800m×60m）、西二（3800m×45m）、西三（3800m×45m）跑道，其中西一、东一跑道间距达 2350m，为日后机场扩建留下了充足的发展空间。

北京大兴国际机场主体结构采用钢筋混凝土框架结构，屋顶及支承结构采用钢结构。中心区屋顶采用钢网架结构，支承结构采用 C 型钢柱、支撑筒、钢管柱及幕墙柱；五指廊部分屋顶采用钢桁架结构，支承结构采用钢管柱和幕墙钢柱。结构设计团队通过有限

图 1-77 北京大兴国际机场

元分析及模型试验研究,克服了结构超长超大、复杂钢结构、轨道交通穿越航站楼、隔震结构等关键技术难题,特别是隔震技术问题。为了有效缓解地下轨道运行的振动对于航站楼运行的影响,技术人员放弃了将隔震装置置于建筑最底层并与基座相连的传统做法,而是将隔震装置上移至负一层的柱子顶端,即层间隔震技术,这是航站楼工程的亮点和难点,属于国内首创。航站楼的隔震装置采用了铅芯橡胶隔震支座、普通橡胶隔震支座、滑移隔震橡胶支座和黏滞阻尼器等,整个航站楼总共使用了 1152 套隔震装置,这使北京大兴国际机场成为全球最大的隔振建筑。

7. 中国第一座高速铁路枢纽站——武汉站

武汉站是中国第一个上部大型建筑与下部桥梁共同作用的新型结构火车站(图 1-78),实现了高速铁路、地铁、公路三者无缝衔接。武汉站从 2004 年 8 月选址确定,到 2006 年 9 月 28 日正式开工,至 2009 年 12 月 26 日正式启用,历时 5 年多,总建筑面积 370860m^2。

武汉站首层为铁路桥梁结构,上层则为大跨度空间流线型金属钢结构,主拱最大跨度为 116m,高度为 50m,最高点距离地面 58m,满足了建筑外部造型和内部空间的需要。武汉站实现了"等候式"及"通过式"相结合的进站模式,旅客可在站厅俯瞰所有停靠于站台上的列车。

武汉站获得"中国百年百项杰出土木工程""第十届中国土木工程詹天佑奖""中国建筑协会鲁班奖",以及"第十届 Brunel 建筑设计大奖""2011 年度铁路优质工程(勘察设计)一等奖"等诸多奖项,"特大型铁路客站节能关键技术研究"获 2009 年度铁道科学技术二等奖。

图 1-78 武汉站

第 2 章

工业建筑物概论

2.1 起源与发展

工业建筑是用于各类生产活动和储存的建筑物和构筑物,包括工业厂房和工业构筑物。图 2-1 所示为典型火力发电厂厂房和构筑物。

图 2-1 火力发电厂厂房及构筑物

工业厂房是用于生产制造或为生产配套的各种房屋,包括主要车间、辅助用房及附属设施用房。工业构筑物则是指很少有人活动的,有辅助功能的结构的统称,如烟囱、冷却塔、水池、大型煤场、筒仓、转运站、通廊。

本章主要介绍工业建筑物中的工业厂房,工业构筑物在第 8 章介绍。

2.1.1 世界工业建筑的起源与发展

18 世纪 60 年代第一次工业革命初期,随着生产力的发展,急需一种满足急剧扩大生产规模的建筑形式,传统的砖石建筑不仅在技术上而且在经济上远远不能满足新兴生产力的需要，于是现代工业建筑应运而生。

1. 钢筋混凝土技术在工业建筑上的应用

如何将钢筋与混凝土整合成一个整体曾经是一个大难题。1892年法国科学家埃纳比克采用弯曲成钩的圆截面钢筋解决了这个难题（图2-2）。1896年，于法国北部地区的三个纺织厂（图2-3），钢筋混凝土框架结构在工业建筑上首次应用，这种结构形式无论是空间、承载力，还是安全性和经济性等方面都具备砖石建筑无法比拟的优势。

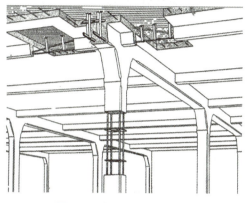
图2-2　埃纳比克结构体系

图2-3　法国Barrois纺织厂

20世纪初，混凝土技术传入美国，由美国人马克斯·托尔茨设计的钢筋混凝土筒仓结构，开启了筒仓及平顶厂房时代（图2-4）。而另一个美国建筑师欧内斯特·兰索姆在1902年设计的宾夕法尼亚林斯堡机械车间（太平洋海岸纺织厂，图2-5）采用整体钢筋混凝土框架并使用螺旋配筋的圆柱。

图2-4　布法罗混凝土筒仓

图2-5　太平洋海岸纺织厂

在欧洲，由佩雷兄弟创立的建筑企业将框架结构在欧洲不断推广，如巴黎近郊的厂房（图2-6）。另一位现代主义建筑大师柯布西耶到访了蓬勃发展的德意志制造联盟，影响了整个德国工业建筑的设计，其工业建筑形式广泛用于排架结构的压缩机厂房和泵房中，如德国AEG汽轮机厂（图2-7）。

图 2-6　巴黎服装工厂内部大厅

图 2-7　德国 AEG 汽轮机厂

1915 年，著名的建筑大师瑞士人柯布西耶提出了"多米诺体系"（图 2-8），其结构骨架由柱子、楼板、楼梯组成。从此，钢筋混凝土的浇筑不需要模板，建筑可标准化大规模生产。

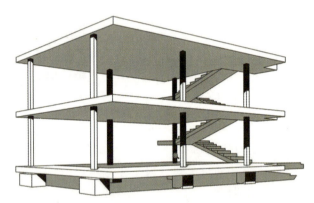
图 2-8　多米诺体系

1923 年，柯布西耶在他的《走向新建筑》中写道："在有了这么多的谷仓、车间、机器和摩天楼之后，谈谈建筑是很愉快的。"

在柯布西耶的影响以及技术不断发展的变革下，欧洲兴起"新客观主义"运动，此时有代表性的工业建筑有鹿特丹凡耐尔工厂（图 2-9）和法古斯工厂（图 2-10）。

图 2-9　鹿特丹凡耐尔工厂

图 2-10　法古斯工厂

与此同时,一个名叫阿纳托尔·德·博多的理性主义建筑师在大空间方面的研究则推动了大空间建筑的发展。1909—1914年期间,许多大型厅堂采用了大跨度拱壳结构(图2-11)。

图2-11 钢筋混凝土梁-拱结构体系

2. 钢(铁)结构技术在工业建筑上的发展

钢是一种铁碳合金,人类采用钢结构的历史与炼铁炼钢技术的发展是密不可分的。早在公元前2000年左右,在伊拉克两河流域出现了最早的炼铁术。我国在战国时期,炼铁技术已经盛行。古代建造了许多铁桥和铁塔,我国在铁结构的应用方面曾经居于世界领先地位。

1840年以后,随着锻铁技术的发展,铸铁结构逐渐被锻铁结构取代。随着1855年英国人发明北氏转炉炼钢法和1865年法国人发明平炉炼钢法,以及1870年成功轧制出工字钢,工业化大批量生产强度高、韧性好钢材的技术逐渐成熟,钢材开始大规模应用。20世纪初焊接技术的出现以及1934年高强螺栓连接方式的出现,极大地促进了钢结构的发展。钢结构在苏联和日本也得到广泛应用,成为世界各国所接受的重要结构体系。

相比于钢筋混凝土技术,钢结构技术更像是为工业建筑量身定制的。

第一次工业革命最重要的技术推动力——冶炼技术,使铁产量有了巨大的增长。18世纪末在砖拱结构中应用熟铁拉杆,使整个结构体系刚度增强。随后,熟铁柱被用于英国多个多层厂房建筑体系中,形成铁框架+砌体围护墙结构体系,典型代表是1829年建成的伦敦圣凯瑟琳码头仓库(图2-12)。

图2-12 伦敦圣凯瑟琳码头的仓库

1851年英国伦敦世界博览会场馆是由约瑟夫·帕克斯顿设计的"水晶宫"（图2-13），是一个以铁结构为骨架、以玻璃为主要围护材料的建筑，其设计、制造、运输、安装的全流程构成完整的建造体系。

圣潘克拉斯车站（图2-14）位于英国首都伦敦，建于1868年，在2000年扩建后，现为伦敦最大的火车站，是穿越英吉利海峡通往欧洲大陆的首站。

图2-13　水晶宫内景

铁制拱结构技术广泛应用于大跨度厂房，1889年巴黎世博会将此铁制拱结构技术推向了巅峰。图2-15是当时世界上跨度最大的建筑——巴黎世博会机械展廊，跨度达107m，当今工业界很多钢结构排架厂房均来源于此项技术。

图2-14　圣潘克拉斯车站

图2-15　巴黎世博会机械展廊

经过一个多世纪的探索，铁结构框架体系理论变得完善，于1885年在芝加哥建成第一栋铁框架高层建筑——家庭保险公司大楼（图2-16），楼高42m，有12层。随着钢铁产量逐年增加，高层铁框架如雨后春笋般涌现。1900年前后，性能更好的钢结构开始取代铁结构。

3. 经济因素推动工业建筑发展

20世纪四五十年代，随着第三次工业革命迅速在全球展开，世界经济爆发式增长，此时的建造技术发展迅速，人们开始讨论建筑功能价值之外的附加价值，如社会价值、历史价值、人文价值以及商业价值。

21世纪以后，逐步进入后工业化时代，人们越来越追求工业建筑在文化、艺术上的附加价值，当代建筑的新思潮也慢慢在工业建筑上体现出来。随着时代的发展，人们为了转变工业建筑脏乱差、污染、危险、不可接近、环境恶劣的刻板印象，也在进行一些尝试。

图2-17所示为位于哥本哈根玛格尔的AmagerBakke垃圾发电厂，顶层可以休闲娱乐且有滑雪场，它重新定义了工厂与城市、邻里、市民、游客的关系。

第2章 工业建筑物概论

图 2-16　1885 年建成的芝加哥家庭保险公司大楼：世界第一栋铁框架结构

图 2-17　AmagerBakke 垃圾发电厂

2.1.2　我国工业建筑的起源与发展

我国工业建筑起步较晚，中华人民共和国成立前，几乎没有自己的现代化工业。虽然我国清末依靠西方技术人员建造了一些工业建筑，比如京张铁路、福建船政局（1866年）、江南造船厂（1865 年）、天津机械制造局（1867 年）、四川机械制造局（1907 年）、汉阳钢铁厂（图 2-18）、平和打包厂（图 2-19）等，但机器和技术都是外国的，直到中华人民共和国成立初期，中国工业产业处在近乎无的状态。

20 世纪 40 年代起，我国就提出要搞工业化，由落后的农业国变成先进的工业国，建立独立完整的工业体系。

中华人民共和国成立以后，在苏联专家的指导下，建设实施了 156 个大型工业项目，

(a) 旧址　　　　　　　　　(b) 纪念碑

图 2-18　汉阳钢铁厂：中国最早的钢铁企业，晚清名臣张之洞创办（1890 年）

图 2-19　平和打包厂：美国人在汉口建立的打包仓库（1905 年）

优先发展重工业。我国开始了加速工业化进程，在能源、冶金、机械、化学和国防工业等领域全面启动建设，图 2-20 所示是鞍山钢铁，图 2-21 所示是长春第一汽车制造厂。

图 2-20　鞍山钢铁（1957 年拍摄）　　　　图 2-21　长春第一汽车制造厂（1958 年拍摄）

进入 21 世纪以来，我国工业建筑发展迅猛。与此同时，现代工业也已从早期以加工业为主，转型为以电子信息工业、化学、生物、金属机械工业为主的高科技产业，从劳动密集型转型提升为技术、资讯密集型产业。现代工业建筑需要适应并满足生产产品的微型化、自动化、洁净化、精密化、环境无污染等要求，工业建筑设计因此发生了本质变化。目前工业建筑有如下发展趋势：

（1）经济技术开发区的增加。

很多新兴工业区被纳入城市总体规划。除了生产建筑外，还有完善的配套建筑，精心设计的厂房环境体现了城市的企业精神和现代风格。如天津新技术太平洋工业园、蛇口工业区、武汉光谷、合肥经济技术开发区等，工业区的新建带动了城市商业区、居住区和能源供应区的开发建设。

（2）老工业区改造。

中国通过改革开放，建成了宝钢、鞍钢、武钢、广钢、一汽、ERW、第一重工、中国二重、金山卫石化公司、扬子石化公司等多家大型骨干企业，这些企业通过调整生产结构，挖掘改造潜力，恢复了活力。

（3）新型工业建筑蓬勃发展。

随着建筑技术的发展，新工艺不断发展，工业建筑形式不断完善，已实现标准化、定型化和多样化发展。

2.2 构造与功能

随着建筑业的不断发展，工业厂房建造得越来越多，其特有的构造形式受到普遍关注。

2.2.1 工业厂房的构造

工业厂房一般是由基础、柱子、吊车梁、屋面结构、各种支撑以及抗风柱组成的，如图 2-22 所示。

1. 基础

基础承载厂房上部结构的全部重量，并传给地基，起承上传下的作用。基础分为现浇独立基础、预制杯口基础、条形基础、筏板基础、桩基础等，如图 2-23 所示。

厂房常采用基础梁来承托围护墙的重量，可以减少厂房柱间不均匀沉降的影响。

2. 柱子

柱子是厂房结构的主要承重构件，承受屋架及屋面梁、吊车梁、支撑、连系梁和外墙传来的荷载，并把它传给基础。柱子可分为单肢柱和双肢柱。单肢柱截面形状有矩形、工字形及圆管等形式（图 2-24（a）、（b））。双肢柱由两根承受轴压力的肢杆与腹杆相

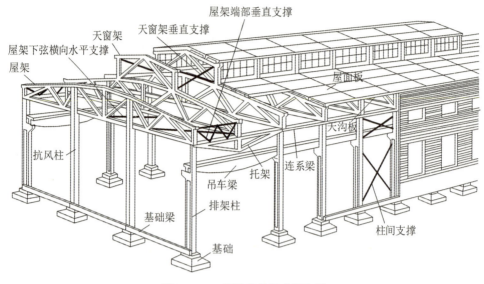

图 2-22 工业厂房的组成示意图

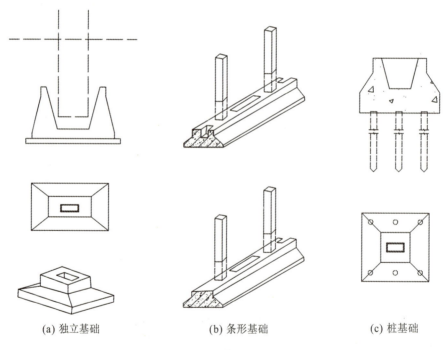

(a) 独立基础　　　　(b) 条形基础　　　　(c) 桩基础

图 2-23 基础类型

连,有平腹杆双肢柱和斜腹杆双肢柱两种形式(图 2-24(c)、(d))。平腹杆双肢柱类似刚架,其特点是跨度小、横梁(腹杆)刚度大。斜腹杆双肢柱的内力以轴力为主,混凝土承载能力得到比较充分的利用。双肢柱柱肢可以使吊车竖向荷载作用在肢杆中心线,以省去牛腿,简化构造,肢杆间还可以布置管道。

牛腿是柱侧伸出的悬臂构件,用来搁置吊车梁或屋面梁。为了结构需要,厂房中吊

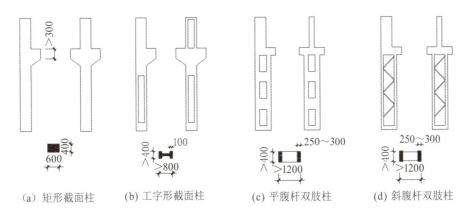

(a) 矩形截面柱　　(b) 工字形截面柱　　(c) 平腹杆双肢柱　　(d) 斜腹杆双肢柱

图 2-24　钢筋混凝土柱形式

车梁搁置在牛腿上，实腹式牛腿的构造要求如图 2-25（a）所示。钢筋混凝土柱为了与其他构件连接，在柱子上预制埋件（图 2-25（b）），如上柱与屋架、柱与吊车梁、柱与柱间支撑、柱与砌体墙等部位。

根据牛腿在牛腿边缘到下柱边缘的水平距离 a 的大小，一般把牛腿分为两类：$a>h$ 时为长牛腿，可按悬臂梁进行设计；$a<h$ 时为短牛腿。

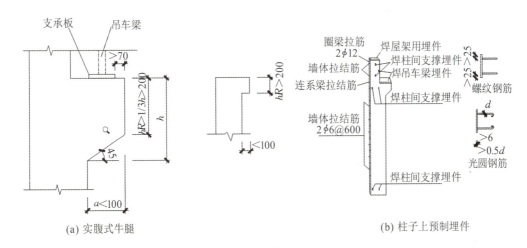

(a) 实腹式牛腿　　　　　　　　　　(b) 柱子上预制埋件

图 2-25　牛腿与预埋件的构造

柱间支撑的作用是加强厂房纵向的刚度和稳定性，可分为上部支撑和下部支撑，如图 2-26 所示。前者位于上柱之间，传递作用在山墙的风力；后者位于下柱之间，承受吊车梁纵向制动力和上部支撑传来的力，并把力传给基础。

3. 吊车梁、连系梁、圈梁

（1）吊车梁：设置在柱子的牛腿上，承受吊车运行中的所有荷载，并将荷载传给柱子。钢筋混凝土吊车梁，按截面形状可分为 T 形吊车梁和工字形吊车梁，以及变截面鱼腹式吊车梁，如图 2-27 所示。

图 2-26 柱间支撑

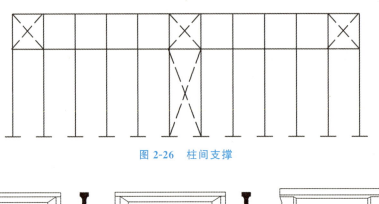

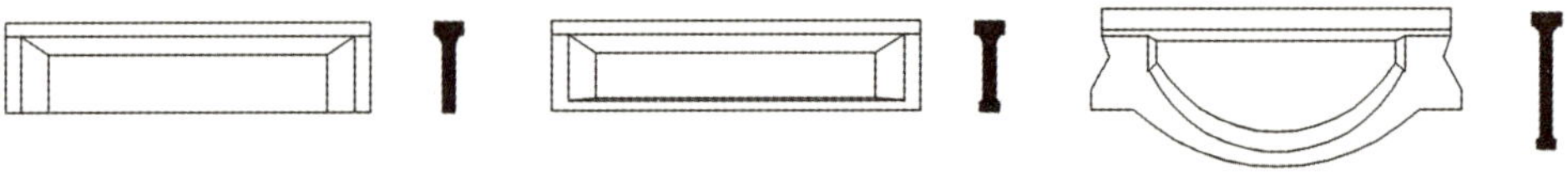

(a) T形吊车梁　　(b) 工字形吊车梁　　(c) 变截面鱼腹式吊车梁

图 2-27 钢筋混凝土吊车梁

钢吊车梁由吊车梁、制动梁或制动桁架、辅助桁架、水平支撑、垂直支撑组成，如图 2-28 所示。

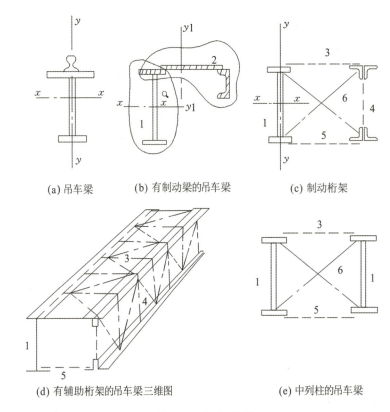

(a) 吊车梁　　(b) 有制动梁的吊车梁　　(c) 制动桁架

(d) 有辅助桁架的吊车梁三维图　　(e) 中列柱的吊车梁

图 2-28 钢吊车梁

1—吊车梁；2—制动梁；3—制动桁架；4—辅助桁架；5—水平支撑；6—垂直支撑

吊车梁上铺设钢轨道，吊车在钢轨道上行走。吊车梁承受吊车运行和制动时产生的垂直及水平荷载。吊车梁还起到传递厂房纵向荷载、增强纵向刚度的作用。

（2）连系梁：柱与柱在纵向的水平连系构件，可增强厂房纵向刚度，传递纵向荷载，并承担上部墙体重量。连系梁按形状分为矩形和L形，连系梁支撑在柱牛腿上（图2-29）。

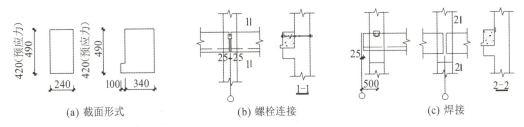

图 2-29　连系梁与柱连接

（3）圈梁：连续设置在墙体同一水平面交圈封闭的梁。圈梁不承受砖墙荷载，其作用是加强厂房整体刚度和抗震性能。一般在柱顶设一道圈梁，在吊车梁附近设一道圈梁，在地震区每隔5m设一道圈梁。常采用现浇混凝土，将柱上预留筋和圈梁浇筑在一起（图2-30）。

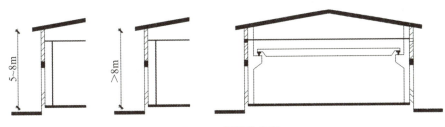

图 2-30　圈梁的位置

4. 屋面结构

屋面结构的主要构件有屋架、屋面梁、屋面板、檩条等。根据其构件布置的不同，屋面结构可分为无檩结构和有檩结构两种，如图2-31所示。

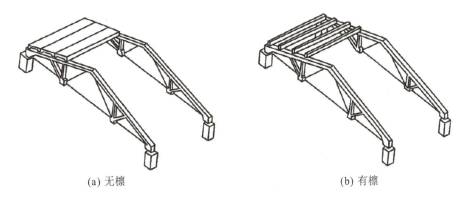

图 2-31　屋面结构的类型

(1) 屋面梁和屋架（图 2-32）：是厂房屋面结构主要承重构件，承受天窗架、屋面板荷载以及安装在其上的顶棚、悬挂式吊车和管道、工艺设备等的重量；屋架和柱连接起来，使厂房组成一个整体空间结构，保证厂房空间刚度。

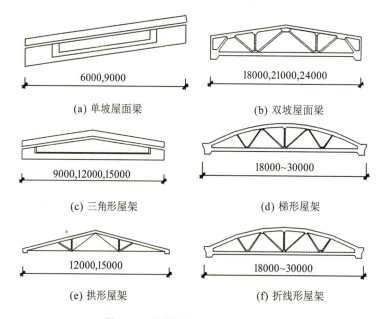

图 2-32 钢筋混凝土屋面梁与屋架

当厂房跨度较大时，采用桁架式屋架较经济，屋架外形可分为三角形、梯形、拱形、折线形。

(2) 屋面板：铺设在屋架或檩条上，直接承受板上的各类荷载（包括屋面板自重、屋面围护材料、雪、积灰、施工检修设施等的荷载），并传给屋架。

屋面板类型很多，按构件尺寸可分为大型屋面板和小型屋面板两种，大型屋面板用于无檩体系屋盖，小型屋面板有槽瓦、钢筋网水泥波形瓦和石棉水泥瓦，用于有檩体系屋面。

(3) 檩条：在有檩体系屋面中，檩条两端搁置在屋架或屋面梁上，其上再铺屋面板。檩条分为原木檩条、钢筋混凝土檩条、钢檩条。钢筋混凝土檩条常见截面有 T 形和 L 形。钢檩条常见截面有 Z 形和 C 形。

(4) 屋盖支撑：为了使屋面结构形成稳定的空间体系，保证房屋的安全，必须在屋面体系中合理设置必要的支撑，将屋架、山墙等结构互相连接。屋面支撑包括上弦水平支撑、下弦水平支撑、系杆、垂直支撑等。

(5) 天窗架和托架：天窗架的作用是形成天窗以便采光和通风，同时承受屋面板传来的竖向荷载和在天窗上的水平荷载，并将它们传给屋架（图 2-33 (a)）。在工业厂房中，由于通行需要，取掉某轴线上的柱子，这样就需要在大开间位置设置托架，支撑去掉柱子处的屋架。托架安装在相邻两柱子上。一般采用平行弦桁架，腹杆采用带竖杆的"人"字形体系（图 2-33 (b)）。

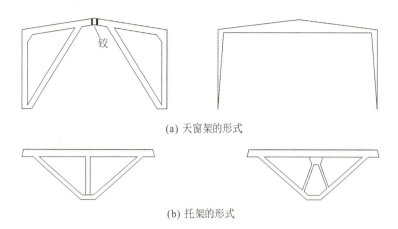

(a) 天窗架的形式

(b) 托架的形式

图 2-33 天窗架和托架形式

2.2.2 工业建筑内部的起重运输设备

为了在生产中运送原材料、成品和半成品,以及安装检修生产设备等,工业建筑内应设置必要的起重运输设备。其中,各种形式的吊车与土建设计密切相关,常见的有悬挂式单轨吊车、梁式吊车和桥式吊车等。

1. 悬挂式单轨吊车

悬挂式单轨吊车是一种简便的起重机械,由电动葫芦和工字钢轨道组成(图 2-34)。电动葫芦用来起吊重物,悬挂在工字钢轨道上,可沿直线、曲线或分叉往返运行。工字钢轨道可悬挂在屋架下弦杆或屋面梁的底面。

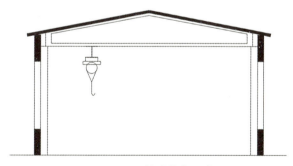

图 2-34 悬挂式单轨吊车

2. 梁式吊车

梁式吊车由梁架、手动或电动葫芦和工字钢轨道组成,如图 2-35 所示。工字钢轨道可悬挂在屋架下弦,也可搁置在两端柱牛腿及吊车梁上。梁架沿着厂房纵向移动,电动葫芦则沿着厂房横向移动。

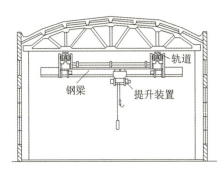
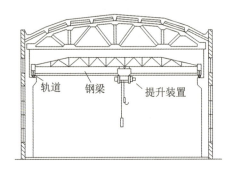

图 2-35 梁式吊车

3. 桥式吊车

桥式吊车由桥架（大车）及起重吊车（小车）组成（图 2-36）。起重吊车在桥架上运行（沿厂房横向运行），桥架行驶在厂房吊车梁上（沿厂房纵向运行）。桥式吊车工作制分为重级工作制（工作时间大于 40%，A1～A3）、中级工作制（工作时间为 25%～40%，A4、A5）和轻级工作制（工作时间为 15%～25%，A6～A8）。

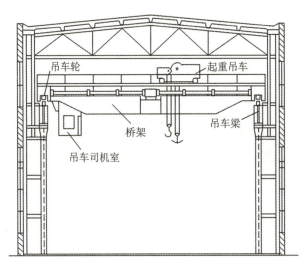

图 2-36 桥式吊车

4. 特种运输设备

除了以上几种吊车，根据生产特点的不同，还有各式各样的运输设备，如铲车、叉车、火车、汽车，以及拖拉机制造厂装配车间的吊链、冶金工厂轧钢车间采用的辊道、铸工车间所用的传送带等。

2.3 结构形式

工业建筑按材料可分为砖混结构、钢筋混凝土结构、钢结构，按结构体系及其受力特点可分为墙体承重体系、骨架承重体系、空间受力体系。不同的受力体系具有不同的特点,下面简述墙体承重体系和骨架承重体系。

2.3.1 墙体承重体系

承重砌体墙是由墙体承受屋顶及吊车起重荷载,在地震区,还要承受地震作用。可做成带壁柱的承重墙,墙下设条形基础,并在适当的位置设置圈梁。承重砌体墙经济实用,但整体性差,抗震能力弱,这使它的使用范围受到很大的限制。单层砖混承重厂房如图2-37所示。

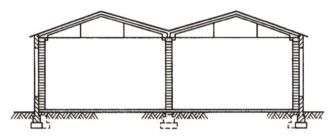

图2-37 单层砖混承重厂房

2.3.2 骨架承重体系

当工业建筑的跨度、高度较大,吊车荷载较大及地震烈度较高时,广泛采用骨架承重结构。骨架结构由基础、柱子、梁、屋面结构等组成,以承受各种荷载,这时,墙体在厂房中只起围护和分隔作用。厂房常用的骨架结构有排架结构、刚架结构、框架结构、剪力墙结构、框架-剪力墙结构、空间结构。

1. 排架结构

排架结构是工业建筑中广泛应用的一种结构形式。它的特点是柱子、基础、屋架(屋面梁)均是独立的构件,屋架(屋面梁)与柱子的连接一般为铰接,柱子与基础的连接一般为刚接。排架和排架之间通过吊车梁、连系梁、屋面板等纵向构成支撑系统,其作用是保证排架的纵向稳定性。

排架结构分为横向排架结构和纵向排架结构。横向排架结构由柱、屋架或屋面梁及基础组成,厂房承受的竖向荷载和横向水平荷载由横向平面排架传至基础和地基。横向排架结构受的主要竖向荷载及传递途径如图2-38所示。纵向排架结构由纵向柱列、连系梁、吊车梁、柱间支撑和基础等构件组成。

排架结构受的主要荷载包括恒荷载(简称恒载)、吊车荷载、风荷载、雪荷载、屋面均布活荷载(又称活载)、屋面积灰荷载、地震作用等。

横向排架结构的计算简图如图2-39所示,柱与屋架或屋面梁为铰接,与基础为刚接。

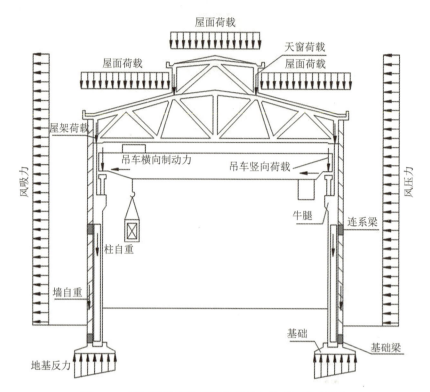

图 2-38　横向排架结构受的主要竖向荷载及传递途径

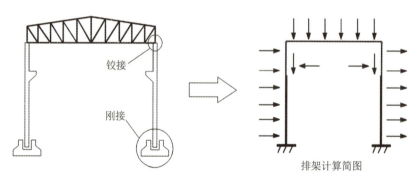

图 2-39　横向排架结构计算简图

横向排架结构的竖向荷载传递有三条路径：一是屋面结构的荷载传给柱子，柱子传给基础，基础传给地基；二是吊车荷载传给吊车梁，吊车梁传给柱子，柱子传给基础，基础传给地基；三是墙体自重传给墙梁，墙梁传给基础梁，基础梁传给基础，基础传给地基。横向排架结构竖向荷载传递路径如图 2-40 所示。

横向排架结构的水平荷载全部传递给柱子。柱子可简化为下端固定、上端铰接的构件，如图 2-41 所示。

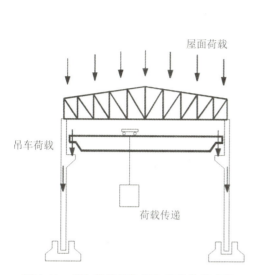

图 2-40 横向排架结构竖向荷载传递路径　　图 2-41 横向排架结构水平荷载传递路径

纵向排架结构由纵向柱列、连系梁、吊车梁、柱间支撑和基础等构件组成。其荷载传递途径如图 2-42 所示。

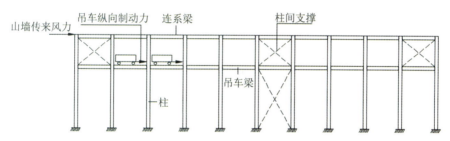

图 2-42 纵向排架结构受的主要荷载及传递途径

2. 刚架结构

刚架结构是横梁与柱以整体连接方式构成的一种门式结构。由于梁与柱是刚性节点，在竖向荷载作用下，柱对梁有约束作用，因而能减少梁的跨中弯矩。刚架结构比屋架和柱组成的排架结构轻巧，可节省材料。大多数刚架的横梁是向上倾斜的，不但受力合理，并且下部空间增大，对高大空间的建筑特别有利。同时，倾斜的横梁使得屋顶建筑呈折线形，建筑外轮廓富于变化。单层刚架结构厂房如图 2-43 所示。

3. 框架结构、剪力墙结构、框架-剪力墙结构、空间结构

参考第 1 章相关内容。

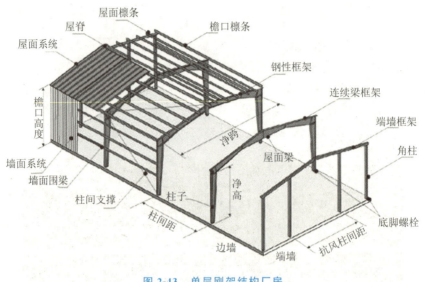

图 2-43 单层刚架结构厂房

2.3.3 特种结构

特种结构是指特殊用途的结构,如各种类型的圆形煤场、煤棚、筒仓、煤仓、水泥库、除尘器、水池、露天栈桥、转运站、管道支架。

2.4 改造与加固

2.4.1 大幅度提高结构承载力

1. 某钢铁厂炼钢连铸厂房

山西高义钢铁厂厂房的结构形式为单层多跨不等高混凝土排架结构(转炉平台区域为多层钢框架结构),如图 2-44 所示。该厂房建成于 2009 年,出钢量 60t,2016 年经改造扩容至 80t,2019 年改造扩容至最大出钢量 140t。

在改造设计中,经计算复核,每个基础需增加两根 300 预制 PHC 管桩,如图 2-45 所示。压桩工艺流程:桩位孔及定位→钢平台搭建→安装压桩反力架→第一节桩就位、校正→压桩→深度及压力值记录→下一节桩就位、校正→焊接接桩→压桩→压桩到设计要求→最终深度及压桩力验收→拆除压桩反力架。压桩时成对进行,压桩架要保持垂直,压桩架应与锚杆锚紧、锚牢,整个过程应该严格。

图 2-44 山西高义钢铁厂炼钢厂房某车间

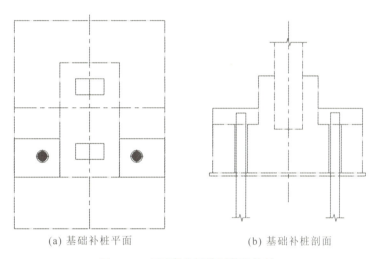

(a) 基础补桩平面　　　　　(b) 基础补桩剖面

图 2-45 山西高义钢铁厂基础补桩

经改造加固设计，改造后吊车吨位大幅度提高，对基础进行补桩，对钢柱进行焊接加大截面法加固，对混凝土柱进行包钢加固，对吊车梁进行焊接加大截面法加固，整体加固方案如图 2-46 所示。

该钢铁厂炼钢连铸厂房加固工程于 2019 年实施，通过在高温环境下植入自锁锚杆确保加固后效果达到设计要求，且经过拉拔试验验证了其承载力。加固后，厂房承载能力得到大幅度提升，可满足吊车吨位提升后的设计要求。工程完工后，厂房使用完好，满足了生产扩容的需求，在同类工程中具有参考价值。

2. 东方电机大电机厂房

东方电机大电机厂房为单层多跨钢筋混凝土排架结构厂房，1959 年开工建设，1964 年、1972 年、1988 年分别扩建，其中一跨为钢结构（图 2-47），其余各跨均为钢筋混凝土结构,排架柱均为混凝土工字形截面柱,柱距均为 6m。

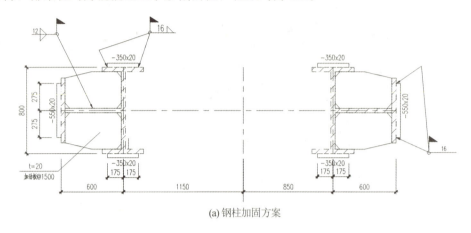

(a) 钢柱加固方案

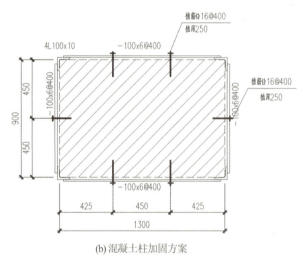

(b) 混凝土柱加固方案

图 2-46　山西高义钢铁厂加固方案图

图 2-47　东方电机大电机厂房一跨

厂房自建成后未进行结构改造,亦未改变过使用功能,一直作为生产厂房使用。厂房吊车在使用过程中进行了更换,实际使用吨位较原设计有所提高(最重吊车起重量由 180t 提高到双 300t),且原有屋面板年久失修,有掉灰隐患。为解决安全隐患,需对厂房进行加固改造。

经改造加固设计,对屋面结构、吊车梁、柱子进行了加固。原设计柱加固至厂房基础顶面处(即室内地坪标高以下),由于地面处有设备影响开挖,无法实施,故调整设计方案:在不破除地坪前提下,用自锁锚杆从地坪打孔至基础顶面以下锚固深度,代替地面以下原加大截面受拉钢筋,如图 2-48 所示。吊车吨位从 180t 起重量提高到 300t,吊车梁加固采用焊接型钢加大截面法。

屋面预制板板缝采用玻璃纤维布＋碳纤维布加固法。

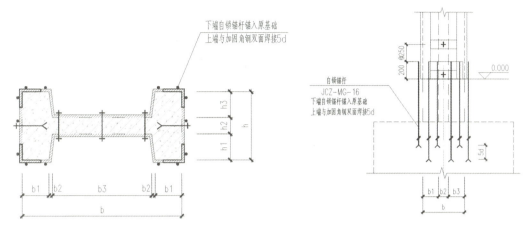

图 2-48 东方电机大电机厂房一跨自锁锚杆加固大样

2.4.2 空间改造与顶升工程

某热电联产干煤棚顶升工程于 2018 年实施（图 2-49）。该干煤棚为网架结构，跨度 71m，长度 60m，原高度约 25m，因净高不能满足新取料机设备的使用要求，需将网架整体顶升 1.8m，顶升用时 3 天。该工程采用了钢滑道顶升专利方案，综合造价仅为拆除重建的四分之一。项目地点位于山区，常有风向不定的大风。对于轻型钢结构而言，技术难点在于风荷载是主要控制荷载，不仅要控制侧向风荷载还需要防范向上的风荷载。顶升方案：采用吊拉的方式，避免不断增高千斤顶位置的难点；采用钢滑道，增加侧向约束的同时，也限制结构的水平位移；采用竖向限位装置，防止向上风荷载导致失控的可能。

图 2-49 某热电联产干煤棚顶升工程（顶升前、后照片）

续图 2-49

2.4.3 特殊环境加固改造

某铝业公司 350kA 电解车间包括两幢并行排列的厂房（AB 跨、CD 跨厂房），每幢厂房为单层单跨钢筋混凝土柱排架结构，柱距为 6.4m，每幢厂房跨度 30m，长度 1004.8m，每隔 16 个柱距设伸缩缝一道（伸缩缝区段长约 100m，以下简称"结构单元"）。

2014 年 9 月现场测量数据显示，屋架垂直度偏差较大，为保证结构的使用安全，现根据当时倾斜的现状，采用大型通用有限元分析软件 ABAQUS 对 20 个屋盖结构单元整体建模计算分析，考虑屋架平面外倾斜影响，部分水平支撑杆件、竖向支撑杆件、水平系杆存在稳定性或承载能力不足的问题，需对其进行加固处理。

在特殊环境（强磁场、不能用电）下，必须在不焊接不打孔前提下进行施工，因此，工程采用粘接和装配式相结合的加固方式，如图 2-50 所示。

2.4.4 特种结构改造

1. 某电厂综合楼筒仓结构改造工程

某电厂综合楼东侧端部设两个 7.5m×9m 矩形混凝土筒仓，直壁高度 9m，支撑在 17.45m 层框架梁上，中部 20.45m 设有框架梁，作为仓壁的水平支点，仓顶层兼屋面，标高 26.45m；下部为钢结构四面锥形斗，锥高约 7.3m，悬吊支承在 17.45m 层梁的埋件上。

由于钢板强度及加劲肋强度严重不足，锥形料斗仅能承受约 140t 的物料，而生产要求是 1000t。

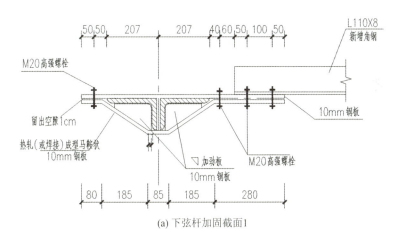

(a) 下弦杆加固截面1

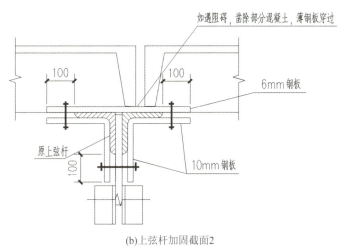

(b) 上弦杆加固截面2

图 2-50 某铝业公司厂房加固方案
(阴影部分表示加固前截面,非阴影部分表示加固部分)

经过精心设计,采用了钢料斗加密加劲肋、在原有加劲肋的基础上进行加固等方式,加固后的料斗钢板和加劲肋满足设计要求,如图 2-51 所示。

2. 安阳钢铁股份有限公司炼铁厂皮带廊改造工程

安阳钢铁股份有限公司炼铁厂皮带廊位于原料生产区域,皮带廊承重体系为钢管混凝土支架柱+平面钢桁架,皮带并列布置于皮带廊桁架结构上弦杆件或下弦杆件上(图 2-52)。皮带廊支架柱柱顶距地面高度约 18.8m,结构总长约 206.3m,廊道结构总宽约 5.29m,廊道高度约 3.5m。

皮带廊支架为钢管混凝土结构,支架柱沿高度方向分两段,下段呈矩形,高度约 8.0m,南北向宽度约 10.6m,上段呈梯形,高度约 10.0m,上口宽度约 5.29m。

原皮带廊为开敞式结构,改造后皮带廊为封闭式结构。由于封闭式结构风荷载更大,

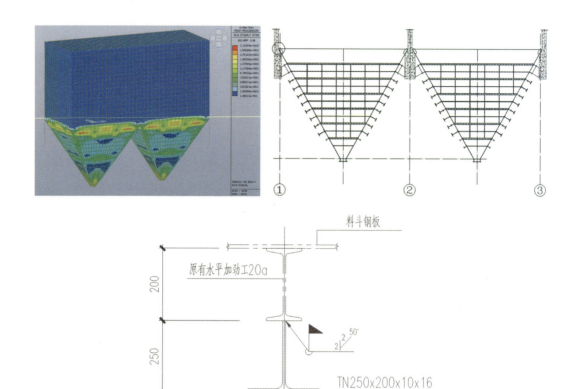

图 2-51 某电厂综合楼筒仓加固方案

对改造后结构进行承载力复核，支架结构的强度和刚度不能满足安全要求，故采用了增加柱间支撑的加固方式，加固后的支架结构能满足安全要求，如图 2-53 所示。

图 2-52 安阳钢铁股份有限公司炼铁厂皮带廊

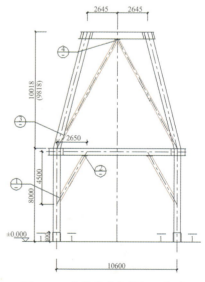

图 2-53 皮带廊支架柱加固方案

2.5 国内外著名工业建筑物

1. 波音飞机制造厂

波音飞机制造厂位于西雅图北郊的埃弗雷特，工厂宽 500m，长 1000m，是世界上最大的厂房建筑，也是世界上最大的飞机组装工厂（图 2-54）。波音公司 747、777、787 三款高端双通道飞机均在这里组装完成。

图 2-54　波音飞机制造厂

2. 宁夏方家庄电厂干煤棚

宁夏方家庄电厂干煤棚为世界上最大跨度的干煤棚（图 2-55），储煤量 4 万吨，该工程跨度 229m，长度约 260m，为预应力管桁架结构，建筑面积约 60000m²。

图 2-55　宁夏方家庄电厂干煤棚

3. 上海宝钢宝山基地

上海宝钢宝山基地（图 2-56）位于上海市北部宝山区的长江入海口处，厂区占地面积 $21km^2$，拥有全球最高端板材和精品钢管制造、研发能力，年产铁水 1532 万吨、钢水 1617 万吨、钢材 1527 万吨。宝钢宝山基地拥有炼铁、炼钢、热轧、厚板、冷轧、钢管、条钢及配套公辅设施等全流程钢铁生产工艺设备。主要产品包括热轧、酸洗、普冷、镀锌、彩涂、镀锡、电工钢、厚板、钢管、条钢线材等，其中汽车板、电工钢、镀锡板、能源及管线用钢、高等级船舶及海工用钢以及其他高端薄板等产品处于国内领先、世界一流水平。

4. 特斯拉生产基地

特斯拉内华达超级电池工厂（图 2-57）是特斯拉公司与松下公司合作建造的电池生产工厂，于 2016 年第一季度开始投产，主要生产储能型电池和车载型动力电池。目前还未完全建成，完全建成后每年生产 150GW 的电池组，占地面积达到 $120×10^4 m^2$。

图 2-56　上海宝钢宝山基地：中国最大、最现代化的钢铁基地

图 2-57　特斯拉内华达超级电池工厂

5. 现代汽车蔚山工厂

现代汽车蔚山工厂（图 2-58），1968 年开始建设，占地面积达 480 万平方米。蔚山工厂是现代汽车公司第一家工厂，年产能力达 150 万辆，主要生产微型轿车、轿车、SUV、货车和轻型商用车。

6. 大众沃尔夫斯堡工厂

大众沃尔夫斯堡工厂（图 2-59）位于德国西北部的萨克森州，别称"狼堡"。沃尔夫斯堡工厂占地面积达 $650.3×10^4 m^2$，大约是摩纳哥国土面积的 3 倍，甚至相当于 14 个梵蒂冈。

图 2-58 现代汽车蔚山工厂

图 2-59 大众沃尔夫斯堡工厂

第 3 章

水电建筑物概论

3.1 起源与发展

本节主要介绍水力发电、水电站主要建筑物大坝，包括重力坝、拱坝、碾压混凝土坝、支墩坝、土石坝及当前热门的抽水蓄能电站的起源与发展。

3.1.1 水力发电的起源与发展

人类利用水力的历史可以追溯到公元前。我国在汉代出现了利用水流力量来自动舂米的机具（水碓）和冶炼鼓风的水排。魏晋南北朝时期水磨等水力机械成为皇亲贵族财富的象征，到唐宋开始进入民间。1765 年英国人发明了珍妮纺纱机，1768 年英国理查德·阿克莱特（1732—1792 年）发明了水力纺纱机，第一次工业革命在纺织工业的革命中开端。1866 年，德国人西门子制成了发电机，开启了第二次工业革命，人类开始进入电气时代。1878 年，世界上第一个水力发电项目点亮了英格兰诺森伯兰乡村小屋的一盏灯。1882 年爱迪生在美国威斯康星州福克斯河上创建了世界上第一座水电站——亚普尔顿水电站，这是第一家服务于私人和商业用户的水电厂。随后水电站建设便如雨后春笋般迅速发展起来。

在北美地区，1880 年水电站出现在美国密歇根州大急流城，1881 年先后出现在加拿大安大略省渥太华、美国纽约州多尔吉维尔和纽约州的尼亚加拉大瀑布。它们为工厂供电，也为当地居民提供照明。

20 世纪之交，水电在更多的国家和地区出现，1891 年德国制造出第一个三相的水力发电系统；1895 年澳大利亚在南半球建立了第一个公有水电站。

1895 年，Edward Dean Adams 水电站在美国尼亚加拉大瀑布开工建设，电厂可产生 10 万马力，这是当时世界最大的水电开发项目。

20 世纪上半叶，美国和加拿大在水电工程技术领域处于领先地位。1931 年开建、1936 年建成于内华达州和亚利桑那州交界之处黑峡科罗拉多河上的胡佛水电站（2080MW），被称为美国七大现代土木工程奇迹之一。1931 年水坝动工时，共和党领袖胡佛（美国第 31 位总统，1929 年 3 月 4 日—1933 年 3 月 3 日在任）任美国总统，水坝遂以他的名字命名。胡佛水电站孕育了新兴的城市拉斯维加斯，这里原本是不毛之地，荒无人烟，建造时，大批工人聚集在这里。水、电、铁路，为一座新城的诞生提供了条件，当前拉斯维加斯成了不夜城，正是胡佛水电站的电力，点亮了拉斯维加斯那流光溢彩、五颜六色的霓虹灯。1942年，位于华盛顿州斯波坎市附近的大古力水电站，是哥伦比亚河上游的一座梯级水电站，装机容量8880MW，为当时世界最大的水力发电工程，直至1986年后被委内瑞拉的古里水电站和伊泰普水电站超越，目前仍然是美国最大的水电站。大坝形成的水库以时任美国总统名字命名为罗斯福湖，总库容118亿立方米，有效库容64.5亿立方米。

20世纪60年代至80年代，大型水电的开发主要集中在加拿大、苏联和拉丁美洲。萨扬舒申斯克水电站位于俄罗斯西伯利亚叶尼塞河上游，总装机容量6400MW，是苏联最大的水电站，工程于1963年开始施工准备，1987年竣工，混凝土重力拱坝最大坝高245m，为世界已建最高的重力拱坝，库容313亿立方米。

1905年，在台北附近的新店溪上建成装机容量为600kW的水力发电站。紧接着，中国大陆第一座水电站出现，即位于云南省昆明市郊的螳螂川上的石龙坝水电站。该电站于1910年开工建设，1912年投产运行。刚建成时其装机容量为480kW。2006年石龙坝水电站被国务院批准列入第六批全国重点文物保护单位名单，2011年云南省文物局批准石龙坝水电博物馆为注册博物馆。2021年，电站复建第二车间，安装了320kW立式水轮发电机组，复建完成后总装机容量为7360kW。

在过去的几十年中，巴西和中国已经成为水电领域的领头羊。20世纪世界装机容量最大的水电站是巴西和巴拉圭合建位于巴拉那河流（世界第五大河）的伊泰普水电站，库容290亿立方米，装机容量14000MW。目前世界第一大水电站则是2003年开始投产发电的中国三峡水电站，库容393亿立方米，装机容量22500MW。

新中国成立以来，中国水电事业发生了翻天覆地的变化，常规水电装机容量1949年仅仅30MW，截至2022年底我国水电装机容量41.35×10^4MW，其中常规水电36.8×10^4MW、抽水蓄电4.5×10^4MW，占中国各电源品种的16.1%。2022年水力发电量13522亿千瓦时，分别占中国各电源品种的15.3%。自2004年起，中国水电装机容量超过美国，水电装机容量规模居世界第一，筑坝水平名列世界前茅，大型机组位居世界首位，水电装备国际领先，产业能力达到世界领先水平。根据国家能源局最新批复水力资源复查成果，我国水力资源技术可开发量为68.7×10^4MW，年发电量约3万亿千瓦时。预计到2030年，我国常规水电装机规模可以达到42×10^4MW左右。展望到2050年，中国常规水电的装机规模在60×10^4MW左右。

3.1.2 重力坝的起源与发展

重力坝是最早出现的一种坝型。公元前2900年，埃及美尼斯王朝在首都孟菲斯城附近的尼罗河上，建造了一座高15m、长240m的挡水坝。早先的重力坝是用石料建成的。随着人们建坝经验的积累和丰富，坝的规模逐渐扩大，坝体越来越高。然而早期的重力坝都是凭经验建造的，建坝者最朴素的物理概念就是利用坝体的自重维持坝体的稳定，因而坝的断面很庞大，如图 3-1 所示。其中：(a) 为我国的大天平与小天平（坝），坝高 4m，公元前 219 年建成；(b) 为西班牙的蒂比（Tibi）坝，坝高 42.7m，1579 年建成；(c) 为西班牙的沃尔德因菲诺（Valde Infierno）坝，坝高 35.5m，1786 年建成；(d) 为法国的维阿鲁（Vioreu）坝，坝高 11.0m，1833 年建成；(e) 为法国的格洛梅耳（Glomel）坝，坝高 13.1m，1833 年建成；(f) 为西班牙的尼加尔（Nijar）坝，坝高 27.5m，1843 年建成。

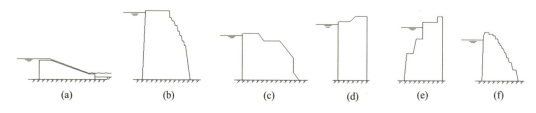

图 3-1　早期大坝断面

按工程力学原理设计和建造重力坝是在 19 世纪以后。1850—1860 年法国工程师提出了重力坝设计中应力和抗滑稳定的设计准则。19 世纪末将材料力学法运用于重力坝应力分析，并开始用弹性理论法分析重力坝的应力分布。1866 年，世界第一座用理论严格设计的重力坝——法国的富伦斯（Furens）坝诞生，坝高 56m，是坝工历史上第一座坝高超过 50m 的坝，如图 3-2 所示。富伦斯坝断面形状为曲线，它是严格用悬臂梁公式计算出来的。由于曲线形不便施工，经过一段时间实践后，以后的坝便调整为三角形断面了。

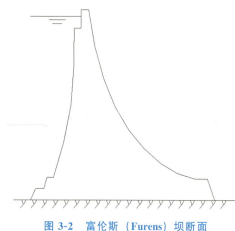

图 3-2　富伦斯（Furens）坝断面

20 世纪初，由于混凝土工艺和施工机械的迅速发展，美国 1914 年在哥伦比亚河水系斯内克河支流博伊西河上建造了高 106.7m 的阿罗罗克坝。1930 年以后，美国修建了高 183m 的沙斯塔坝和高 168m 的大古力坝，重力坝的设计理论和施工技术有了很大提高。在应力计算方面，提出了重力法和弹性理论法，包括考虑空间影响的试荷载法；在构造方面，建立了完整的分缝、排水和廊道系统，以及温度、变形、应力等观测系统；在施工方面，机械化程度有了显著提高，发展了柱状浇筑法和混凝土散热冷却及纵缝灌浆等一整套施工工艺。1962 年，瑞士在罗讷河支流迪克桑斯河上修建了当今世界上最高的重力坝——大迪克桑斯坝，坝高 285m，总库容 4 亿立方米。1966 年，印度在喜马偕尔邦境内萨特莱杰河上游巴克拉峡谷内修建了高 226m 的巴克拉坝，为印度最高的混凝土重力坝，总库容 98.7 亿立方米。1972 年，美国爱达荷州修建了高 219m 的德沃夏克坝，是西方国家最高的直线轴坝，是美国第三高坝。

中国于公元前 3 世纪，在连通长江与珠江流域的灵渠工程上，修建了一座高 3.9m

的砌石溢流坝（图3-3），迄今已运行2000多年，是世界上现存的、使用历史最久的一座重力坝。

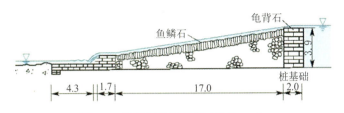

图3-3　灵渠渠首拦河坝（单位：m）

我国现代意义上的重力坝建设始于新中国成立以后。1957—1960年在浙江建德市新安江上修建了高105m的新安江宽缝重力坝，新安江水电站是我国第一座自行设计施工的大型水电站。1957—1961年在河南省三门峡市的黄河上修建了高106m的三门峡重力坝，三门峡黄河大坝是我国在黄河干流兴建的第一座大型水利枢纽工程，三门峡黄河大坝被誉为"万里黄河第一坝"。1974年在甘肃省永靖县境内黄河干流的刘家峡水电站建成发电，最大坝高147m，是当时中国最高重力坝，总库容57亿立方米，被誉为"黄河明珠"。1982年建成乌江渡水电站拱形重力坝，高165m，刷新当时最高重力坝纪录。20世纪80年代，我国建成的高度在60m以上的重力坝已有20多座，这期间我国重力坝建设的特点是努力探索减少坝体工程量、节省工程投资的各种途径，开发建设了不少新型、轻型重力坝。在新安江、丹江口、乌江渡、凤滩等工程的设计和施工中，设计研究者就重力坝的体型优化、应力分析和施工方法等做了大量细致的工作，推动了重力坝工程技术的快速发展，缩小了我国与世界水平的差距。

改革开放之后，三峡（坝高181m）、龙滩（坝高216.5m）、光照（坝高195.5m）、龙羊峡（坝高178m）、向家坝（坝高162m）等一批高重力坝工程的建成，不断刷新了大坝高度和工程规模的纪录。中国的重力坝技术已处于世界领先地位。2009年建成的龙滩水电站，位于广西天峨县城上游15km处，坝高216.5m，是中国最高重力坝，库容273亿立方米。

3.1.3　拱坝的起源与发展

现发现的世界上第一座拱坝是法国鲍姆（Borm）砌石拱坝，坝高12m，建于3世纪，由两层砌石圬工墙中间填塞黏土构成。约550年土耳其修建了德拉拱坝。13世纪末，伊朗开始修建拱坝，仍以砌石类圬工材料为主，最高的一座是高60m的瑞特拱坝，直至20世纪初期它仍是世界最高拱坝，同时期伊朗还建有坝高36m的克巴尔拱坝和坝高20m的阿巴斯拱坝。从16世纪开始，拱坝引进西班牙、意大利等国，仍多为砌石拱坝，较著名的有西班牙埃尔切坝及意大利蓬塔尔多坝（在1611年建成时坝高5m，经数次改建，到1883年坝高增至38m）。

约1837年，法国开始用圆筒理论设计左拉（Zola）砌石拱坝，坝高42.5m。1884年，美国修建世界上第一座混凝土拱坝——熊谷（Bear Valley）拱坝，高20m，拱坝的设计方法逐渐从用圆筒理论过渡到拱梁分载理论。至20世纪初，拱坝修建的高度有了突破，且都是在美国，例如：1909年建成的帕斯芬德砌石拱坝，坝高65m；1910年建成的巴菲罗比尔拱坝，坝高99m；1913年开始修建的斯波尔丁拱坝，坝高44m。这三座拱坝的应力分析都考虑了中间悬臂梁的作用，计算了拱圈和梁的变位，把拱梁和基础做刚性连接。

第一座超过200m的拱坝是美国1936年建成的胡佛坝（图3-4），大坝为混凝土重力拱坝，坝高221.4m，大坝形成的水库叫米德（Mead）湖，总库容348.5亿立方米。第一座双曲拱坝则是1939年建成的意大利奥西格利塔拱坝，坝高76.8m，而且是一座双曲薄拱坝。

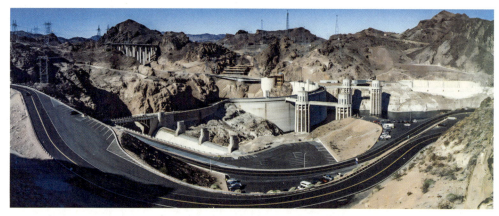

图3-4　胡佛坝

20世纪40年代以后开始大量兴建拱坝。意大利在1952—1960年期间建成或正在建设的拱坝有90多座；法国20世纪50年代修建的32座混凝土坝中，拱坝有26座；葡萄牙在这期间修建的大坝基本都是拱坝。法国1961年建成的托拉拱坝，高88m，坝底厚2m，至今仍是世界最薄双曲拱坝。第二个坝高超过200m的拱坝是1958年建成位于瑞士瓦莱州罗讷河支流德朗斯（Drance）河上的莫瓦桑双曲拱坝，初期坝高237m，后1991年加高到250.5m，有效库容2.05亿立方米。1980年格鲁吉亚英古里河建成的英古里坝是国外最高拱坝，坝高271.5m，库容11.1亿立方米。

1927年我国近代第一座砌石拱坝在厦门修建完成，即上李水库大坝，高27.5m，水库向厦门市区供水，工程由德国西门子公司设计并建造。1958年建成坝高86.5m的响洪甸重力拱坝，是我国自行设计和施工的第一座等半径同圆心混凝土重力拱坝，位于安徽金寨县淮河支流西淠河上，是20世纪50年代新中国治理淮河水患的枢纽工程之一。1958年建成坝高78m的溪流河双曲拱坝，是国内最早建成的混凝土双曲拱坝。当前我国的拱坝技术获得了空前的发展，1990年至今，中国是世界拱坝建设中心，其科技水平最高。目前中国拱坝建设的规模全世界最大，拱坝数量最多，占全世界的40%；坝高最高的三座拱坝，即锦屏一级拱坝（305m）、小湾拱坝（294.5m）和溪落渡拱坝（285.5m），都在中国。

3.1.4　碾压混凝土坝的起源与发展

1964 年在意大利建成的阿尔卑捷拉（AlpeGera）坝，采用了低用量高标号矿渣水泥，卡车运输上坝，全剖面分层浇筑，用切缝机切缝等施工工艺，被认为是碾压混凝土坝的先驱。但该坝仍使用振捣器振捣，并不是真正的碾压混凝土坝。1970 年和 1972 年，在美国召开的关于混凝土坝快速施工和经济施工的会议上，提出了"碾压混凝土"概念。日本于 1974 年开始对碾压混凝土筑坝法进行系统研究，并在 1980 年建成了世界上第一座"金包银"式的坝高 89m 碾压混凝土重力坝——岛地川坝。美国于 1976 年提出用振动碾碾压混凝土筑坝的可行性报告，并在 1982 年建成坝高 52m 的柳溪坝，是世界第一座全碾压混凝土坝。1988 年南非建成了世界上第一座碾压混凝土重力拱坝——卡耐尔波特（Knellpoort）坝，坝高 50m。

在我国，1986 年在福建省距大田县 18km 的均溪支流屏溪上建成第一座碾压混凝土重力坝——坑口坝，坝高 56.8m。1993 年中国建成了世界上第一座碾压混凝土拱坝——普定坝，坝高 75m。目前我国已建成的和建设中的碾压混凝土坝数量均居世界各国之首。目前世界第一高碾压混凝土坝是我国广西龙滩水电站碾压混凝土重力坝，坝高 216.5m。2018 年建成位于云南省宣威市及贵州省六盘水市交界处北盘江支流革香河上的万家口子水电站大坝，坝高 167.5m，是当前世界最高碾压混凝土拱坝。

3.1.5　支墩坝的起源与发展

支墩坝包括连拱坝、大头坝、平板坝。

西班牙在 16 世纪修建高 23m 的埃尔切砌石连拱坝和印度在 1802 年前后修建的梅尔·阿鲁姆砌石连拱坝，均为直立拱面，还不完全具备近代支墩坝的特点。直到 1891 年澳大利亚工程师 J.D.贝瑞修建的贝鲁布拉砌砖连拱坝，上游面倾角 60°，才具备现代支墩坝的特点。16 世纪西班牙修建的埃尔切砌石连拱坝，坝高 23m，是世界上第一座支墩坝。进入 20 世纪以后，连拱坝有较大发展。中国淮河 1954 年和 1956 年相继建成了佛子岭和梅山连拱坝（见图 3-5），坝高分别为 74.4m 和 88.24m。梅山连拱坝是当时世界上最高的连拱坝，也是目前中国最高的连拱坝。1968 年加拿大在马尼夸根（Maricouagan）河上修建的丹尼尔·约翰逊连拱坝，坝高 214m，是当前世界上最高的支墩坝。

大头坝是由扩大的支墩头部挡水的支墩坝。世界最早的大头坝是 1927 年墨西哥建成的顿·马丁坝。20 世纪 30 年代后，大头坝在意大利等国发展较快。随着大头坝的发展，坝高不断增加。巴西和巴拉圭合建的伊泰普（Itaipu）水电站的大头坝，坝高 196m，是世界最高的大头坝。我国 1958 年在安徽省霍山县佛子岭水库上游东流河上建成了磨子潭双支墩大头坝，坝高 82m；1961 年在湖南省安化县的资水干流上建成了柘溪单支墩大头坝，坝高 104m。1959 年我国的钱令希提出了梯形坝，并于 1979 年在浙江省衢州市境内

图 3-5 梅山连拱坝

的乌溪江上建成了湖南镇梯形坝,坝高 129m,是世界上已建的唯一的一座梯形坝,也是我国最高的支墩坝。

平板坝是由平板面板和支墩组成的支墩坝。自 1903 年修建了第一座有倾斜面板的安布生平板坝以后,世界各国修建了很多中、低高度的平板坝。阿根廷在 1948 年修建的埃斯卡巴平板坝,坝高 83m,是世界上最高的平板坝。我国 1958 年在湖南邵阳资江支流潭江的上游修建的金江平板坝,是全国当时同类坝中最高的一座,坝高 54m,坝长 133m。

3.1.6 土石坝的起源与发展

公元前 3200 年,在约旦的贾瓦地区曾建造过一些块石护坡土坝。这些古代坝是在 1974 年由耶路撒冷的不列颠考古学院发现的,其规模也很小,但被《吉尼斯世界纪录大全》列为世界最古老的坝。公元前 2900 年左右,埃及在尼罗河干流建造了一座砌石坝——科希斯坝,坝址位于孟菲斯以南 20km 处的科希斯,坝高为 15m,坝长为 450m。因此,该坝堪称世界最古老的"大坝"。公元前 1305—前 1290 年,埃及人曾在霍姆斯附近的阿西河上建造过一座堆石坝,坝高 6m,长 2000m。

19 世纪中叶美国在西部的偏远矿区修建了早期的堆石坝,上游面采用木板防渗。1931 年,美国建成了高 100m 的盐泉堆石坝,防渗体为钢筋混凝土面板。1934 年,德国修建了世界第一座高 13m 的阿梅克沥青混凝土斜墙堆石坝。随着岩土力学理论和试验技术的发展及计算技术的进步,尤其是 20 世纪 60 年代振动碾等机械的出现,高土质心墙堆石坝、高混凝土面板堆石坝的兴建数量呈上升趋势。20 世纪 70 年代以来,土石坝的数量和高度都超过了混凝土坝。1980 年建成位于塔吉克斯坦境内瓦赫什河布利桑京峡谷的努列克水坝，高 300m，是当前世界最高心墙土石坝，也是当前世界第二高坝。

中国古代坝保留最完整、最典型的是安徽省寿县的安丰塘，也称芍陂，建于公元前 598—前 591 年，由春秋时楚相孙叔敖主持修建，与都江堰、漳河渠、郑国渠并称为我国古代四大水利工程。安丰塘现在是一个四面筑堤的平原水库，塘堤周长 24.3km，堤高 6.5m，水面 34km^2，库容近 1 亿立方米，可对近 64 万亩农田进行自流灌溉。

中华人民共和国成立以来所建成的 10 万座坝中，绝大多数为土石坝。我国当前已建成的最高土石坝是位于四川省甘孜州雅江县境内的雅砻江干流上的两河口水电站大坝，高 295m，为土心墙堆石坝。当前正在建设的双江口水电站，位于四川省马尔康市和金川县大渡河上源足木足河与绰斯甲河汇口处以下 2km 河段，坝高 314m，为土心墙堆石坝。

3.1.7 抽水蓄能电站的起源与发展

全球第一座抽水蓄能电站 1882 年诞生于瑞士苏黎世。瑞士苏黎世奈特拉电站装机容量 515kW，利用落差 153m，汛期将河流多余水量（下水库）抽蓄到山上的湖泊（上水库），供枯水期发电用，是一座季调节型抽水蓄能电站。

20 世纪 50 年代开始，抽水蓄能电站迅速发展。截至 1950 年底，全世界建成抽水蓄能电站 31 座，总装机容量约 1300MW（部分混合式电站按泵工况最大入力统计），主要分布在瑞士、意大利、德国、奥地利、捷克、法国、西班牙、美国、巴西、智利和日本。其中，最早采用可逆式机组的是西班牙于 1929 年建成的乌尔迪赛电站，装机容量 7.2MW。20 世纪 60—80 年代，抽水蓄能电站建设处于发展黄金时期，装机容量年均增加 1259MW（60 年代）、3015MW（70 年代）和 4036MW（80 年代）。到 1990 年，全世界抽水蓄能电站装机容量增加至 86879MW，已占装机容量的 3.15%。至 20 世纪末，日本、美国和西欧诸国的抽水蓄能装机容量占全世界总规模 80% 以上，单站装机容量由 1882 年瑞士苏黎世 515kW 逐步发展到美国巴斯康蒂 2100MW，单机容量达到 300MW。

然而，随着可经济开发的常规水能资源逐渐减少、经济发展中心的转移等，20 世纪 90 年代以后，除日本仍在大规模建设抽水蓄能电站外，美欧抽水蓄能电站建设速度明显减缓。美国在落基山抽水蓄能电站 1995 年投运后未再新建抽水蓄能电站，西欧各国除德国建了一座金谷抽水蓄能电站（2003 年投运）外，英、法、意等至今未建一座抽水蓄能电站。抽水蓄能电站的发展重点已由欧美向亚洲，尤其是向中国转移。虽然我国及韩国、印度等国抽水蓄能电站建设速度明显加快，但在世界抽水蓄能电站容量中的占比仍不升反降，已降至 3% 左右。我国抽水蓄能电站建设从 20 世纪六七十年代开始。1968 年建成位于河北省平山县境内滹沱河上的岗南抽水蓄能电站，装机容量 11MW，是中国最早兴建的混合式抽水蓄能电站，采用从日本引进的斜流水泵水轮机。1973 年和 1975 年改建位于北京市白河上的密云抽水蓄能电站，是我国第二座混合式抽水蓄能电站，安装了两台国产 11MW 抽水蓄能机组。这一阶段是我国抽水蓄能的起步阶段。

20世纪80年代到90年代,我国开始了研究和建设大型抽水蓄能电站。90年代先后建成了广蓄一期(1200MW)、十三陵(800MW)和天荒坪(1800MW),在20世纪90年代的十年间,先后有9座抽水蓄能电站投入运行,至2000年底抽水蓄能电站总装机容量达到5590MW。我国第一座纯抽水蓄能电站是1992年在四川省蓬溪县的寸塘口抽水蓄能电站,装机容量2MW。我国第一座大型纯抽水蓄能电站是广州抽水蓄能电站,位于中国广东省广州市从化区吕田镇,距广州市区90km,是大亚湾核电站、岭澳核电站的配套工程,总装机容量2400MW,第一期于1993—1994年开始服役,共有4台300MW发电机,第二期于1999—2000年开始服役,共有4台300MW发电机。

2000年之后,我国从学习借鉴国外技术过渡到自主发展为主。工程设计、工程施工和机电设备安装调试技术日趋成熟并自主创新发展,沥青混凝土防渗面板施工由借鉴国外技术发展到全面自主施工,并发展了改性沥青混凝土面板设计和施工技术;以惠州、宝泉、白莲河工程为代表,开始从引进国外主机设备的设计与制造技术,逐渐发展为国内厂商自主设计制造。

"十二五""十三五"期间,为适应新能源、特高压电网快速发展,抽水蓄能发展迎来新的高峰,相继开工了河北丰宁、安徽绩溪等抽水蓄能电站。目前我国抽水蓄能工程电站建造和运行已经达到世界先进水平。2021年建成的河北丰宁抽水蓄能电站装机容量3600MW,是当前世界上装机容量最大的抽水蓄能电站。在单机容量方面,2022年5月投产的广东阳江抽水蓄能电站达到400MW,处于世界先进水平。

抽水蓄能电站具有启动迅速、运行灵活的特点,适合承担调峰、调频、调相、负荷调整、负荷备用等任务,属于储能电站。在中国向世界承诺2030年达到碳达峰、2060年达到碳中和的"3060目标"节能减排任务中,储能电站占据重要地位。2021年底,我国已纳入规划的抽水蓄能电站资源总量约$81.4×10^4$MW,其中已建$3.639×10^4$MW,在建$6.153×10^4$MW,中长期规划重点实施项目$41×10^4$MW,备选项目$31×10^4$MW。抽水蓄能电站是我国将来一段时期的重点建设方向。

3.2 构造与功能

水电站建筑物是指为水力发电而设置的挡水、泄水、取水、输水、厂房及升压站等建筑物。水电站有坝式、引水式和混合式等不同开发方式,其建筑物的组成和布置形式也不同。坝式水电站发电水头由拦河坝挡水形成,主要建筑物有拦河坝、泄水建筑物、压力管道、厂房、升压站等(图3-6)。引水式水电站发电水头主要由引水隧洞或渠道形成,主要建筑物由拦河坝(采用底坝或堰形成取水条件)、进水口、引水隧洞或渠道、压力前池、压力管道、厂房及升压站等组成,引水方式分有压及无压两种(图3-7)。混合式水电站发电水头由坝和压力引水隧洞共同形成,主要建筑物由坝、压力引水隧洞、调压室以及厂房等组成。

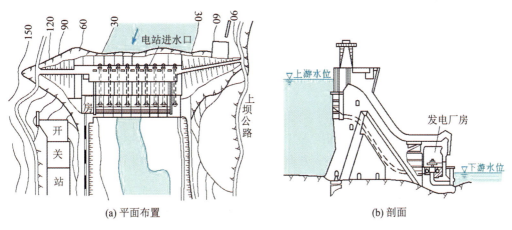

图 3-6 坝式水电站示意图（单位：m）

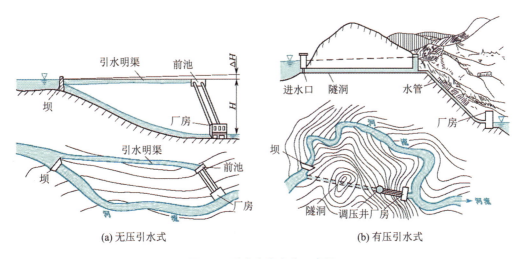

图 3-7 引水式水电站示意图

3.2.1 挡水建筑物

水电站的挡水建筑物是大坝。大坝根据所用材料可以分为混凝土坝和土石坝两类；混凝土坝根据结构形式分为重力坝、拱坝和支墩坝三种类型，混凝土坝按施工特点可分为常态混凝土坝、碾压混凝土坝和装配式混凝土坝；土石坝根据坝体横断面的防渗材料及其结构可分为均质坝、分区坝和人工防渗材料坝。

1. 重力坝

重力坝是由混凝土或浆砌石修筑的大体积挡水建筑物，主要依靠坝体自重来维持稳定。重力坝是广泛应用的坝型，其主要优点是：①安全可靠，耐久性好，抵抗渗漏、洪水漫溢、地震和战争破坏的能力都比较强；②设计、施工技术简单，易于机械化施工；

③适应不同的地形和地质条件,在任何形状河谷都能修建重力坝,对地基条件要求相对来说不太高;④在坝体中可布置引水、泄水孔口,利于解决发电、泄洪和施工导流等问题。重力坝的缺点是:①坝体体积大,水泥用量多;②施工期混凝土温度应力和收缩应力大,对温度控制要求高。

2. 拱坝

拱坝是一种建筑在峡谷中的拦水坝,做成水平拱形,在平面上呈凸向上游的拱形挡水建筑物,借助拱的作用,将水压力全部或部分传给河谷两岸的基岩,是一个空间壳体结构。

与重力坝相比,在水压力作用下拱坝坝体的稳定不需要依靠本身的重量来维持,而是利用拱端基岩的反作用来支承。拱圈截面上主要承受轴向力,可充分利用筑坝材料的强度。因此,拱坝是一种经济性和安全性都很好的坝型。

3. 支墩坝

支墩坝是由一系列支墩和挡水构件组成的坝。上游面的水压力、泥沙压力等荷载经挡水构件传至支墩,再由支墩传至地基。

根据面板的形式,支墩坝可分为平板坝、大头坝、连拱坝三种类型,如图3-8所示。

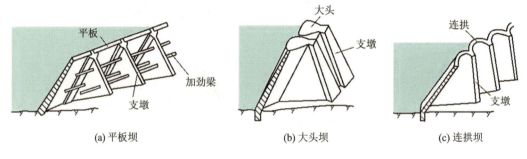

图 3-8 支墩坝类型

平板坝是挡水构件为钢筋混凝土平板(面板)的支墩坝。平板坝的支墩可用混凝土或浆砌石建造。平板坝能利用较多水重,扬压力小,对坝的抗滑稳定有利,坝体工程量小;坝体结构简单,受力明确,施工方便;简支式平板坝对温度变化和地基变形的适应性强。在中、低坝中,平板坝有时是一种比较经济的坝型;当坝高超过30～40m时,则常常是不经济的,近来已较少修建平板坝。

大头坝是支墩上游头部扩大为厚实的挡水面板的支墩坝,又称空心重力坝、重力撑墙坝。坝段上游面宽、下游面窄,水平截面基本上为梯形的坝,称为梯形坝。

连拱坝是挡水面板为拱形的支墩坝。连拱坝可用混凝土或钢筋混凝土建造,在中小型工程中也有用浆砌石建造的。由于拱的受力条件较好,支墩间距可以加大,材料强度能够充分利用,坝体工程量相应减少。但连拱坝对地基要求较高,抗震能力较差,对温度变化和地基变形反应敏感。

4. 碾压混凝土坝

碾压混凝土坝是采用坍落度接近于零的超干硬性的混凝土经逐层铺填碾压而成的混凝土坝，简称 RCCD 或 RCD。碾压混凝土坝是将土石坝碾压设备和技术应用于混凝土坝施工的一种新坝型。碾压混凝土水泥用量少，采用高掺粉煤灰等活性掺和料，后期强度增长显著。碾压混凝土放热速度较缓慢，延缓了混凝土最高温度的出现时间，同时降低了混凝土温升，可以简化温控措施。碾压混凝土坝的剖面设计、水力设计、应力和稳定分析（需增加对碾压混凝土层面的复核）与常态混凝土坝的相同，但在材料配比、结构构造和施工方法方面存在不同，以适应碾压混凝土的特点。碾压混凝土不仅适用于混凝土重力坝，也适用于混凝土拱坝。

5. 土石坝

土石坝泛指采用当地土料、石料或混合料，经过抛填、碾压等方法堆筑成的挡水坝。当坝体材料以土和沙砾为主时，称为土坝；以石渣、卵石、爆破石料为主时，称为堆石坝；当两类当地材料占相当比例时，称为土石混合坝。土石坝是历史最为悠久的一种坝型。

根据坝体横断面的防渗材料及其结构，土石坝分为均质坝、土质防渗体分区坝和人工防渗材料分区坝。

均质坝坝体断面部分为防渗体和坝壳，坝体绝大部分由大体上均一且渗透性小的黏性土、壤土、沙壤土等填筑而成，整个坝体起防渗作用，不设专门防渗体，如图 3-9（a）所示。土质防渗体分区坝坝体断面由土质防渗体及若干透水性不同的土石料分区构成，按土质防渗体在坝体中位置的不同可分为心墙坝、斜墙坝等。心墙坝的土质防渗体设置在坝体中部，上、下游坝壳为堆石、沙砾（卵）、风化石渣或半透水砂性土等，心墙与坝壳之间以沙、砾石作为反滤层，下游设排水体，如图 3-9（b）、（c）所示。当土质防渗体位于坝体中部且稍倾向上游时，可称为土质斜心墙坝。靠近坝体上游面设置倾斜的土质防渗体的土石坝称为斜墙坝，如图 3-9（d）、（e）所示。人工防渗材料分区坝是指采用混凝土、沥青等人工材料防渗的坝；根据材料和防渗体的位置，可分为钢筋混凝土心墙坝、钢筋混凝土面板堆石坝、沥青混凝土心墙坝、沥青混凝土面板坝等，如图 3-9（f）～（h）所示。面板堆石坝是土石坝的常见类型，以堆石体为支承结构，在其上游表面浇筑混凝土面板作为防渗结构的堆石坝，简称面板堆石坝或面板坝。典型结构如图 3-9（h）所示。我国最高的混凝土面板堆石坝是湖北省清江中游上的水布垭水电站大坝，坝高 233m。

3.2.2 泄水建筑物

泄水建筑物是保证水利枢纽和水工建筑物的安全、减免洪涝灾害的重要水工建筑物，是水利枢纽中的主要建筑物之一。水利枢纽中的泄水建筑物有溢流坝、溢洪道、泄水孔、

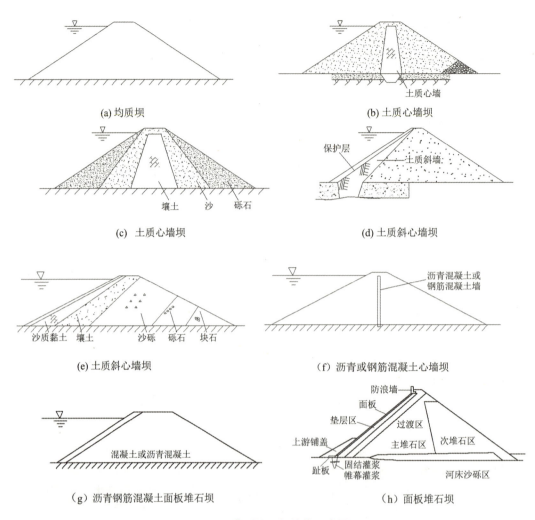

图 3-9 典型土石坝结构示意图

泄水涵管、泄水隧洞等。

重力坝的泄洪方式优先选用具有较大泄洪潜力的开敞式溢流孔，即重力坝的溢流坝段。如有排沙、放空水库、下泄生态用水需求时，可根据需要设置泄水孔。拱坝的泄水方式可采用坝顶泄流、坝身空口泄流、坝面泄流、滑雪道泄流、坝后厂房顶溢流或厂房前挑流等。土石坝的泄水方式可以采用开敞式溢洪道、隧洞，或同时设置溢洪道和隧洞。在地形有利的坝址，泄洪建筑物宜布设开敞式溢洪道。

1. 溢流重力坝

溢流重力坝是指通过顶部宣泄洪水的重力坝。溢流重力坝大都布置在河床的主流部位，用导墙与非溢流重力坝分开。它可分为开敞式和胸墙式（又称大孔口式）两种。前者泄水能力随堰上水头增大而迅速增加，超泄能力较大，有利于保坝；后者堰顶高程位于防洪限制水位以下，预泄能力较强。有的工程在溢流重力坝顶部设活动胸墙（如中国湖北省陆水溢流重力坝），兼有上述两者的优点。

溢流重力坝的坝顶一般设有闸墩、闸门、启闭台、工作桥和交通桥，坝顶结构布置如图 3-10 所示。

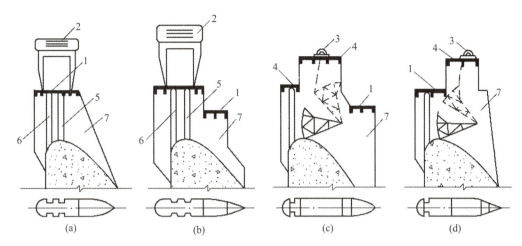

图 3-10　溢流重力坝坝顶结构布置示意图
1—公路桥；2—移动式启闭机；3—固定式启闭机；
4—工作桥；5—工作闸门槽；6—检修闸门槽；7—闸墩

2. 拱坝泄水孔

拱坝泄水孔是横穿拱坝坝体的泄水孔道。按其在坝体的位置，它可分为中孔和底孔。前者位于坝体中部，常用于宣泄洪水；后者位于坝体底部，可用于放空水库、辅助泄洪和排沙，以及施工导流。宣泄水流一般都是压力流，比坝顶溢流式流速大，挑射距离远。拱坝泄水孔通常有两套闸门设施：一套事故检修闸门，装在上游坝面的进口处；一套工作闸门，装在下游坝面出口处，便于布置闸门的提升设备。卡博拉巴萨拱坝泄水孔布置图如图 3-11 所示。

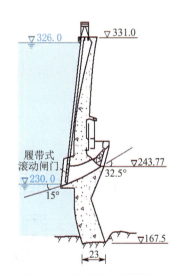

图 3-11　卡博拉巴萨拱坝泄水孔布置图（单位：m）

3. 溢洪道

溢洪道为宣泄水库、河道、渠道、涝区超过调蓄或承受能力的洪水或涝水，以及泄放水库、渠道内的存水，以利于安全防护或检查维修的水工建筑物。溢洪道可以和坝体结合在一起，如滑雪道式溢洪道；也可设在坝体以外。土坝、堆石坝或某些轻型坝不宜从坝体溢流，或河谷狭窄坝体缺少足够的溢流前沿长度，常在坝体外的岸边，特别是在天然垭口处，设置岸边溢洪道，有开敞式、井式和虹吸式等形式。除虹吸式溢洪道有时可与坝体结合在一起布置外，其他均为具有表面进水口的岸边溢洪道。岸边溢洪道可用于各种坝型的水利枢纽。土石坝一般采用超泄能力较大的开敞式溢洪道。岸坡陡峭、地质条件良好且有适宜地形的中、高水头水利枢纽可采用井式溢洪道。中小型水利枢纽可采用虹吸式溢洪道。

溢洪道主要由进水渠、控制段（包括溢流堰、闸门和闸墩等）、泄槽、消能防冲段（消能工）和出水渠（泄水渠）五部分组成，如图 3-12 所示。

3.2.3 水电站厂房

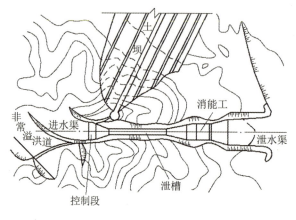

图 3-12 溢洪道布置图

水电站厂房是装置水轮发电机组及其辅助、控制设备的水电站建筑物，一般由水电站主厂房和水电站副厂房两部分组成。水电站主厂房是布置水轮发电机组和各种辅助设备的主机室及组装、检修设备的装配场的总称。水电站副厂房是指专门布置各种电气控制设备、配电装置、公用辅助设备以及为生产调度、检修、测试等的用房。水电站厂房一般分为四类：

（1）地面式厂房：厂房建于地面，如常见的坝后式厂房（厂房紧靠坝后）、河床式厂房（厂房是挡水建筑物的一部分）和露天式厂房等。露天式厂房无上部排架结构，而是用防护罩盖住发电机，检修时用门式吊车。

（2）地下式厂房：厂房位于地下洞室中；也有部分露出地面的，称半地下式厂房；厂房一段在地面，另一段在地下的，称为混合式厂房。

（3）坝内式厂房：厂房位于坝体内部或坝体空腔中。

（4）溢流式厂房：厂房位于溢流坝后，厂房顶是泄水建筑物的一部分。

常见的水电站厂房类型如图 3-13 所示。

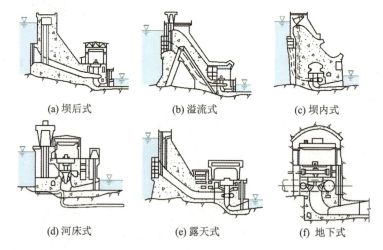

图 3-13 水电站厂房类型

3.2.4 水电站洞室

水工洞室是水电站建筑物的重要特点，根据用途可以分为导流隧洞、泄水隧洞、引水隧洞、调压室等。

1. 导流隧洞

导流隧洞是指用于施工导流的隧洞。为了创造干地施工条件，在河道上修建水工建筑物时，需将原河水以适当方式导向下游。通常用围堰一次或分期分段地围护施工基坑，使原河水通过导流设施流向下游。使原河水通过隧洞导向下游的施工导流方式，称为隧洞导流。

2. 泄水隧洞

泄水隧洞是为排泄洪水或排沙、放空水库、施工导流而设置的水工隧洞。水电站、泵站的尾水隧洞也属于泄水隧洞。泄水隧洞主要由进口段、洞身段及出口段组成，如图 3-14 所示。

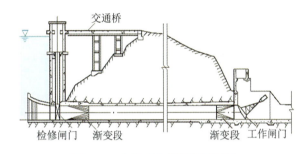

图 3-14 有压泄水隧洞纵剖面图

3. 引水隧洞

自水源地引水的水工隧洞，称为引水隧洞。将水引入水轮机发电的，称为发电引水隧洞；引入灌区的，称为灌溉引水隧洞；引水供城镇工业与居民生活用水的，称为供水引水隧洞。

发电引水隧洞多为有压隧洞，如图 3-15 所示，有时也可以用无压隧洞。前者与压力管道直接相连；后者水流进入压力管道前需经过压力前池（在压力前池前有时还通过一段明渠），然后通过压力管道进入水电站厂房。

4. 调压室

调压室是在较长的水电站压力引水（尾水）道中，用以降低压力管道中的水击压力，改善机组运行条件的水电站建筑物。建于地下的，称为调压井；建于地上的，称为调压塔；也有井塔结合的形式。

水电站机组负荷大幅度变化时，压力引水系统（压力引水隧洞和水电站压

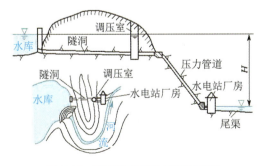

图 3-15 有压发电引水隧洞示意图

力管道）愈长，水击压力愈大。如果在压力引水道末端设置调压室，其内部为自由水面（压气式调压室除外）。发生水击时，调压室形成反射波，在压力引水系统中基本消除或降低了水击压力。

调压室按基本结构分为圆筒式调压室、阻抗式调压室、差动式调压室、双室式调压室、溢流式调压室、压气式调压室等，如图 3-16 所示。双室式调压室由上室、下室与断面较小的竖井组成，上室与下室分别供丢弃和增加负荷时使用，竖井横断面应满足波动稳定要求。溢流式调压室为限制最大水位升高在顶部设有溢流堰，图 3-16（d）所示为其中的一种。压气式调压室为顶部全封闭，调压室水位升高时，内部形成压缩空气状态，如图 3-16（f）所示。

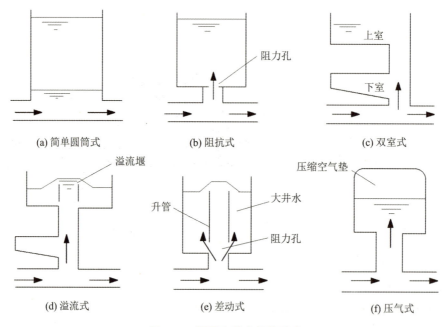

图 3-16　调压室基本结构形式

5. 坝内廊道

坝内廊道是为满足施工和运行要求，设置在坝体内的通道。其按功用可分为排水廊道、检查廊道或观测检查廊道、交通廊道，以及其他用于闸门操作、电缆敷设的专用廊道等。其按布置可分为纵向廊道（廊道轴线与坝轴线平行）和横向廊道（廊道轴线与坝轴线垂直）。纵、横向廊道及竖井互相连通形成廊道系统，由进出口与坝外相通。有时，廊道还伸向两岸山体中，如某些灌浆廊道。

3.2.5　过坝建筑物

大坝的建成阻断了天然河道，阻碍了船只、鱼类、木材等原有的正常通道，需要修建专门的建筑物帮助它们顺利通过大坝，这些建筑物称为过坝建筑物。

为使船舶通过航道上的航行障碍而设置的水工建筑物，称为通航建筑物，也称为过船建筑物。通航建筑物包括船闸、升船机、通航隧洞和通航渡槽等，其中船闸和升船机是为克服航道上的集中落差，使船舶（队）顺利地由上（下）游驶往下（上）游而设置的；通航隧洞和通航渡槽是为使运河穿过高山或跨越峡谷、河流和道路等，以连接前后两段航道而建造的。在我国，使船只翻越大坝的建筑物主要是船闸，其次是升船机。

例如葛洲坝水利枢纽设有大江、三江 2 条航线 3 座船闸，其中大江 1 号和三江 2 号船闸有效长度 280m，有效宽度 34m，门槛水深 5m，设计水头 27.5m。长江三峡水利枢纽船闸（图 3-17）是一座 113m 水头双线五级船闸，是世界上第二大的船闸（第一为大藤峡水利枢纽工程船闸）。三峡水利枢纽的垂直升船机提升高度为 113m，承船厢有效尺寸长 120m、宽 18m、水深 3.5m，提升总重量为 11800t，是世界上规模最大的升船机，如图 3-18 所示。

图 3-17 三峡船闸

图 3-18 三峡升船机

3.2.6 抽水蓄能电站

具有上、下水库，利用电力系统中多余的电能，把下水库的水抽到上水库内，以位能的形式蓄能，需要时再从上水库放水至下水库进行发电的水电站称为抽水蓄能电站。

抽水蓄能电站把用电"低谷"时送不出去的电能转化为"高峰"时急需的电能，抽水所耗电能大于能发出的电能，这个比例目前大约是 4∶3（2020 年我国抽水蓄能电站运行效率平均值是 77.34%）。从电量上看似乎"得不偿失"，但如果高峰电价与低谷电价的比率大约为 3∶1（约相当于我国当前大工业高峰电价与低谷电价的比率），那么抽水蓄能电站的经济效率大约是 4∶9。同时，抽水蓄能电站还有环境效益和社会效益。

1. 抽水蓄能的功能

（1）调峰填谷功能：利用上水库蓄水待系统尖峰负荷时集中发电，待尖峰运行，调节电网用电高峰。在电网用电低谷时，消耗系统多余电能从下水库抽水至上水库储存起来待尖峰负荷时发电，相当于一个用电大户，实现"填谷"。

（2）调频功能：与常规水电站一样，具有旋转备用或负荷自动跟踪能力，且在负荷跟踪速度（爬坡速度）和调频容量变化幅度上更有利（1～2分钟从静止到满载，增加出力速度1秒可达1万千瓦）。

（3）调相功能：包括发出无功的调相运行方式和吸收无功的进相运行方式。抽水蓄能机组具有更强的调相功能，发电和抽水都可以实现调相和进相运行，并且可以在水轮机和水泵两种旋转方向进行，灵活性更大。其靠近负荷中心，对稳定系统电压作用好。

（4）储能功能：抽水蓄能利用调蓄水库蓄水而具有储能功能，解决了电能发、供、用同时进行和不易存储的矛盾，有效调节电力系统发供用的动态平衡。

（5）事故备用功能：在设计上考虑有事故备用库容，可在事故时紧急启动发电应急。其备用持续时间相对较短，但因其可在发电和抽水两个方向空转，其备用反应时间更短。

（6）黑启动功能：在出现系统解列事故后，蓄能机组可在无电源情况下迅速启动（常规水电站一般不具备此功能）。

（7）配合系统的特殊负荷需要：可配合新机组的甩负荷试验，即由PSP抽水作为试验机组的负荷。

（8）满足系统特殊供电要求：当举行一些重要活动时，可提供确保100%可靠供电的支撑电源。

2. 抽水蓄能电站类型

按水流情况，抽水蓄能电站可分为：纯抽水蓄能电站、混合式抽水蓄能电站、调水式抽水蓄能电站。纯抽水蓄能电站上水库没有天然径流来源，发电的水循环使用，抽水与发电的水量相等，仅需补充蒸发和渗漏损失，如图3-19（a）所示。电站规模根据上下水库的有效库容、水头、电力系统的调峰需要和能够提供的抽水电量确定。混合式抽水蓄能电站上水库有天然径流来源，既可利用天然径流发电，又可利用下水库抽蓄的水发电，如图3-19（b）所示。四川雅砻江两河口混合式抽水蓄能电站安装120万千瓦可逆式机组，加上已建成的300万千瓦的水电常规机组，总装机达到420万千瓦，建成后是全世界最大的混合式抽水蓄能电站。调水式抽水蓄能电站从位于一条河流的下水库抽水至上水库，再由上水库向另一条河流的下水库放水发电。这种蓄能电站可将水从一条河流调至另一条河流，它的特点是水泵站与发电站分别布置在两处，如图3-19（c）所示。

按照调节周期，抽水蓄能电站可分为日调节抽水蓄能电站、周调节抽水蓄能电站、季调节抽水蓄能电站。

按照水头，抽水蓄能电站可分为高水头抽水蓄能电站（水头大于400m）、中水头抽水蓄能电站（水头40～200m）、低水头抽水蓄能电站（水头小于40m）。

按机组类型，抽水蓄能电站可分为四机分置式、三机串联式、两机可逆式。

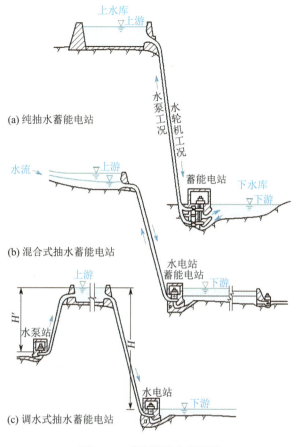

图 3-19 抽水蓄能电站类型

3. 抽水蓄能机组

最古老的抽水蓄能电站，发电和抽水的设备是分开的，一台水轮机连接一台发电机用来发电，一台水泵连接一台电动机用来抽水。近代的抽水蓄能电站，绝大多数安装可逆式水泵水轮机组，一套机组既可以发电，又可以抽水。

抽水蓄能机组分为四机式、三机式、可逆式。四机式整套机组由水轮机、发电机、水泵及电动机组成。水轮机和发电机为一套机组，供发电用；电动机和水泵为另一套机组，供抽水用。四机式为早期抽水蓄能电站采用的形式，机组在启动和制造方面，比其他组合形式简单，但是设备多、厂房面积大、投资较高。三机式亦称串联形式，水泵、水轮机和电动-发电机三者通过联轴器连在一起。抽水时，由电动-发电机带动水泵抽水运行；发电时，水轮机带动电动-发电机以发电方式运行。四机式和三机式在机电设备和土建投资上都比较昂贵、运行特性差，目前已基本不再使用。

可逆式抽水蓄能机组由可逆水泵-水轮机和电动-发电机组成。水轮机兼作水泵，发电机兼作电动机。可逆水泵-水轮机的转轮是特殊设计的两用转轮，正向运行时为水轮机，反向时为水泵。

4. 抽水蓄能建筑物

抽水蓄能电站通常由上水库、输水系统、安装有机组的厂房和下水库、开关站等建筑物组成。

上水库是蓄存水量的工程设施，在电网负荷低谷时段可将抽上来的水储存在库内，在负荷高峰时段由上水库放水下来发电。下水库也是蓄存水量的工程设施，负荷低谷时段可满足抽水的需要，负荷高峰时段可蓄存发电放水的水量。

输水系统是输送水量的工程设施，在水泵工况（抽水）把下水库的水量输送到上水库，在水轮机工况（发电）将上水库放出的水量通过厂房输送到下水库。

厂房是放置蓄能机组和电气设备等重要机电设备的建筑物，也是电厂生产的中心。抽水蓄能电站无论是完成抽水、发电等基本功能，还是发挥调频、调相、升荷爬坡和紧急事故备用等重要作用，都是通过厂房中的机电设备来完成的。

有上、下水库是抽水蓄能电站与常规电站建筑物的最大区别。抽水蓄能电站的上、下水库有下列几种情况：①上、下水库都利用已有水库，即两个水库可在同一条河流上，或在相邻的两条河流上，以取得更大的水头；②上、下水库都利用位于不同高程的天然湖泊；③利用已有水库或天然湖泊为上水库，新建下水库，下水库可建在上水库的同一河流下游或相邻河流上，也可以利用废矿井或地下深处开掘地下水库；④利用已有水库、天然湖泊或海洋为下水库，新建上水库；⑤新建上水库和下水库。

抽水蓄能电站常常安装在水头较高的地方，上、下水库容积可能都不太大，如一座500～600m水头，容量为1200MW的抽水蓄能电站，上水库和下水库各有500万～700万立方米的库容就够了。因此，上水库和下水库的水位在一天之内变化很快，有可能达到20～30m，甚至更多。这要求水库坝体、岸坡等在水位骤降时都能保持稳定，既要不漏水，又要有很好的排水能力。十三陵和天荒坪抽水蓄能电站的上水库、四周及库底都用防渗钢筋混凝土石板和沥青砖衬砌起来，混凝土板和沥青砖衬砌下又设立了良好的排水观测廊道，可以减少渗压，并可以监测排水及水库安全状况。天荒坪抽水蓄能电站如图3-20所示。

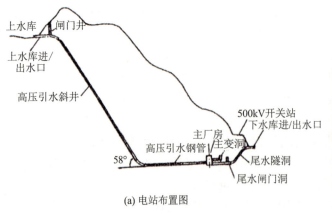

(a) 电站布置图

(b) 电站上水库照片

图3-20 天荒坪抽水蓄能电站

3.3 结构形式与力学模型

水电站建筑物种类繁多，本节主要介绍水电站大坝（重力坝、拱坝）的结构形式和计算模型。

3.3.1 重力坝

1. 重力坝结构形式

重力坝按其结构形式可分为：①实体重力坝，整个坝体除若干空腔外均用混凝土填筑的重力坝，如图 3-21（a）所示；②宽缝重力坝，两个坝段之间的横缝中部扩宽成空腔的混凝土重力坝，如图 3-21（b）所示；③空腹重力坝，在重力坝坝体内沿坝轴线方向布置大型纵向空腹的坝，如图 3-21（c）所示。

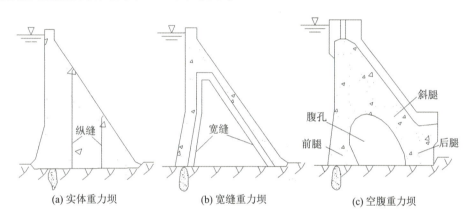

图 3-21 重力坝三种结构形式

重力坝按泄水条件可分为非溢流坝和溢流坝两种，如图 3-22 所示。

实体重力坝因横缝处理的方式不同可分为三类：①悬臂式重力坝：横缝不设键槽，不灌浆；②铰接式重力坝：横缝设键槽，但不灌浆；③整体式重力坝：横缝设键槽，并进行灌浆。

2. 重力坝计算模型

1）荷载

作用在重力坝的主要荷载是维持大坝稳定的混凝土自重和推动大坝的水平力。重力坝的荷载有坝体自重、静水压力、动水压力、扬压力、泥沙压力、浪压力、冰压力、地震作用、温度荷载等，如图 3-23 所示。

2）力学模型

混凝土重力坝以材料力学和刚体极限平衡计算方法来确定坝体断面，有限元作为辅助方法。重力坝可能的破坏模式是倾覆（开裂）、坝趾压碎、沿着坝基滑动。主要计算内

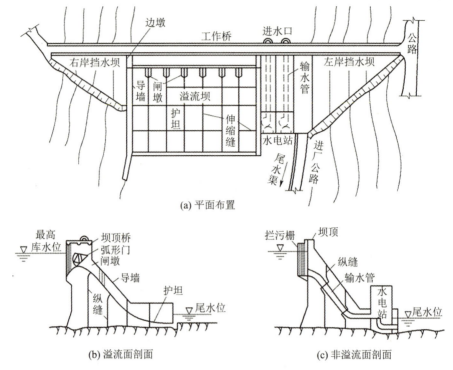

图 3-22 重力坝平面布置和分类

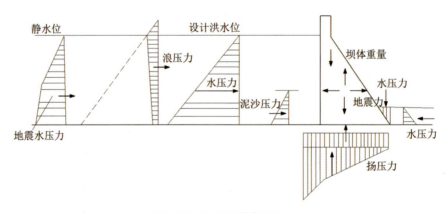

图 3-23 重力坝荷载图示

容为应力计算和抗滑稳定。

应力计算可以采用材料力学方法计算，计算图示如图 3-24 所示。工程设计时，要求坝踵不出现拉应力，坝趾压应力不大于混凝土容许压应力，并不大于基岩容许承载力；坝体上游面不出现拉应力，坝体最大主压应力不大于混凝土容许压应力。

抗滑稳定计算主要核算坝基面滑动条件，采用刚体极限平衡法计算抗滑移稳定安全系数，即抗滑力与滑动力的比值。

3. 闸墩计算模型

重力坝闸墩是位于泄流段内用以分隔泄流孔口和安装、支撑闸门的隔墩。闸墩包括中墩和边墩，它是闸门及各种上部结构的支承体，其作用是把闸门自重及闸门传来的水压力和上部结构的重力等荷载传布于大坝底部。

闸墩的荷载包括自重、上部结构荷载（工作桥、交通桥、设备荷载）、静水压力、浪压力、动水压力、闸门推力、渗透压力、地震作用等。

闸墩的计算包括对称受力和非对称受力情况，重点计算如下内容：

（1）整体稳定计算：用刚体极限平衡法计算抗滑移稳定安全系数。

（2）整体应力分析：可用材料力学方法计算。在非对称受力情况下可视坝体上承受双向弯曲和扭转的构件，近似地按照材料力学法进行整体应力分析。

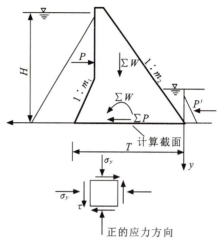

ΣP：计算截面上全部水平推力总和，以指向上游为正

图 3-24　混凝土重力坝应力计算图示

（3）弧门支铰拉锚结构设计：假定弧门推力在闸墩内产生的总拉力值由扇形钢筋承担来计算扇形钢筋总量，以试验成果或有限元法计算确定扇形钢筋分布。在无试验或有限元法分析成果情况下，可参照其他工程经验，确定扇形钢筋布置夹角，假设弧门推力按此夹角均匀扩散，计算扩散范围内混凝土拉应力，扇形钢筋在混凝土拉应力小于抗拉设计强度处加锚固长度后的位置切断。

3.3.2　拱坝

1. 拱坝结构形式

地形条件是决定拱坝结构形式、工程布置及经济性的主要因素。拱坝理想的坝址是河谷较窄、两岸基岩面大致对称、岸坡平顺无突变、坝梁端下游有足够大的岩体支撑的地方。拱坝要求基岩完整、坚硬、质地均匀、有足够强度、透水性小、耐风化、没有大的断裂构造和软弱夹层等。地形和地质条件需要让拱坝充分发挥拱的作用。

拱坝按坝体厚度可分为薄拱坝（拱冠梁处的坝底厚度和坝高的比值，厚高比小于 0.2）、中厚拱坝（一般拱坝，厚高比为 0.2~0.35）和厚拱坝（重力拱坝，厚高比大于 0.35）；按坝体形态可分为单曲拱坝和双曲拱坝；按建筑材料可分为混凝土拱坝和浆砌石拱坝。此外，通过坝顶溢流的拱坝称为溢流拱坝；坝体内有大尺寸纵向空腔的拱坝，又可分为空腹拱坝和腹拱拱坝。

控制拱坝形式的主要参数有拱弧的半径、中心角、圆弧中心沿高程的迹线和拱厚。按照拱坝的拱弧半径和中心角，可将拱坝分为单曲拱坝和双曲拱坝。

1）单曲拱坝

单曲拱坝又称为定外半径定中心角拱，是水平截面呈曲线形，而竖向悬臂梁截面不弯曲的拱坝，如图 3-25 所示。对"U"形或矩形断面的河谷，其宽度上下相差不大，各高程中心角比较接近，外半径可保持不变，仅需下游半径变化以适应坝厚变化的要求。

单曲拱坝施工简单，直立的上游面便于布置进水孔和泄水孔及其设备，但当河谷上宽下窄时，下部拱的中心角必然会减小，从而降低拱的作用，要求加大坝体厚度，不经济。对于底部狭窄的"V"字形河谷，可考虑采用等外半径变中心角拱坝。

2）双曲拱坝

水平截面和竖向截面均为曲线形的拱坝称为双曲拱坝，如图 3-26 所示。

（1）变外半径等中心角：对底部狭窄的"V"字形河谷，宜将各层拱圈外半径由上至下逐渐减小，从而可大大减少坝体方量。变外半径等中心角拱的特点：拱坝应力条件较好，梁呈弯曲形状，兼有拱的作用，更经济，但有倒悬出现，设计及施工较复杂，对"V""U"字形河谷都适用。

（2）变外半径变圆心：让梁截面也呈弯曲形状，因此悬臂梁也具有拱的作用；这种形式更适应"V"字形、梯形及其他形状的河谷，布置更加灵活，但结构复杂、施工难度大。变外半径变圆心拱的特点：应力状态进一步改善，节省工程量，结构更加复杂，施工难度更大。

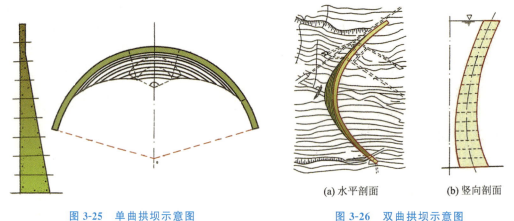

图 3-25　单曲拱坝示意图　　　　　　图 3-26　双曲拱坝示意图

(a) 水平剖面　　(b) 竖向剖面

2. 拱坝计算模型

拱坝应力分析的基本方法为拱梁分载法。重大的、复杂的拱坝还应进行线弹性有限元分析，必要时可采用非线性有限元进行分析。

拱梁分载法是将拱坝简化为水平拱和竖向悬臂梁两个杆件体系的拱坝应力分析方法。根据拱和梁各交点处变位一致的条件，求得拱和梁的荷载分配，再用杆系公式求其应力。该法力学概念明晰，被广泛采用。该方法创立初期采用手算，只能通过反复试算来求得拱和梁所分担的荷载，故又称试载法。

如图 3-27 所示，计算时，常沿坝高取 5~7 个单位高度的水平拱，作为每个拱的代表。这些水平拱的变位就代表拱坝在该处的变位。沿拱径方向切取拱弧宽为 1m 的梁作为梁的代表。若拱坝各层拱的曲率半径是变化的，梁的侧面将呈扭曲形。为计算方便起见，梁的位置应选在水平拱的拱端，使拱和梁交于基岩表面同一点，以便于运用变形一致的条件。

图 3-27 中，拱坝有 6 个变位分量：水平径向变位（Δr）、水平切向变位（Δs）、竖向变位（Δz）和角变位（θ_z、θ_s 和 θ_r）。作为壳体 θ_r 一般不出现，Δz 除双曲拱外数值很小，可以略去不计。在考虑壳体理论中，两个相处垂直面上的扭矩近似相等条件，角变位 θ_z、θ_s 不是独立而是相互联系的，只要 θ_z 变位一致，θ_s 也就自动满足相等要求，因此，对于拱梁交点的变位，只根据 Δr、Δz、θ_z 三个变位分量一致的条件，就可以决定荷载的分配。

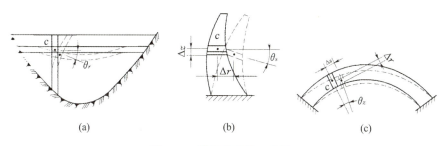

图 3-27 拱坝的变位示意图

3.4 改造与加固

3.4.1 大坝加高加固

丹江口水库工程 1958 年开工，1974 年第一期工程全部完工。2005 年南水北调中线工程开工建设，丹江口水库为水源地，在原大坝基础上进行加高加固。

丹江口大坝加高工程在丹江口水利枢纽初期工程的基础上进行续建，主要包括混凝土坝及左岸土石坝增厚加高，新建右岸土石坝及左坝头副坝和董营副坝，改扩建升船机，金属结构及机电设备更新改造等。

丹江口大坝加高工程是目前国内规模最大的大坝加高工程，坝顶高程由 162m 增加到 176.6m，正常蓄水位由 157m 抬高到 170m。正常蓄水位库容由 174.5 亿立方米增至 290.5 亿立方米，总库容由 210 亿立方米增至 339 亿立方米，通航能力由 150 吨级提升至 300 吨级。

混凝土坝加高工程主要有后帮整体式、后帮分离式、前帮整体式、前帮加后帮式、预应力锚索加高式和坝顶直接加高式等。后帮整体式最为普遍，即在老坝体下游面及其顶部加筑新混凝土。

丹江口混凝土坝分为 58 个坝段，全长 1141m，最大坝高 117m，自右往左分别为：右岸连接坝段、泄洪深孔坝段、溢流表孔坝段、厂房坝段、左岸连接坝段。

经充分论证，丹江口大坝加高方式采用后帮贴坡整体重力式。深孔段、右联坝段加高方案如图 3-28 所示。大坝坝顶加高 14.6m，坝后贴坡厚度 5～14m。

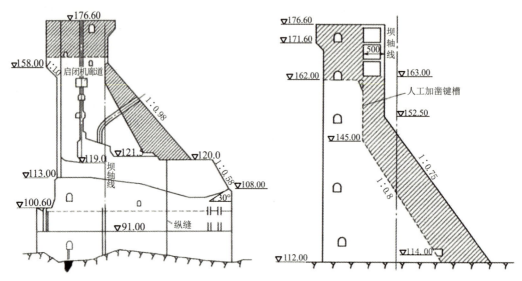

图 3-28 丹江口大坝部分坝段加高方案

丹江口大坝加高加固的重点是新旧混凝土的连接和闸墩补充配筋。

新旧混凝土连接方面采用设置键槽，如图 3-29 所示。沿结合面法线方向设置砂浆锚杆。砂浆等级 M20，采用直径 25mm 的螺纹钢筋，长度 4.5m，植入原坝体深度 2m 或 3m，长短相间，间距 2m×2m，梅花形布置。

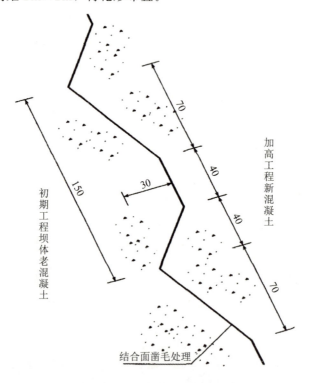

图 3-29 键槽设置示意图（单位：cm）

溢流坝闸墩配筋率偏小（仅为0.043%），按现行规范，钢筋混凝土构件最小配筋率为0.15%，应补充部分钢筋进行闸墩加固，使之满足规范要求。闸墩补充配筋有开凿粘贴钢板和深孔植筋两个方案。开凿粘贴钢板的优点是施工容易，但耐久性较差；深孔植筋的优点是耐久性好，但施工难度较大。最终选择深孔植筋方案，闸墩加固部分距闸墩边50cm，顺水流向间距100cm垂直钻植筋孔，钻孔直径110mm，每孔2根36螺纹钢筋，孔底深入大坝加高后新溢流堰面轮廓线下200cm，孔深13～23m。钻孔垂直精度要求控制在8‰以内。

大坝加高加固工程的重点和难点是闸墩的加固。闸墩加高后，部分层间缝位于闸墩下部，这些水平层间缝削弱了闸墩刚度和整体性，影响闸墩加高后的结构受力性能。闸墩一侧泄洪，另一侧闸孔关闭，这种工况下闸墩非对称受力，闸墩上游端部分区域存在拉应力区，使原先已存在的层间缝局部呈现张开趋势，在闸孔泄流及振动荷载作用下将影响闸墩的耐久性，因此对初期闸墩施加竖向预压应力加固，提高闸墩的整体性和耐久性。预应力锚杆采用了巨成结构的多重预应力扩孔自锁锚固技术（图3-30）。

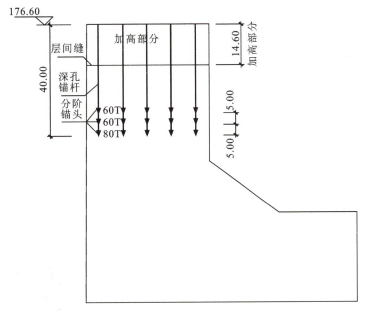

图3-30　多重预应力扩孔自锁锚杆（单位：m）

水工建筑物刚度大，水平层间缝加固处理过程中施加预应力吨位大，预应力锚固端端头应力水平高，因此采用多重扩孔自锁锚杆技术。锚固段采用3层扩孔形成机械咬合以及灌浆料的粘结来提供锚固力。锚杆选用6根$\varphi25$高强精轧螺纹钢，与专用的内锚头用螺母连接，内锚头安装时能自张开与扩孔产生机械咬合。锚杆与外锚头用螺母连接。锚杆安装施加预应力后，可对自由张拉段全程灌浆形成粘结。为研究预应力自锁锚固技术，对其进行了试验研究。

1. 研究内容

（1）研究预应力锚杆锚固段的锚固形式。由于丹江口溢流坝闸墩加固所施加预应力吨位较高，锚固段的锚固机理及可靠性关系到加固措施的成败，极限锚固力的大小与初期坝体混凝土特性、成孔工艺有关，闸墩预应力锚杆钻孔深度大、精度要求高，钻孔表面性态与极限锚固力关系密切。多层扩孔自锁锚杆技术的锚固段采用3层扩孔形成机械咬合以及灌浆料的粘结来提供锚固力，为此需要研究预应力锚杆的锚固段在丹江口大坝坝体混凝土中的极限锚固力、锚固段的锚固力沿程分布特点、锚固段坝体局部区域应力分布情况。

（2）研究预应力施加方案。根据闸墩预应力加固主要为增加闸墩墩体压应力的目的，宜优先考虑先张拉后灌浆方案，从预应力锚杆与闸墩整体性及预应力作用效果的耐久性方面考虑，宜优先采用全程粘结预应力方案。丹江口大坝溢流坝闸墩多层自锁锚杆预应力加固技术拟采用先张拉预应力后灌浆工序，自由张拉段与灌浆料之间全程粘结加固。

（3）完善施工工艺。由于丹江口闸墩需垂直施加压应力进行加固，深度和垂直精度要求较高，需对锚杆钻孔工艺、注浆技术及锚杆安装、锚具性能、张拉工艺等进行试验研究。

（4）有限元数值仿真分析。利用结构分析软件对试验坝段进行数值仿真分析，与试验结果进行比对，为闸墩加固数值仿真分析提供经验。

2. 单层锚头的锚杆极限承载力试验

为了解单层锚头的锚固性能，在坝体上选取试验点进行单层锚头的极限承载力试验，钻孔直径170mm、深4m。采用PSB930、直径25mm精轧螺纹钢筋。实测抗拉强度1360MPa，屈服强度1220MPa，伸长率9%，直径25mm钢筋截面积为490.9mm²，钢筋屈服抗拉力598.9kN，钢筋拔断力676.7kN。

采用4根精轧螺纹钢与单个锚头连接并进行整体张拉，锚头楔块顶1m范围内灌浆，如图3-31所示。第五天灌浆体的抗压强度值为53MPa，即进行极限承载力张拉试验。

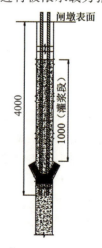

图3-31 单层锚头示意图（单位：mm）

根据《混凝土结构试验方法标准》的规定，加载量达到试验荷载设计值以前，每级加载值不宜大于试验荷载设计值的 20%。加载到达承载力试验荷载计算值的 90% 以后，每级加载值不宜大于试验荷载设计值的 5%。当采用液压加载时，可连续慢速加载直至构件破坏。试验千斤顶荷载与拉伸位移对应关系曲线如图 3-32 所示，可知荷载与位移有较好的线性关系，且位移无突变，表明锚头无滑移变形，自锁锚杆具有很好的锚固强度和抗变形的能力。

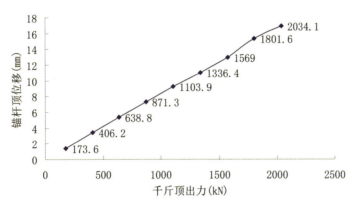

图 3-32　千斤顶出力与拉伸位移曲线

为了解扩孔自锁锚杆预应力施加后的锚固性能，当张拉至 2034.1kN 后，将 4 根锚杆锚固锁紧，并测量锚固锁紧后不同时刻的钢筋伸长变化及钢筋应力，具体测试结果如图 3-33 所示。由结果可看出，预应力的损失主要为锚固锁紧后的损失，锁紧瞬间钢筋应力的损失率达 16.7%，锚固锁紧后期阶段的损失与时间有一定关系，锁紧后 6 小时测试数据基本趋于稳定，8 小时后相比于锚固锁紧后的应力，钢筋应力损失率为 3.68%。经分析，锚杆在锁定后的损失变化主要由以下几个方面引起：①精轧螺纹钢的应力松弛，根据产品检验报告，PSB930 螺纹钢应力松弛率为 10 小时 1.23%；②锚固段灌浆料的徐变；③被加固坝体的压缩和蠕变；④其他影响因素，如气温变化等。为避免预应力损失过大和过快，采用超张拉的方法是最有效的措施之一。

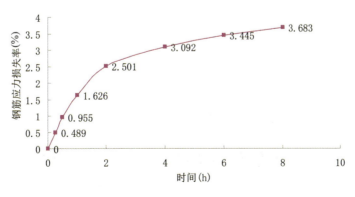

图 3-33　锚固锁紧后钢筋应力损失率

由以上单层锚杆承载力试验可知：

(1) 自锁锚杆预应力体系的核心元件扩孔自锁锚头的承载力能够满足正常的精轧螺纹钢筋预应力张拉及锚固的要求。

(2) 灌注 ICG 植筋胶的自锁锚头，在拉力作用下具有可靠的锚固能力，胶层和混凝土之间没有滑移，能满足正常使用的要求。

(3) 自锁锚杆预应力体系的极限承载力张拉试验表明，单层锚头的自锁锚杆在张拉作用下试验最高拉拔力大于 2000kN，该自锁锚头可为预应力锚杆的工程应用提供足够的强度储备。

(4) 预应力损失主要为锚固时的瞬时损失，而后期的损失只占较小的部分。为避免预应力损失过大和过快，采用超张拉的方法是最有效的措施之一。

3. 扩孔精轧螺纹钢预应力锚杆试验

1) 试验设计

单层自锁锚杆试验结果表明：在 300♯ 混凝土墩上做单层扩孔锚固，单层扩孔自锁内锚头未灌浆时的锚固力为 1400kN，灌浆后单层内锚头的锚固力大于 2000kN。

本工程锚杆锚固力要求达到 2000kN，作为重要的加固工程，需要有合理的安全储备，每根锚杆设 3 层扩孔自锁内锚头。PSB930 精轧螺纹钢筋的强度标准值 $f_{ptk}=1080\text{N}/\text{mm}^2$，拟采用 6 根直径 25mm 的 PSB930 精轧螺纹钢筋（$f_{ptk}=1080\text{N}/\text{mm}^2$），张拉控制应力 $0.65f_{ptk}$。

为了使 3 层内锚头能均摊锚固力，6 根钢筋以 2 根为一组，分别与一个内锚头连接，3 层内锚头上下分布间距约 3m，锚杆示意图如图 3-34 所示。

扩孔自锁锚杆锚固段的施工工艺为：锚杆安装后，先对底层锚头局部灌浆，从底部灌浆至底层锚头上方 1m 高度范围，待灌浆料强度接近加固坝体混凝土强度后，进行该层锚头连接钢筋的张拉，张拉后的有效预应力应不小于 700kN；然后对中间层的锚头局部灌浆至中间层锚头上方 1m 高度范围，同样步骤施加预应力；按同样方法进行顶层锚头的灌浆和预应力施加。为准确测量大坝应力、应变、锚固效果，设置 3 组扩孔自锁试验锚杆。

孔位孔深表如表 3-1 所示。

各层锚头应变片布置方式如图 3-35 所示。

2) 试验结果

由单层锚头的极限承载力试验结果，锚固锁紧的预应力损失为 17%，为满足试验中每层预应力 700kN 的要求，取油压表 12MPa 对应的负荷 871.3kN 作为张拉力最大值。各层锚杆张拉时，坝体迎水面混凝土应变的测试结果和有限元计算结果对比如图 3-36 所示。

从图 3-36 可以看出，通过对单层锚杆施加预应力，锚头与坝体顶面间混凝土在竖向均处于受压状态，坝体边缘的测试应变与有限元计算结果的分布形态基本一致，大致呈现马鞍形分布。

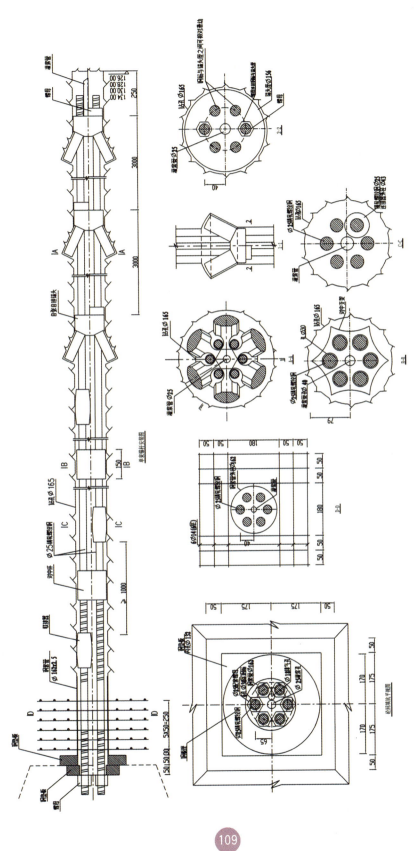

图3-34 2000kN扩孔精轧螺纹钢预应力锚杆（单位：mm）

表 3-1 孔位孔深表

锚杆编号	孔深（m）	试验目的	孔位
1#	30	加固效果与工艺试验，贴应变片测试坝体迎水面的附加应力，测预应力松弛	右10坝段，距迎水面100cm
2#	10	预应力端部锚固力对坝体局部应力的影响试验，贴应变片测试坝体迎水面锚固段的附加应力	右10坝段，距迎水面30cm
3#	10	预应力端部锚固力对坝体局部应力的影响试验，贴应变片测试坝体迎水面锚固段的附加应力	右10坝段，距迎水面50cm

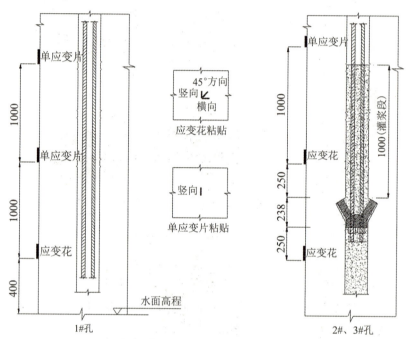

图 3-35 各层锚头应变片布置方式（单位 mm）

由应变分布可知，越靠近锚头和坝体顶面垫板部位，竖向压应力越大。由于坝体顶面支座垫板的应力扩散现象，最大竖向压应力出现在坝体顶面以下100cm附近。在分层对锚杆施加预应力后，坝体混凝土竖向应力整体上呈线性增加趋势。从坝体迎水面整体的应变分布可以看出，通过采用扩孔自锁锚杆分层施加预应力，坝体达到了整体加固的效果。

对底层锚杆施加预应力时，该层锚头底部下一定范围内混凝土处于受拉状态。当中层锚头张拉时，该层锚头底部局部范围内混凝土仍处于受拉状态，但由于混凝土整体受压的叠加效应，中层锚头受拉部位混凝土的应力相比于底部单层受拉时对应受拉部位混凝土应力要小；同样，顶层锚头受拉部位混凝土的应力相比于中层受拉时对应受拉部位混凝土应力会更小。

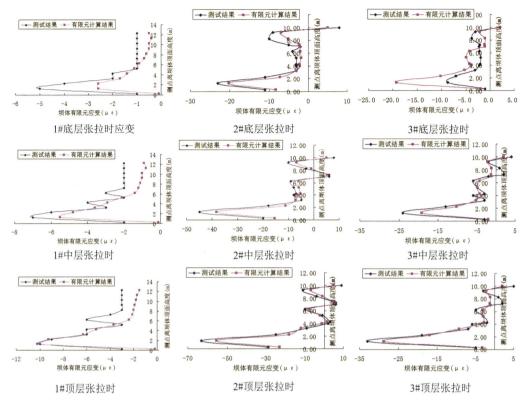

图 3-36　坝体迎水面应变

对 1♯、2♯、3♯孔各层锚杆张拉锚固锁紧后一定时间范围内锚杆应变值进行了监测，结果如下：①预应力的损失主要为锚固锁紧后的损失，对应钢筋应力的损失率 1♯为 15.1%～16.5%，2♯为 16.9%～17.6%，3♯为 16.5%～17.2%。②锚固锁紧后期阶段的损失与时间有一定关系，锁紧后 6 小时测试数据基本趋于稳定，8 小时后相比于锚固锁紧后的应力，其应力损失率 1♯为 3.86%～4.73%，2♯为 4.93%～6.15%，3♯为 4.85%～6.85%，与 1♯孔 30m 长锚杆相比，10m 短锚杆锚固锁紧瞬间和后期应力损失率均要高。

3）结论

（1）试验中，由坝体迎水面应变分布可以看出，通过对锚杆施加预应力，扩孔自锁精轧螺纹钢预应力锚杆使坝体达到整体加固的效果。

（2）扩孔自锁精轧螺纹钢预应力锚杆拉应力区域仅分布在锚头以下局部范围，经分析混凝土最大拉应力均未超出混凝土抗拉强度标准值，满足混凝土结构正常使用和材料耐久性要求。

（3）扩孔自锁精轧螺纹钢预应力锚杆利用机械咬合提供锚固力，且可由多锚头分摊锚固力，当锚头局部范围内灌浆时，扩孔自锁锚头的锚固效果能得到充分发挥，可靠性高。

3.4.2 大坝整体加固

陆水水库大坝位于湖北省赤壁市陆水河上,始建于1958年,1967年开始蓄水,是三峡工程试验坝,主坝采用预制混凝土砌块安装筑坝。

经过多年运行,主坝存在如下问题:①出现影响坝体局部稳定的结构性裂缝;②预制安装坝体整体性不足、预制块接缝老化;③溢流坝段坝体局部混凝土强度等级偏低、配筋不足。

处理方案(见图3-37):①采用预应力扩孔自锁锚杆对大坝增加竖向预应力,增强大坝抗倾覆、抗滑稳定安全系数;②预制块处采用注浆处理,增加粘结性;③对闸墩上部素混凝土结构拆除后修复加固。

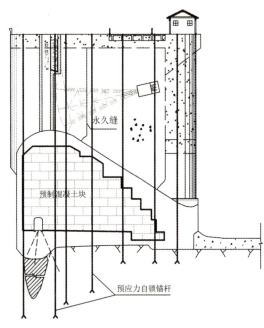

图3-37 陆水水库大坝整体加固方案

3.4.3 闸墩加固

潘口抽水蓄能电站位于湖北省竹山县潘口乡,是利用汉江支流堵河已建潘口、小漩梯级水电站建设的抽水蓄能电站,以潘口水库为上水库,以小漩水库为下水库,电站初选装机容量298MW。小漩水库正常蓄水位为264.00m,现对小漩水库特征水位进行调整,正常蓄水位由264.00m抬高至265.00m。

加固方案:采用多重自锁锚杆,每个闸墩8根,每根200t。锚杆布置方案如图3-38所示。

1. 材料参数

闸底板坐落在基岩面上,弹性模量41.3GPa。

根据混凝土分区,闸室和闸墩为C25,弹性模量28GPa,抗拉强度设计值1.27MPa;牛腿为C30,弹性模量30GPa,抗拉强度设计值1.43MPa。混凝土泊松比0.2,容重25kN/m³。

2. 设计荷载

原设计:上游水位264.00m,相应下游水位248.03m,单支弧门推力11994kN,与水平面夹角33.34°。

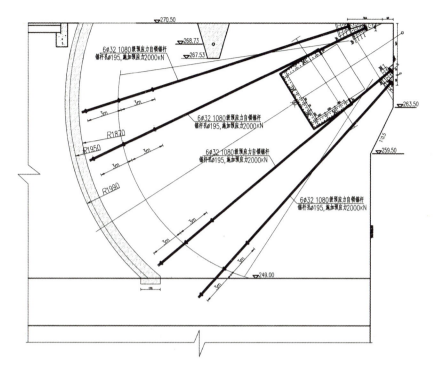

图 3-38 闸墩加固锚杆布置方案（单位：m）

抬高后：上游水位 265.00m，相应下游水位 248.03m，单支弧门推力 14702kN，与水平面夹角 33.00°。

3. 计算模型

采用通用有限元软件 ABAQUS 进行建模计算，采用线弹性本构模型。其计算分析模型如图 3-39 所示。取中墩进行有限元模拟，闸底板宽度取 18m；闸基岩石模型宽度与闸底板相同，长 140m，高 40m。

闸墩和闸基岩石采用实体单元 C3D8R，预应力锚杆采用桁架单元 T3D2。闸墩和闸基岩石采用"Tie"连接，预应力锚杆锚头端 3m 和尾端 1m 长度采用"Embeddedregion"与闸墩固定。

4. 计算工况

（1）工况 1：正常挡水，上游水位 264.00m，考虑结构自重、静水压力和扬压力。

（2）工况 2：正常挡水，上游水位 265.00m，其他荷载同工况 1。

（3）工况 3：正常挡水，上游水位 265.00m，在闸墩施加合计 16000kN 预应力，其他荷载同工况 1。

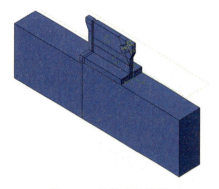

图 3-39 计算分析模型

(4) 工况4：单侧闸门开启，上游水位264.00m，其他荷载同工况1。

(5) 工况5：单侧闸门开启，上游水位265.00m，其他荷载同工况1。

(6) 工况6：单侧闸门开启，上游水位265.00m，在闸墩施加合计16000kN预应力，其他荷载同工况1。

5. 计算结果

(1) 闸门正常挡水，上游水位由264.00m（工况1）上升至265.00m（工况2）后，闸墩侧面最大拉应力由2.971MPa上升至3.651MPa，有效拉应力（大于0.5MPa）面积增大；施加16000kN预应力（工况3）后最大拉应力又下降至3.226MPa，有效拉应力（大于0.5MPa）面积缩小至比工况1更小，如图3-40（a）～（c）所示。

(2) 闸门单侧开启，上游水位由264.00m（工况4）上升至265.00m（工况5）后，闸门关闭一侧最大拉应力由3.698MPa上升至4.550MPa，有效拉应力（大于0.5MPa）面积增大；施加16000kN预应力（工况6）后最大拉应力又下降至4.109MPa，有效拉应力（大于0.5MPa）面积缩小，如图3-40（d）～（f）所示。

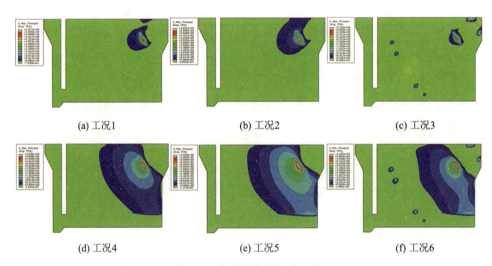

图3-40　闸墩侧面拉应力云图

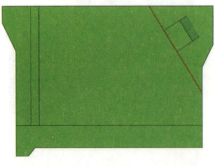

图3-41　闸墩侧面拉应力极值截面

(3) 在牛腿截面（图3-41）闸墩提供的合拉力方面，闸门正常挡水时，16000kN预应力可以抵消上游水位升高对截面合拉力的影响并改善闸墩受力性能。

3.4.4　水工廊道加固

华东天荒坪抽水蓄能电站位于浙江省湖州市安吉县，1998年11月建成并投入使用。上水库工作深度为42.20m，正常运行时水位日变幅为29.43m。上水库库底布设了地下排水与观测廊道，廊道库底以下埋置深度为16m左右，廊道结构为城门洞型，除在不同廊道交接处很小的范围内采用全断面现浇混凝土外，廊道的其余部位均采取以下措施：廊道底板和边墙采用现浇混凝土，而拱体采用预制混凝土，廊道受上部土压力和水库水压力共同作用。电站运行一段时间后，现场发现14~44地下排水与观测廊道预制混凝土拱顶出现了沿廊道轴向方向的纵向裂缝，裂缝宽度一般在0.3mm以上，预制拱与现浇边墙交接处混凝土出现剥落。曾采用外加钢结构支撑混凝土拱顶的方案进行了加固处理，但裂缝开裂并没有得到有效控制，且立在廊道中的钢结构支撑有碍通行。

根据计算分析，预制混凝土拱脚相对现浇边墙发生向外侧的滑动，其拱作用失效是导致拱顶开裂的主要原因，因此阻止其相对滑动是加固处理的关键。

采用的加固方法：在拱脚与边墙交界处廊道内壁使用锚杆固定刚度较大的剪切钢板，以阻止预制拱与现浇边墙界面之间的相对剪切滑动，恢复拱的结构作用；自锁锚固及在混凝土与钢拱之间的缝隙中灌注粘结材料，使它们成为一个整体，进行联合受力工作，如图3-42所示。

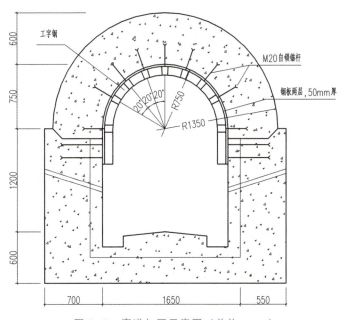

图3-42 廊道加固示意图（单位：mm）

3.4.5 抗冲磨修复

二滩水电站位于四川省西部攀枝花市，2000年底竣工，是雅砻江水电基地梯级开发的第一个水电站，主坝为双曲拱坝结构。其泄洪消能结构水垫塘横断面为复式梯形、钢筋混凝土衬护结构。2000年电站建成投入生产运行以来，平均每年汛期泄洪一次，其中中孔泄洪流量6270m³/s，表孔泄洪流量6300m³/s。2003年汛期后，在水垫塘抽水检查中发现其底板护坦磨损比较严重，表现为混凝土面层剥落、表面细骨料淘尽、大骨料裸露、露出凹凸不平的坑洼，需要进行修补。

攀枝花夏季以晴天为主，平均气温30℃左右，水垫塘位于二滩水电站坝体下游洼底，凹面效应使得水垫塘的白天温度最高达65℃，昼夜温差近50℃。汛期泄洪时，表孔水的落差超过200m，泄洪流量6300m³/s，水头高、流量大是水垫塘汛期泄洪的特点。施工环境温度高、温差大，导致水垫塘底板混凝土的伸缩变形大。高水头、高流速的运行环境以及水中推移质对底板、护坦的冲击磨蚀破坏对抗冲磨修补材料提出了更高的要求。

1. 抗冲磨修补材料的改进

从2004年第1次修补到2012年第4次修补，针对二滩水垫塘的环境对修补材料JME抗冲磨改性环氧砂浆进行了持续改进，在分阶段的工程实际中取得了明显的效果。持续的研究表明：解决抗冲磨问题不能一味追求高强度，而应提高材料的韧性，提高其抵抗温度、湿度变化的能力，提高其对基层混凝土的粘结力等，使其成为混凝土表面抗高速水流冲磨破坏的保护层。

（1）树脂体系的改进。早期的修补选用的是普通的双酚A环氧树脂，施工后发现其固化物较脆，易开裂，配制的砂浆与混凝土的线胀系数相差较大，在昼夜环境温度变化大时易出现界面脱开、鼓包、边缘翘起等现象。为避免上述材料的缺陷，2006年修补时，选用了新工艺合成的低黏度的柔韧性改性环氧树脂，它的最大特点是制备环氧树脂时对聚合物分子结构中的硬段和软段进行了合理的裁减，从而使固化物不仅具有良好的粘结性能、耐化学介质性能，还具有高韧性和高延伸率，从而使材料的断裂韧性增强，提高了材料的抗冲磨性能。

（2）固化体系的改进。工程实践上修补材料在高温环境下总会由于材料的内应力大和胀缩效应而开裂。为了解决这一施工缺陷，刻意调整环氧砂浆玻璃化转变温度T_g在60℃左右，使固化后的修补砂浆在温度较高时变软接近塑性，温度降低时恢复成热固性树脂的性能。同时，为尽量避免高温环境对施工的影响，配制了一种低黏度、固化反应缓慢的改性脂环胺固化体系来满足环氧树脂砂浆在高温环境下施工的要求。经过工程时间的检验，改进后的材料在高温环境下施工后没出现内应力大而开裂、鼓泡和边缘翘起等施工缺陷。

（3）骨料的选择与级配。早期更多考虑的是一种磨蚀破坏，即材料在高速水流的环境下被一层一层地均匀磨蚀掉，因此，为方便施工，在骨料选择上基本选用的是单一小粒径的骨料。后期检查发现，修补区域除出现大致均匀的磨蚀外，还在环氧砂浆表面有均匀的冲击坑。显然，材料的抗冲击性能需要进一步的改进。因此，需对材料的抗磨蚀性能和抗冲击性能进一步改进，需研究材料在抗冲磨性能不降低的情况下，如何大幅度提高环氧砂浆的抗冲击强度。为此，试验研究了不同粒径、不同级配关系骨料对修补环氧砂浆的抗冲磨强度和抗冲击强度的影响，试验设备为旋转式水工混凝土水砂磨耗机和落锤法抗冲击试验机，冲磨剂的含砂量为7.5%，冲磨水流流速为40m/s，单块试件的累计冲磨时间为 0.75 小时。选用带有大粒径、一定级配的骨料配制成的环氧砂浆比均一粒径的小骨料的环氧砂浆的抗击强度有显著的提高。

2012 年对二滩水垫塘的侧墙和部分底板进行了抗冲磨修补,为保证最佳的修补效果,工程修补的环氧砂浆将选用带有大粒径、级配骨料和特殊固化体系的环氧砂浆配方,同时为保证防空蚀的效果,将尽量在施工过程中整平和收光表面,避免由于表面不平整和表面颗粒脱落造成的空蚀破坏,更好地保证施工质量和抗冲耐磨的效果。

2. 施工工艺的研究

(1) 解决施工的分块和应力开裂的问题。施工期间,白天运行环境温度最高达 65℃,昼夜温差近 50℃,为尽可能降低环境温度对修补材料的影响,修补厚度超过 20mm 的环氧砂浆抗冲磨材料在施工时采取了分块和分层施工的施工工艺,分块以修补长度不超过 5m,单块修补面积不超过 25m^2;分层施工以大面积修补每层的修补厚度不超过 10mm,待第一层砂浆完全失去塑性、不变形时再进行下一道涂抹施工。同时,为保证铺设环氧砂浆材料的密实效果,在施工机具上增加了平板震动工序和机械磨平收光工序,有效地保证了修补材料的密实性和表面的收浆效果。

(2) 施工冷缝的处理。考虑到修补环氧砂浆面平均厚度只有 20mm,而混凝土底板平均厚度为 3~5m,因此结构的胀缩性能以混凝土为主,现场施工将以混凝土的施工冷缝为基准分块施工。在施工块的交接面不涂刷基液,使施工块间形成弱界面连接。

3.5 国内外著名水电建筑物

1. 世界最大水力发电站——三峡水电站

三峡水电站于 1994 年正式动工兴建,2003 年开始蓄水发电,三峡工程坝址地处长江干流西陵峡河段、湖北省宜昌市三斗坪镇,控制流域面积约 100 万平方千米(图 3-43)。三峡工程是治理和开发长江的关键性骨干工程,主要由枢纽工程、移民工程及输变电工程三大部分组成。三峡工程是当今世界上最大的水利枢纽工程,具有防洪、发电、航运等巨大的综合效益。

图 3-43 三峡大坝全景图

枢纽工程为Ⅰ等工程，由拦河大坝、电站建筑物、通航建筑物、茅坪溪防护工程等组成。挡泄水建筑物按千年一遇洪水设计，洪峰流量98800m³/s；按万年一遇加大10%洪水校核，洪峰流量124300m³/s。主要建筑物地震设计烈度为Ⅶ度。

拦河大坝为混凝土重力坝，坝轴线全长2309.5m，坝顶高程185m，最大坝高181m，主要由泄洪坝段、左右岸厂房坝段和非溢流坝段等组成。水库正常蓄水位175m，相应库容393亿立方米。汛期防洪限制水位145m，防洪库容221.5亿立方米。

电站建筑物由坝后式电站、地下电站和电源电站组成。电站总装机容量为2250万千瓦，多年平均发电量882亿千瓦时。

通航建筑物由船闸和垂直升船机组成。船闸为双线五级连续船闸，主体结构段总长1621m，单个闸室有效尺寸为长280m、宽34m、最小槛上水深5m，可通过7000吨级船舶，年单向设计通过能力5000万吨。升船机最大提升高度113m，承船厢有效尺寸长120m、宽18m、水深3.5m，最大过船规模为3000吨级。

2. 世界最大抽水蓄能电站——丰宁抽水蓄能电站

丰宁抽水蓄能电站位于河北省承德市丰宁满族自治县境内，南距北京市180km，东南距承德市170km。电站上水库库容5800万立方米，下水库库容6070万立方米，总装机容量360万千瓦，电站分两期开发，一、二期工程装机容量都为180万千瓦。枢纽建筑物主要由上水库、下水库、一期和二期工程输水系统和地下厂房及开关站组成。2021年12月30日，丰宁抽水蓄能电站正式投产发电，是当前世界上规模最大的抽水蓄能电站，创造四项世界第一：装机容量世界第一，储能能力世界第一，地下厂房规模世界第一，地下洞室群规模世界第一。

3. 世界最高混凝土重力坝——大迪克桑斯坝

瑞士大迪克桑斯坝于1953年开工，1962年建成，是世界最高的混凝土重力坝，同时也是欧洲最高的水坝，最大坝高285m，坝顶长695m。水坝位于瑞士罗讷河支流迪克桑斯河上，坝址处河谷呈"V"形，形成一个4km长的人工湖——迪斯湖。在丰水期，湖深可达284m，并容纳4亿立方米的水，通过管道将罗讷河水引至3座总装机容量为130万千瓦的水电站。

4. 世界最高混凝土拱坝——锦屏一级拱坝

锦屏一级水电站位于四川省凉山彝族自治州盐源县和木里县境内，是雅砻江干流下游河段（卡拉至江口河段）的控制性水库梯级电站，装机容量360万千瓦。锦屏一级水电站混凝土双曲拱坝坝高305m，总库容77.6亿立方米，为世界第一高拱坝，如图3-44所示。

5. 世界最高混凝土连拱坝——丹尼尔·约翰逊水坝

丹尼尔·约翰逊水坝又名马尼克Ⅴ级坝（图3-45），位于加拿大马尼夸根河上，是马

图 3-44 锦屏一级拱坝

尼夸根河梯级开发最上游的一级,工程于 1962 年开工,1968 年第一台机组发电,1989 年工程全部完工,工程主要用于发电。大坝为混凝土连拱坝,最大坝高 214m,水库总库容为 1418.52 亿立方米,有效库容 375 亿立方米,第一期地面水电站装机 8 台共 1292MW,第二期地下水电站装机 4 台共 1080MW,总装机容量 2372MW。

图 3-45 丹尼尔·约翰逊水坝

6. 世界最高碾压混凝土大坝——龙滩水电站重力坝

龙滩水电站(图 3-46)位于广西天峨县城上游 15km 处,是"西电东送"的标志性工程,是西部大开发的重点工程。电站于 2001 年 7 月 1 日开工建设,2009 年底全部建成投产。库容 273 亿立方米,装机容量 630 万千瓦,年发电量 187 亿千瓦时。电站拥有三项世界之最:一是最高碾压混凝土大坝,坝高为 216.5m,坝顶长 836m;二是最大的地下厂房,主厂房藏于山腹中,厂房长为 388.5m、宽 28.5m、高 74.4m;三是提升最高的升船机，最高提升高度 179m，全长 1700m。

图 3-46　龙滩水电站碾压混凝土重力坝

7. 世界最高面板堆石坝——大石峡水利枢纽工程

大石峡水利枢纽工程位于新疆阿克苏地区温宿县和乌什县交界处的阿克苏河支流库玛拉克河大石峡峡谷河段，工程于 2017 年开工，计划 2026 年 10 月完工。拦河坝为混凝土面板砂砾石坝，最大坝高 247m、坝顶长度 606m，是世界最高面板堆石坝。新疆大石峡水利枢纽工程总库容 11.74 亿立方米，电站装机容量 75 万千瓦。工程兼顾灌溉、防洪、发电等综合功能。该工程主要由拦河坝、中孔泄洪排沙洞、放空排沙洞、溢洪道、发电引水洞、电站厂房等组成。

8. 世界最高土石坝——双江口水电站大坝

双江口水电站大坝位于大渡河上源足木足河与绰斯甲河汇口处以下 2km 河段，工程 2024 年完工。枢纽工程由土心墙堆石坝、洞式溢洪道、泄洪洞、放空洞、地下发电厂房、引水及尾水建筑物等组成。土心墙堆石坝坝高 314m，居世界同类坝型的第一位。库容 31.15 亿立方米，电站装机容量 2000MW。

第 4 章 水利建筑物概论

4.1 起源与发展

4.1.1 水利工程的起源与发展

水利工程是指以防洪、灌溉、发电、供水、治涝、水环境治理等为目的的各类工程。四大文明古国是水利工程的发源地，公元前 4000 年左右，两河流域的巴比伦就利用幼发拉底河的高程高于底格里斯河的自然条件，开挖灌渠，引洪淤灌，继而发展为坡度平缓的渠道网；公元前 3000 年左右，埃及开始大规模建堤，拦尼罗河洪水引洪淤灌；公元前 2500 年左右，印度河流域也有引洪淤灌的记载；中国考古发现的水利遗迹已上溯至公元前 5000 年以前，而有文字记载的尧、舜、禹治水的传说也发生在公元前 2070 年以前。水利基础科学的发展起源很早，但发展缓慢。欧洲文艺复兴以后，现代科学的发展推动了水利工程的快速发展。

中国古代许多水利工程世界瞩目。安徽寿县的安丰塘由楚相孙叔敖于公元前 597—前 591 年主持兴建，是中国历史上最古老的蓄水灌溉工程。李冰父子于公元前 256 年兴建的都江堰，2000 余年间一直滋润着富饶的成都平原，至今已是灌溉面积超过千万亩的全国第一大灌区。公元前 246 年动工兴建的郑国渠，是中国早期引用高含沙水流的大型灌溉工程，促进了关中平原的繁荣发展。公元前 219 年，秦国监御史禄建成的灵渠是一条连接长江水系和珠江水系的运河，是两广地区与中原 2000 多年间主要的交通干道，河长只有 30 余千米，但在渠首布置、渠线选择和设计等方面的简练、精巧和实用，体现了高超的水平。黄河大堤远在春秋时期即已出现，经过历朝历代为适应黄河变迁而不断修建完善，影响控制着多泥沙的黄河，现两岸共长 1300 余千米，它是中国堤防科学技术水平的代表，标志着中国泥沙科学处于世界领先地位。京杭运河从公元前 486 年开凿邗沟开始，不断延伸和连接，起于北京通州，止于杭州钱塘江，1289 年全线贯通，全长 1794km，一直是全国南北交通干线，是世界上最长的运河，在铁路出现之前，一直是中国南北交通的主动脉。

中国古代水利科学技术受封建社会长期缓慢发展的影响，虽然不乏一流成就，但整体的发展速度缓慢。中华人民共和国成立后，国家十分重视水利建设，一大批举世闻名的水利水电枢纽工程投入建设,已取得卓越成绩,北京密云水库、治淮工程、河南林州市红旗渠、湖南欧阳海灌区、南水北调工程是其中的卓越代表。

4.1.2 泵站的起源与发展

有历史记录的最早的泵是希腊发明家阿基米德在大约公元前 234 年发明的螺旋提水机(图 4-1),它是历史上第一个将水从低处传往高处,用于灌溉的机械。特别要说明的是,阿基米德是公元前最伟大的科学家之一,至今他发明的这种机械仍在埃及及欧洲部分地区使用。现代化学工业也会使用该机械来处理黏稠的液体。

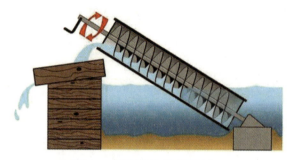

图 4-1 阿基米德螺旋提水机

古希腊人克特西比乌斯(Ctesibius,前 285—前 222 年)发明的压力泵是一种最原始的活塞泵,主要用来生产水柱以及从井口汲取水。

中国历史上南北朝时期(420—589 年)出现的方板链泵作为一种链泵是泵类机械的一项重要发明,如图 4-2 所示。到了唐宋,出现利用水力作为动力的筒车,如图 4-3 所示。

图 4-2 链泵图

图 4-3 筒车

19 世纪末,德国工程师狄塞尔(1858—1913 年)发明柴油机,用人畜、自然能提水发展为机械提水。1920 年,荷兰人建成世界最大的蒸汽机泵站,泵站的名字取自设计建造的工程师 Ir. D. F. Wouda,每分钟可以将 4000m³ 的水泵到大海。

1920 年,我国开始仿制小型柴油机与水泵进行提水灌溉。1924 年,江苏利用电厂余电使电动机带动水泵,这可能是我国电力灌溉的开始。江苏省江都泵站是集灌溉、排涝、调水等多种功能于一体的大型泵站群枢纽工程,共有泵站 4 座,装机 33 台 5.58 万千瓦,最大抽水能力达 508m³/s,曾是我国当时最大的泵站。

4.1.3 水闸的起源与发展

水闸的起源可以追溯到原始社会末期,与田间"沟洫"的发明紧密联系。所谓"沟洫",即在田间开挖具有排灌作用的沟渠。为了对沟洫中的水流进行调控,逐渐发明了以蓄、引、分、排为主要功能的水工设施——水闸。春秋战国时期,随着铁工具的普遍使用和大型灌溉工程的出现,结构完整的水闸应运而生,并逐渐成为蓄泄调控水流的重要水工设施。

最早记载水闸行迹的是西汉人袁康所著的记载春秋末吴越故事的《越绝书》,书中记载江南吴地北入长江的一条水道入江口处设水闸(方板),为的是拒咸蓄淡。

秦汉三国魏晋南北朝时期,造闸技术日趋成熟,木构与石构水闸在河渠上越来越普遍。到明清时期,木构水闸开始退出历史舞台,主要采用石构水闸。近代以来,主要采用钢筋混凝土和钢结构水闸。

我国最早的钢筋混凝土水闸是遥望港九门闸,位于江苏南通、如东两县交界处的黄海之滨、遥望港河入海口处,建成于1919年,由荷兰工程师亨利克·特莱克设计和督造。

4.1.4 渡槽的起源与发展

世界上最早的渡槽诞生于中东和西亚的文明古国。文献记载公元前29世纪,埃及在尼罗河上建造考赛施干砌石坝,并建有渠道和渡槽向孟菲斯城供水。公元前703年,亚述国王西拿基立下令建一条483m长的渡槽引水到国都尼尼微。渡槽建在石墙上,跨越泽温的山谷。石墙宽21m,高9m,共用了200多万块石头,渡槽下有5个拱形孔,让溪水流过。公元前700年左右,西亚的新亚述帝国曾建成长约300m、宽13m、有14个墩座的矩形渡槽。

古希腊的许多城市建有良好的渡槽,但古罗马人最为认真,把供水系统看作公共卫生设施的重要部分。罗马第一条供水渡槽是建于公元前312年的阿彼渡槽(图4-4);最长、最壮观的渡槽是建于公元前114年的马西亚渡槽,虽然水源离罗马仅37km,但渡槽本身长达92km,这是因为渡槽要保持一定坡度,依地形蜿蜒曲折修建。

图 4-4 罗马阿彼渡槽

国外古代比较著名的渡槽有建于公元前 814 年突尼斯迦太基古城遗址的迦太基渡槽、建于公元前 1 世纪的罗马渡槽、建于公元前 19 年的罗马高架渡槽加尔拱桥、建于古罗马图拉真大帝时代（53—117 年）的西班牙塞哥维亚渡槽、建于 18 世纪以前的意大利渡槽、建于 1726—1738 年的墨西哥渡槽、建于 18 世纪末的墨西哥莫雷利亚渡槽、建于 1931 年的葡萄牙高架渠等。

中国修建渡槽也有着悠久的历史。古代人们凿木为槽，引水跨越河谷、洼地。公元前 246 年新建的郑国渠全长 150 余千米，横穿好几道天然河流，可能使用了渡槽技术。据《水经渭水注》长安城故渠"上承沴水于章门西，飞渠引水入城，东为仓池，池在未央宫西"，"飞渠"即渡槽，建于西汉，距今 2000 余年。中华人民共和国成立初期所建渡槽多采用木、砌石及钢筋混凝土等材料，槽身过水断面多为矩形，支承结构多为重力式槽墩，跨度和流量一般不大，施工方法多为现场浇筑。20 世纪 60 年代以后，施工方法向预制装配化发展，各种类型的排架结构、空心墩、钢筋混凝土"U"形薄壳渡槽及预应力混凝土渡槽相继出现。随着大型灌区工程的发展，开始采用各种拱式与梁式结构渡槽，以适应大流量、大跨度、便于预制吊装等要求，并且开始应用跨越能力大的斜拉结构形式。南水北调中线沙河渡槽，位于河南省平顶山市鲁山县，全长 9000 多米，是世界最长渡槽。

4.1.5 隧洞的起源与发展

公元前 120 年，西汉临晋郡守严熊建言穿凿洛水修建水利工程，解决临晋（今陕西省大荔县）、重泉（今属陕西省蒲城县）等地盐碱地问题。汉武帝采纳严熊的建议，征万余人动工修渠，在洛河下游开渠引水。历时十余载，北洛河流域建成了自流灌溉工程。因修建过程中挖到了恐龙化石，故名"龙首渠"，如图 4-5 所示。

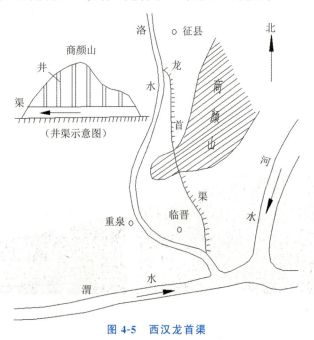

图 4-5　西汉龙首渠

近代，由于灌溉、供水和水电建设的发展，采用隧洞的工程日益增多。20世纪60年代以后，随着岩石力学、施工技术以及新奥法的应用和计算技术的发展，水工隧洞建筑规模不断扩大，设计理论也逐步趋向合理，预应力衬砌、锚喷支护、利用高压喷射灌浆在软基上开挖洞室、将衬砌与围岩视为整体的有限单元法等相继发展。世界上最长的隧洞是芬兰为首都赫尔辛基供水修建的长达120km的引水隧洞；开挖断面最大的是瑞典斯托诺尔福斯水电站的尾水洞，断面面积为390m²。正在修建的引江补汉工程引长江三峡水库的水注入丹江口大坝下，总干线隧洞的长度194km，是当前在建最长引水隧洞。

4.2 构造与功能

本节主要介绍水利工程中取水输水的建筑物，包含泵站、水闸、渡槽、隧洞等。

4.2.1 泵站

泵站是将水由低处抽提至高处的机电设备、辅助设备和建筑设施的综合体。机电设备主要为水泵和动力机（通常为电动机和柴油机，也有由水轮机驱动的水轮泵），辅助设备包括充水、供水、排水、通风、压缩空气、供油、起重、照明和防火等设备，建筑设施包括进水建筑物、泵房、出水建筑物、变电站和管理用房等。

泵站按功能可以分为供水泵站、排水泵站、调水泵站、加压泵站、蓄能泵站等；按动力可以分为电动泵站、机动泵站、水轮泵站、风力泵站、太阳能泵站。

泵站建筑物包括泵房、进水建筑物和进水管道、出水建筑物和出水管道，如图4-6所示。

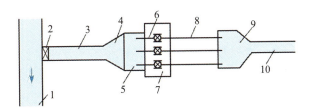

图4-6 泵站建筑物总体布置图
1—水源；2—进水闸；3—引水渠；4—前池；5—进水池；
6—进水管；7—泵房；8—出水管；9—出水池；10—输水渠

进水流道指的是为改善大型水泵吸水条件而设置的联结吸水池与水泵吸入口的水流通道。进水流道按进水方向分为单向进水流道和双向进水流道，按流道形状分为肘形、钟形、簸箕形，如图4-7所示。

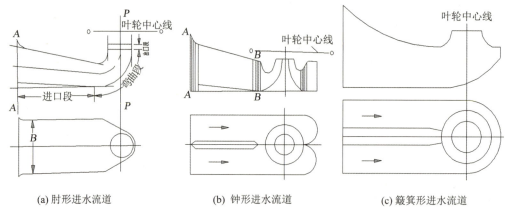

(a) 肘形进水流道　　(b) 钟形进水流道　　(c) 簸箕形进水流道

图 4-7　水泵进水流道

4.2.2　水闸

水闸是修建在河道和渠道上利用闸门控制流量和调节水位的低水头水工建筑物。关闭闸门，可以拦洪、挡潮或抬高上游水位，以满足灌溉、发电、航运、水产、环保、工业和生活用水等需要；开启闸门，可以宣泄洪水、涝水、弃水或废水，也可对下游河道或渠道供水。在水利工程中，水闸作为挡水、泄水或取水的建筑物，应用广泛。

水闸按照其作用可以分为进水闸、分水闸、节制闸、泄水闸、排水闸、分洪闸、冲沙闸等。

水闸由闸室、上游连接段和下游连接段三部分组成。闸室是水闸挡水和控制过闸水流的主体部分，它由水闸底板、闸墩、边墩（或岸墩）、启闭台及交通桥等组成。由于水闸的用途不同，地形、地质、水文等条件各异，闸室结构形式也随之不同。上游连接段由上游翼墙、防渗铺盖、上游护底、护坡及防冲槽等组成，其作用是引导水流平顺地进入闸室，保护上游河（渠）底及岸坡免遭冲刷，延长闸基及两岸的渗径长度，防止渗透变形。下游连接段由下游翼墙、护坦、海漫、防冲槽及下游护坡等组成，其作用是引导水流向下游均匀扩散，削减出闸水流能量，保护下游河（渠）床及岸坡免遭水流冲刷而危及闸室的安全。水闸的组成如图 4-8 所示。

4.2.3　渡槽

渡槽指输送渠道水流跨越河渠、溪谷、洼地和道路的架空水槽，普遍用于灌溉输水，也用于排洪、排沙等，大型渡槽还可以通航。渡槽主要用砌石、混凝土及钢筋混凝土等材料建造。

渡槽由进口段、出口段、槽身和支撑结构等部分组成，进口段与出口段将槽身两端与渠道连接起来，并起到平顺水流的作用。进出口段有各种不同形式，当进出口为填方

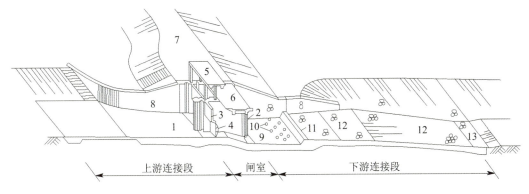

图 4-8 水闸的组成
1—水闸底板；2—闸墩；3—胸墙；4—闸门；5—工作桥；6—交通桥；
7—堤顶；8—翼墙；9—护坦；10—排水孔；11—消力槛；12—海漫；13—防冲槽

渠道时，常用挡土墙式实体重力墩（又称槽台）支撑槽身和挡土；当渡槽进出口为挖方渠道时，可将靠岸端的槽身支撑于较低的支墩上。通常渠道断面为梯形，槽身断面为矩形或"U"形，为使水流平顺衔接，进出口段需做成由梯形变矩形或"U"形的渐变段。进口段常设检修门槽，以利于渡槽的检修。槽身主要起输水作用，其过水断面有矩形、"U"形、半椭圆形和抛物线形等形状，常用断面为矩形及"U"形，对于过水流量很大的特大型渡槽可采用多项互联式矩形渡槽。

4.2.4 水工隧洞、管道与箱涵

水工隧洞是为输水、引水、泄水或通航而在山体中或地下开凿（挖）的洞式过水通道。水工隧洞按其功用可分为：①自水库、河道等水源取水的引水隧洞；②人工河道、渠道穿过山岭时设置的输水隧洞；③水利枢纽中为泄洪、排沙、施工导流、排泄电站尾水等而设置的泄水隧洞；④通航隧洞；⑤过筏隧洞。按洞内水流状态，水工隧洞又可分为有压隧洞和无压隧洞。

管道和箱涵也是常用的过水通道。管道是架设或敷设在一定开挖深度的沟槽内并在其上填土的圆形管道。箱涵指的是洞身以钢筋混凝土箱形管节修建的涵洞，箱涵由一个或多个方形或矩形断面组成。

4.2.5 倒虹吸管

倒虹吸管是指渠道通过河渠、溪谷、洼地或道路时敷设于底面或者地下具有虹吸作用的下凹式压力输水管道，其形状如倒置的虹吸管，是交叉建筑物之一。倒虹吸管一般由进口段、管身段和出口段三段组成。

与渡槽相比，倒虹吸管具有工程造价低、施工方便等优点，但存在水头损失较大、维修不便等缺点。当输水建筑物所跨越的河谷深而宽，采用渡槽工程量较大、施工较困难时；输水渠道与所穿越的河流、道路、渠道高差较小，布置渡槽影响河道行洪、车辆通行、渠道堤身布置时；渠道允许有较大的水头损失时，均可采用倒虹吸管。

根据管路埋设情况及高差大小，倒虹吸管有下列几种布置形式：对高差不大的小倒虹吸管，常采用斜管式和竖井式。高差大的倒虹吸管，当跨越山谷或山沟时，管道一般沿地面敷设，在转弯和变坡地段设置镇墩，其作用是连接和稳定两侧管道。管道可埋设于地面以下，也可敷设于地面或在管身上填土。当管道跨越深谷或山沟时，可在深槽部分建桥，在其上铺设管道过河，如图 4-9 所示。管道在桥头两端山坡转弯处设镇墩，并于其上开设放水冲沙孔。管身断面有圆形、矩形及城门洞形等，其中圆形采用较多。

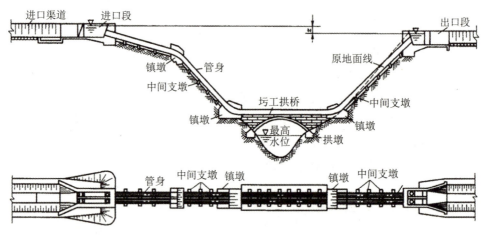

图 4-9 倒虹吸管示意图

4.2.6 接缝处的止水

接缝处的止水是水工建筑物的特点，用于建筑物接缝止水的定型止水材料叫止水带，可以使用天然橡胶、合成橡胶、聚氯乙烯（PVC）、铜和不锈钢等。施工缝可以采用平板型止水带，变形缝的止水带可伸展长度应大于接缝位移矢径长。

渡槽槽身与进、出口建筑物之间以及各段槽身之间须用伸缩缝分开。伸缩缝必须用既能适应变形又能防止漏水的材料严密封堵。渡槽槽身接缝处止水形式很多，从止水材料与接缝处混凝土材料的结合形式来分，可分为搭接型与嵌缝对接型两大类，其中，搭接型是止水材料与接缝混凝土材料采用搭接形式结合在一起；按搭接的施工方法，又可分为压板式、粘合式及埋入式三种。各种渡槽接缝处止水形式如图 4-10 所示。

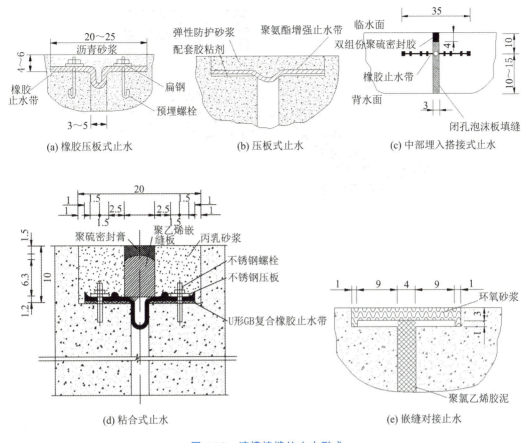

图 4-10 渡槽接缝处止水形式

4.3 结构形式

4.3.1 泵房

泵房结构按其基础形式可分为分基型、干室型、湿室型和块基型四种。分基型泵房是泵房基础与主机组基础分开建筑，这种结构形式常见于中、小型泵站，如图 4-11（a）所示。干室型泵房的主机组基础、泵房底板和侧墙构成一封闭干室，如图 4-11（b）所示；湿室型泵房下部为与前池相通并蓄水的地下室，如图 4-11（c）所示。块基型泵房主水泵机组的基础、泵房底板和进水流道浇筑成一块状整体。泵房结构形式和工业与民用建筑结构形式基本相同，其结构可依据国家、地方建筑结构规范、图集等，计算可以参考房屋结构进行计算。

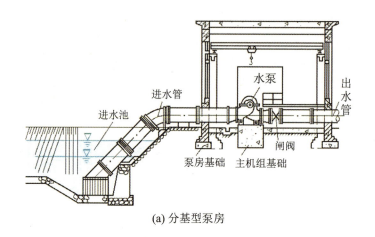

(a) 分基型泵房

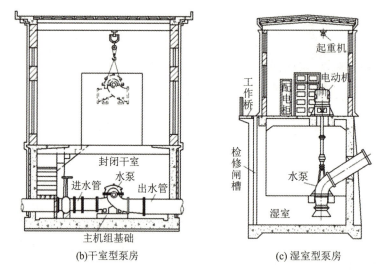

(b) 干室型泵房　　(c) 湿室型泵房

图 4-11　泵房示意图

4.3.2　水闸

1. 结构形式

按闸室的不同结构形式，水闸可以分为：①开敞式水闸，亦称溢流式水闸，如图 4-12（a）所示，当在闸室内设置胸墙时，称为胸墙式水闸；②涵洞式水闸，如图 4-12（b）所示。

2. 结构计算

闸室在运行、维修、施工期间可能受到的作用有自重、水重、水平水压力、扬压力、波浪压力、地震作用和淤沙压力等。在运行期间，闸室受到水平推力等荷载作用有可能

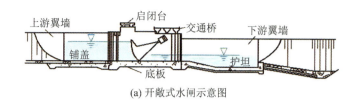

(a) 开敞式水闸示意图

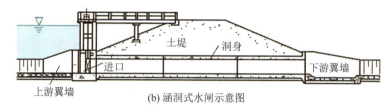

(b) 涵洞式水闸示意图

图 4-12 水闸结构形式

沿着地基面滑动（表层滑动），还可能连同一部分土体滑动（深层滑动）。闸室竣工后，地基应力较大，或者应力分布很不均匀，可能导致沉降甚至闸基倾斜、断裂，地基因此失去稳定。闸室、岸墙、翼墙的稳定计算需计算抗滑稳定和验算地基应力。

土基上的闸室底板应力分析可以采用反力直线分布法或弹性地基梁法，岩基上的则可以采用基床系数法。

4.3.3 渡槽

按支承结构形式的不同，渡槽可分为梁式、拱式、梁型桁架式、桁架拱（或梁）式以及斜拉式等。梁式渡槽的支承结构由重力式槽墩、钢筋混凝土排架及桩柱式排架等组成。拱式渡槽的支承结构由墩台、主拱圈及拱上结构组成，槽身荷载通过拱上结构传给主拱圈，再由主拱圈传给墩台。根据拱上结构形式的不同，拱式渡槽又可分为实腹式及空腹式两类。桁架拱式渡槽按结构特征和槽身在桁架拱上位置的不同，可分为上承式、下承式、中承式和复拱式四种。斜拉式渡槽支承结构由塔架与塔墩（或承台）组成，并由固定在塔架上的斜拉索悬吊槽身。

1. 梁式渡槽

梁式渡槽就是输水槽身支承于槽墩或排架上，其本身在纵向起梁作用的槽式渠系交叉建筑物。梁式渡槽根据槽身分缝与支承位置，可分为简支梁式、双悬臂梁式、单悬臂梁式和连续梁式几种。前两种为常用形式。简支梁式渡槽（图 4-13（a））槽身的两端支承在排架或槽墩上，伸缩缝设在各节槽身端部，槽身在竖向荷载（自重、水重、人群重等）作用下，跨中、下部产生较大的拉应力，因此跨度不宜过大。但当其排架或槽墩较高时，跨度过小，墩架的数量增多，不够经济。简支梁式渡槽的经济跨度一般等于或略小于墩架高度，为 8~15m。双悬臂梁式渡槽（图 4-13（b））根据支承结构的位置，又分为等跨双悬臂与等弯矩双悬臂两类。等跨双悬臂每跨的间距等于两端悬臂长度之和，只产生上部受拉的负弯矩；等弯矩双悬臂的跨距略大于两端悬臂长度之和，使跨中正弯矩等于支承处的负弯矩。由于正负弯矩的绝对值均比简支梁式渡槽小，每节槽身长度一般可增大到 30～40m。双悬臂梁式渡槽的高度常为 20～25m，过高则不如拱式渡槽经济。梁式渡槽各节槽身之间必须设置伸缩缝，缝中设止水。

渡槽的横断面常用的是矩形和"U"形。槽身横断面的主要尺寸是净宽 B 和净深 H，其值由水力计算决定。槽身顶部一般多设拉杆，以改善侧墙和底板的受力状态；当有通航要求时不设拉杆，侧墙可做成变厚度的。

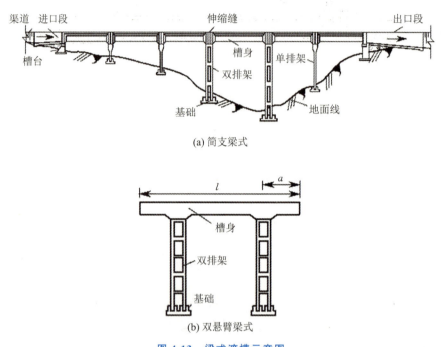

图 4-13　梁式渡槽示意图

梁式渡槽结构可采用如下计算方法：对于跨宽比大于 4 的梁式渡槽槽身，可按照梁理论进行计算，即沿渡槽水流方向按照简支梁、双悬臂梁、单悬臂梁或者连续梁计算纵向内力，在垂直水流方向取 1m 长槽身按平面问题计算横向内力；对于跨宽比小于等于 4 的梁式渡槽槽身，宜按照空间问题求解内力与应力。

梁理论计算时，纵向计算的荷载 q 一般按照均布荷载考虑，包括自重、槽中水重、人群荷载等，可以按照一般结构力学方法（计算弯矩 M、剪力 V），再按照受弯构件进行正截面、斜截面的验算，如图 4-14 所示。

有拉杆的矩形渡槽槽身的横向内力计算简图如图 4-15 所示，P_0 为槽顶竖向荷载，M_0 为槽顶弯矩，q 为自重＋水的重力等。

2. 拱式渡槽

拱式渡槽由主拱圈承受槽的上部荷载并传给墩台的槽式渠系交叉建筑物。拱式渡槽由进口段、出口段、槽身、拱上结构、主拱圈、槽墩（台）等组成，如图 4-16 所示。拱

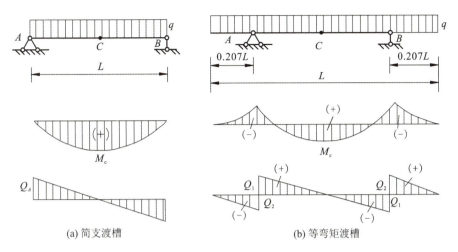

图 4-14 梁式渡槽纵向计算简图

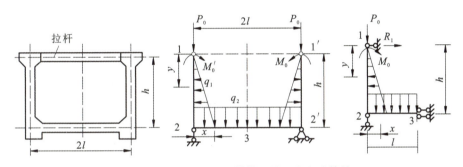

图 4-15 有拉杆的矩形渡槽槽身横向内力计算简图

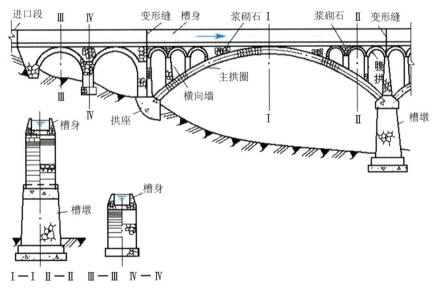

图 4-16 拱式渡槽示意图

式渡槽的主拱圈在拱上结构传来的荷载作用下，主要产生轴向压力，而弯矩很小，因此，可用抗拉强度低而抗压强度高的圬工材料建造。但拱圈内力及稳定性受拱脚约束条件和变位的影响很大。拱式渡槽的主拱圈在水重、自重等荷载作用下，对支座常产生较大的水平推力，如果支座产生过大变位而破坏，主拱圈也将迅速破坏，对于多跨拱将会引起连锁反应。因此，跨度较大的拱式渡槽一般要建于基岩上。当地基条件较差时，可在拱脚或拱顶设铰，做成双铰拱或三铰拱渡槽。主拱圈各径向截面重心的连线称为拱轴线，当拱轴线与荷载压力线重合时，拱内无弯矩，称合理拱轴线。拱轴线有圆弧形（计算图示如图 4-17 所示）、折线形、抛物线形和悬链线形等，应根据拱跨与拱上荷载分布情况合理选用。圆弧形、折线形适用于小跨度，悬链线形适用于大跨度。通常按主拱圈的结构形式，将拱式渡槽分为板拱渡槽、双曲拱渡槽、肋拱渡槽等。我国广西的万龙渡槽，拱跨达 126m，为无铰悬链线双曲拱渡槽。黔中水利枢纽总干渠龙场渡槽单跨 200m，是世界最大跨度的拱式渡槽。

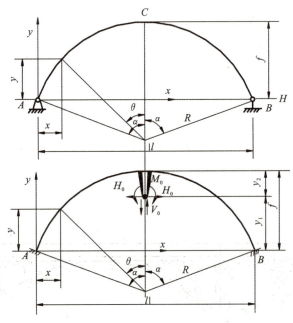

图 4-17　圆弧拱内力计算简图

3. 斜拉式渡槽

斜拉式渡槽是以墩台、塔架为支承，用固定在塔架上的斜拉索悬吊槽身的槽式渠系交叉建筑物。斜拉式渡槽由进口段、出口段、槽身、斜拉索、塔架及塔墩（或承台）等部分组成。进口段、出口段与一般渡槽相同。斜拉索上端锚固于塔架上，下端锚固于槽身侧墙上，槽身纵向受力状况相当于弹性支承的连续梁，故可加大跨度，减少槽墩个数，以节约工程量。为充分发挥斜拉索的作用、改善主梁受力条件，施工中需对斜拉索施加预应力，使主梁及塔架的内力和变位比较均匀。斜拉式渡槽各组成部分的形式很多，构成多种结构造型。塔架有独塔、双塔、多塔之分，双塔采用较多。斜拉索可布置成竖琴形、扇形、辐射形等，其中以扇形较为通用。塔、梁、墩的连接形式有塔墩固结支承体系、塔墩固结悬浮体系、塔梁固结体系等，其中以塔墩固结悬浮体系采用较多。槽身的建筑材料可为钢筋混凝土、预应力混凝土、薄钢板及聚乙烯塑料板等。斜拉式渡槽可根据索、梁、塔、墩的不同受力特点选择不同的材料，以充分发挥材料的特性。斜拉式渡槽的跨越能力比拱式渡槽大，适用于各种流量、跨度及地基条件。在大流量、大跨度及深河谷的情况下，其优越性更为突出。

世界上最早的斜拉式渡槽是西班牙的坦佩尔渡槽，主跨（两塔架间距）60.3m，于1926年建成，边跨各20.1m，对称布置，采用中部带挂梁的结构体系，挂梁与悬臂梁间设伸缩缝，缝中设置止水设备。阿根廷的图伯拉水道斜拉桥，主跨130m，1977年建成通水。中国的四川省1975年修建了一座管径72cm、主跨200m、全长400m的输油管道斜拉结构。国内比较著名的斜拉式渡槽是北京市军都山斜拉式渡槽（图4-18），建于1987年12月。该渡槽跨越二道河、京张公路和大秦铁路，属双塔塔墩固结悬浮体系，斜拉索布置成扇形，渡槽全长276.1m，主跨126m，塔高25m，墩高27.4m，设计流量5m³/s，采用钢筋混凝土灌注桩承台基础。

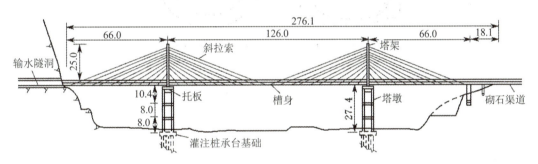

图4-18 北京市军都山斜拉式渡槽布置示意图（单位：m）

4.3.4 隧洞

1. 隧洞断面形式

隧洞洞身断面形式的选择与多种因素相关，比如用途、水力条件、地质条件、地应力情况、衬砌工作条件、施工方法等，应综合分析比较。

（1）有压隧洞：全部洞壁都承受内水压力的水工隧洞。坝式水电站使用的隧洞是有压的，灌溉、泄水、城镇供水和引水隧洞也可能是有压的。有压隧洞承受的主要荷载是内水压力，圆形断面受力条件好，水力特性最佳，一般有压隧洞采用圆形断面。当围岩稳定性好，内、外水压力不大时，也可采用便于施工的其他断面形式。断面尺寸根据用途通过计算确定。

（2）无压隧洞：其断面形式及尺寸在很大程度上取决于围岩特性和地应力分布情况。宜采用圆拱直墙式断面，当地质条件较差时，可选用圆形、马蹄形或蛋形断面，如图 4-19 所示。

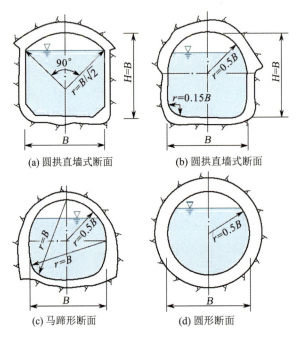

图 4-19　隧洞断面形式

2. 隧洞衬砌的作用与类型

隧洞开挖前，岩体内具有初始应力（地应力），隧洞的开挖改变了初始应力场，引起围岩应力重分布。因此，需要在洞室挖成时及时对隧洞进行支护及衬砌。支护主要指的是施工期的临时支护，包括锚杆、喷锚、钢拱架、钢筋网喷混凝土、钢筋混凝土等。衬砌的作用是承受围岩压力和其他荷载；加固围岩，充分利用围岩的承载能力，与围岩共同承受内、外压力和其他各种荷载；防止围岩裂隙，防止水流、空气和温度变化及干湿变化对围岩的破坏作用；防止渗漏、减小洞身表面糙率以及满足环境保护要求等。

按照衬砌所用材料，隧洞衬砌可分为混凝土衬砌、钢筋混凝土衬砌、预应力混凝土衬砌、喷锚衬砌、钢板衬砌及砖石衬砌等。

作用在衬砌上的荷载一般有衬砌自重、内水压力、外水压力、围岩压力、弹性抗力和围岩反力。

衬砌结构计算方法有三类：

（1）将衬砌与围岩作为整体来研究的有限元法；

（2）用弹性理论分析无限弹性介质的轴对称受力圆管的弹性力学法；

（3）将衬砌与围岩分开考虑，以衬砌为计算对象的结构力学法。

4.4 改造与加固

4.4.1 泵站修型改造

湖北省洪湖新滩口泵站始建于1983年，1986年投产受益，设计提排流量为220m³/s，装机容量为10×1600kW，堤身式泵站采用钟形进水流道。实际运行中发现该站排水流量达不到设计标准，运行时机组振动大、噪声大、汽蚀严重。水泵装置效率仅达到50.1%，电机负荷率不到60%，致使泵站效益没有充分发挥。随着水位条件的变化，以及排涝区经济的发展，排水标准相应提高，要求泵站必须达到甚至超过设计提排流量。

新滩口原钟形进水流道结构模型（图4-20（a））的流场数值模拟计算结果表明，在前方喇叭口拐弯处存在明显的负压区，而进水流道出口断面（亦即水泵的进口断面）流速分布很不均匀，且流量越大，负压越大，流速分布越不均匀。这表示在现场运行中，水泵只能在小角度低负荷运行，而当叶片角度调大、流量增加时，机组振动加剧。这一结论与新滩口泵站前期的水力模型试验研究一致，表明该流态分布是由流道本身结构所引起的。因此，只有改造进水流道结构形式才能从根本上解决该泵站问题，提高泵站运行流量。

对比分析后，经试验验证，将进水流道改造为簸箕形进水流道（结构模型见图4-20（b））可提高装置效率，单泵满足设计流量22m³/s的要求。簸箕形方案需将原蜗壳线形后部分别向后移约0.8m，施工时需去掉后墙的一部分。由于后墙并非承重墙，故施工不影响原结构安全，且不影响集水廊道功能。

施工工艺采用无损切割及修型技术对蜗壳进行改造，将钟形流道改为簸箕形流道。改造后簸箕形流道在大流量运行工况下水力损失较钟形流道明显减小，装置运行效率提高10%，噪声也明显减小。

(a) 改造前原钟形流道　　　　(b) 改造后簸箕形流道

图4-20　流道改造前后三维示意图

4.4.2 渡槽加固改造

1. 石洞江渡槽加固工程

石洞江渡槽工程位于湖南省耒阳市洲陂乡境内，全长1092m，共31跨，设计流量13.5m³/s。渡槽槽壁厚5cm、净宽3.4m、净深2.6m，结构形式为单排架简支不等跨变截面双悬臂"U"形槽，槽身标准段为36m跨双悬臂，排架柱断面尺寸为0.35m×0.9m，原设计最大高度27.97m，基础62个。"壳槽"材料为加筋钢丝网水泥砂浆，钢丝直径1mm，钢丝网格为 10mm×10mm，环向、纵向、斜向加筋直径 6mm；槽身和排架采用预制吊装施工。"壳槽" 400♯砂浆和 500♯砂浆用量仅 873m³，钢丝网用量仅 59t，加筋量仅 78t。

渡槽工程于 1969 年春竣工，灌区于 1970 年投入运行，设计使用年限 30 年，现实际运行年限达到 40 多年。"U"形槽身内外表面有普遍钢丝网露筋，渡槽槽身局部区域存在裂缝。排架普遍存在混凝土保护层剥落或翘起，钢筋外露锈蚀现象，经计算排架安全性不能满足要求。加固处理方案如下：

（1）排架：对高度小于 15m 的排架、排架柱和横梁先进行缺陷修复后再在其表面涂刷 CPC 防碳化涂料进行防护；对高度大于 15m 的排架，先按缺陷修补后对排架柱等部位进行包钢补强加固，如图 4-21（a）所示，加固完成后表面粘粗砂，挂网涂抹复合砂浆防护；对排架横梁进行缺陷修补。

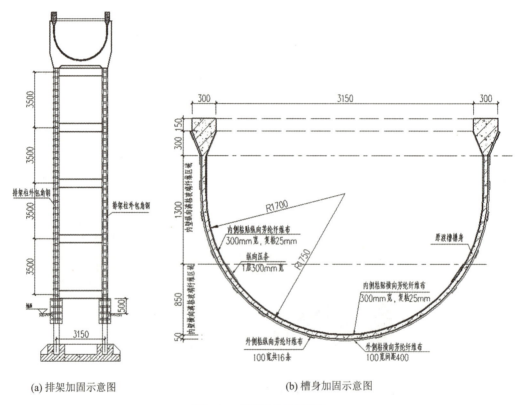

(a) 排架加固示意图　　　　　(b) 槽身加固示意图

图 4-21　渡槽加固示意图

（2）槽身：对槽身内壁进行缺陷修复处理后全断面粘贴芳纶纤维布，粘贴完成后在渡槽内表面整体涂结构胶（与粘贴芳纶纤维布相匹配的结构胶），如图 4-21（b）所示；对渡槽外壁进行缺陷修补，修补完成后，对缺陷严重的渡槽采取外表面粘贴芳纶纤维布加固补强。

（3）拉杆：对渡槽拉杆先进行缺陷修补，然后表面粘贴碳纤维布，加固完成后，表面粘粗砂并涂抹 15mm 厚 M5 砂浆防护。

（4）基础：对处于洲陂河中的排架基础进行裂缝修补、加固改造处理；对其他排架基础进行基础补桩加固处理。

(5) 对公路左右各 100m 渡槽外壁、排架柱及横梁表面均涂刷 CPC 混凝土防碳化涂料进行防碳化和美化处理。

2. 石洞江渡槽纠偏工程

石洞江渡槽 7♯～8♯ 排架位置基础发生不均匀沉降，导致此范围上部渡槽与相邻跨错位。根据现场测量结果，上部渡槽纵向偏移 20mm，横向错位 160mm，渡槽底部上下错位 40mm。8♯ 排架柱向 7♯ 排架柱方向倾斜 40mm 以上，向上游方向倾斜了约 100mm。同时，在 8♯ 排架基础底部发现存在局部地基土体被冲蚀，基础下方形成了约 1.36m×3.09m×0.48m 大小的空洞。

对 6♯、7♯、8♯ 排架基础进行加固处理，原基础均为沉井基础。加固的方式：采用直径 600mm 的钻孔灌注桩进行补桩，并在原沉井基础顶部浇筑承台梁与桩连接，托换原结构基础，如图 4-22 所示。

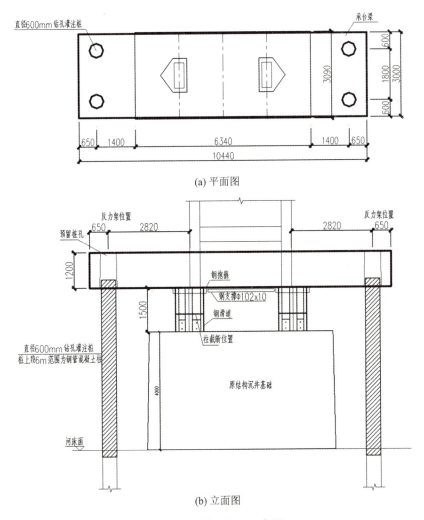

图 4-22 基础处理示意图

纠偏步骤：在桩顶放置千斤顶，反力架通过预埋螺杆固定在承台梁上，将排架柱在沉井基础顶部位置切断，通过千斤顶顶升与承台梁连接的反力架，将承台梁向上缓慢移动，进而带动排架柱整体抬升，直至将排架柱扶正。纠偏完成后，桩孔中灌入细石混凝土进行封桩，并对柱墩截断位置外包钢板进行灌浆填实。

纠偏过程中，在排架柱柱墩约 1.5m 范围设置钢滑道，1 组钢滑道由若干个角钢组成，钢滑道与柱墩底部连接，与上部不连接。使用钢滑道来限制纠偏过程中被截断排架柱可能发生的水平位移，为纠偏施工提供一道安全保护措施。

3. 南水北调中线渡槽止水带安装与更换

目前已建渡槽伸缩缝普遍存在渗漏问题，伸缩缝止水失效是引起渡槽渗漏的首要原因。渡槽止水形式主要有埋入式、粘合式和压板式三种。埋入式和粘合式止水存在施工质量不易保证、修补和更换困难等缺陷，影响止水效果。目前渡槽止水多采用易于修复的压板式止水形式。

南水北调漕河渡槽设计流量 125m³/s，加大流量 150m³/s，总长 2300m，跨度 30m，底宽 21.3m，槽身为三槽一联多侧墙预应力混凝土结构，单槽断面尺寸 6.0m×5.4m。

槽身原接缝止水结构如图 4-23 所示。槽身设有两道止水，其中迎水面处止水为可更

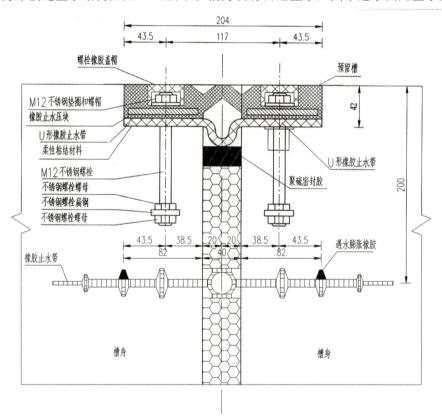

图 4-23　漕河渡槽原止水带安装示意图（单位：cm）

换压板式 U 形橡胶止水，待槽身浇筑完成后于槽端预留的止水槽内安装，预留止水槽总宽 204mm、高度 42mm；止水槽底有预埋不锈钢螺栓，直径 12mm、间距 200mm；止水带为 "U" 形，厚 8mm、宽 204mm，止水带与止水槽底间填充柔性粘结材料，预埋螺栓上部有垫板与螺帽，安装时将止水带及底部柔性粘结材料压紧封堵止水带与止水槽底面间隙来达到止水效果。另一道止水位于距迎水面 250mm 处，为一道埋入式橡胶止水，槽体浇筑时直接浇入混凝土，止水带长 352mm、厚 4mm，止水带两侧各有 3 处遇水膨胀橡胶块。若迎水面压板式止水渗漏，则另一道埋入式橡胶止水发挥作用。

漕河渡槽自 2014 年通水以来，槽身先后出现渗漏现象，可以推断槽身迎水面压板式止水及埋入式橡胶止水均局部失效。漕河渡槽槽身止水带修复安装示意图如图 4-24 所示。

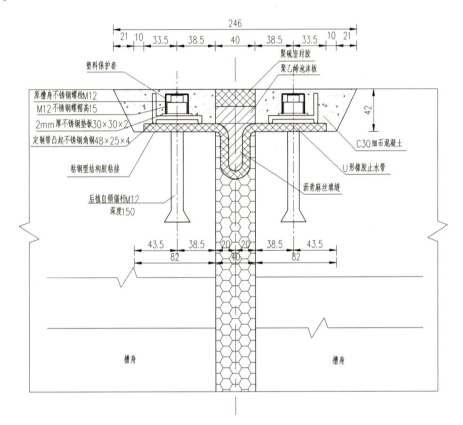

图 4-24　漕河渡槽止水带修复安装示意图（单位：cm）

处理步骤如下：

（1）拆除原槽身可更换止水结构。

（2）开槽，扩挖止水槽，底部每侧各扩宽 5.8cm，槽边坡 1∶1，止水槽上口宽 41cm，下口宽 32cm。

（3）更换及新植入不锈钢螺栓，将松动不锈钢螺栓更换为自锁锚杆。

（4）聚氨酯耐霉菌性密封胶。

(5) 基础面找平处理。对止水槽基面采用聚合物复合韧型环氧砂浆进行找平处理，折角部位加强厚度形成圆弧状。

(6) 安装"U"形橡胶止水带。将厚8mm、宽度280mm的"U"形橡胶止水带沿伸缩缝通长铺设。安装前在"U"形止水带上打孔，孔的大小和间距与止水槽内螺栓的尺寸及间距相同。在止水槽基面刷环氧结构胶，胶层厚不小于3mm，要求涂抹均匀且平整，待基面刷完环氧结构胶后铺设"U"形止水带，并逐段压实，止水带两侧应有胶体溢出。

(7) 制作及安装止水带压板。

(8) 填充闭孔泡沫板、丙乳砂浆、密封胶。

(9) 伸缩缝处涂防渗涂料。止水带施工完毕后，在混凝土基面附加网格布一层，并涂刷有机硅烷丙烯酸复合涂料进行伸缩缝混凝土后浇带防渗处理。

4.4.3 水工隧洞加固改造

1. 有压隧洞加固——南水北调穿黄隧洞加固

南水北调穿黄隧洞为预应力复合衬砌结构，全圆断面，外衬为7块预制管片错缝拼装（C50.W12.F200），由盾构掘进施工过程完成。内、外衬截面之间加软垫层，两层衬砌分别单独受力。

内衬采用现浇法施工，为后张法预应力钢筋混凝土结构，采用C40.W12.F200预应力混凝土，厚45cm，标准分段长度为9.6m。环向设置预应力，锚索间距为45cm，标准段内拱21束锚索，单束锚索由12根公称直径15.2mm标准强度1860MPa的钢绞线集束构成。为满足输水压力要求，单束锚索张拉采用双控，设计张拉控制力为2350～2500kN，按锚索伸长状态决定最终张拉力，以达到预应力设计效果。设计张拉方案如下：

(1) 第1阶段张拉：顺水流方向，左侧奇数号锚索按1#至21#锚索顺序，自小到大按序张拉后，右侧偶数号按2#至20#锚索顺序，自小到大按序张拉；第1次张拉至1500kN后持荷10min。

(2) 第2阶段张拉：张拉顺序与第1阶段相同，即左侧奇数号锚索按序张拉后，右侧偶数号锚索按序张拉；第2次张拉至2500kN后持荷10min。

在充水试验达到117m水位（隧洞中心水压力0.51MPa）及全线贯通运行后发现少部分内衬拱顶出现纵向裂缝，宽度0.10～0.35mm，此前充水试验达到85m高程时未发生此裂缝。

根据反演计算，张拉预应力按第1次张拉 $T=1500$kN 和《水工混凝土结构设计规范》考虑预应力损失，并根据前期试验取孔道摩阻系数，计算裂缝宽度0.35mm。判断纵向裂缝产生原因是锚索预应力张拉不足。以其中一段为例加固补强计算如下：

(1) 拱顶加固计算：根据计算拱顶截面外缘压应力 1.068MPa，小于抗压标准强度 19.1MPa；内缘拉应力 2.434MPa，按《水工混凝土结构设计规范》对预应力混凝土一般不出现裂缝的构件，在荷载效应标准组合下，正截面混凝土法向应力应小于 $0.7\gamma f_{tk}$，其中偏拉构件塑性影响系数 $\gamma=1$，C40 混凝土标准抗拉强度 $f_{tk}=2.39$MPa，其中正截面抗裂限值为 1.673MPa，判断混凝土开裂，需要补强。根据计算受拉区（每 45cm）拉力为 575.6kN。采用粘钢方案，钢板选材 Q235，设计强度 210MPa，计算钢板厚度 6.09mm，考虑 2mm 防腐厚度。设计时考虑分布范围要进行补偿。

(2) 底拱加固计算：底拱截面外缘压力为 2.377MPa，小于抗压标准强度 19.1MPa，内缘拉应力 1.969MPa，按《水工混凝土结构设计规范》正截面抗裂限值为 1.673MPa，判断混凝土开裂，需要补强。根据计算受拉区（每 45cm）拉力为 325.15kN。采用粘钢方案，钢板选材 Q235，设计强度 210MPa，计算钢板厚度 2.38mm，考虑 2mm 防腐厚度。设计时考虑分布范围要进行补偿。

(3) 拱腰结构复核：拱腰内侧为受压区，压应力较小，不需要补强。

(4) 加固补强设计：钢板宽 37cm，板带之间净距 8cm，中心间距 45mm，顶拱 170° 范围粘贴 12mm 厚 Q235 钢板，底拱 108° 范围粘贴 8mm 厚 Q235 钢板，加固示意图如图 4-25 所示。

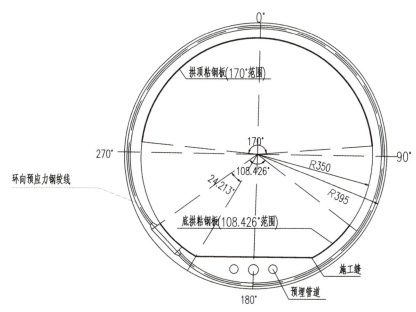

图 4-25 穿黄隧洞加固示意图

2. 无压隧洞加固——长岭陂供水隧洞加固

东深供水工程北起东莞桥头镇，南至深圳水库，途经东莞、深圳两地。其主线绵延

68km，将东江水输送至水库，担负着香港、深圳以及工程沿线东莞 8 个镇三地居民生活、生产用水重任，是为解决香港同胞饮水困难而兴建的跨流域大型调水工程。长岭陂供水隧洞位于东部供水网络干线的西端。

长岭陂供水隧洞横穿南方科技大学建设场地。按南方科技大学东部工程项目规划建设方案，校园建设在隧洞安全保护区范围内，隧洞南侧拟建医学院大楼和实验动物中心，北侧建设学生公寓和服务中心。地下室基坑均进入隧洞安全保护区 15m，在隧洞保护区范围内的原地面拟填筑 4～5m 的覆土。在隧洞安全保护区范围内开挖基坑和填筑土方均改变隧洞围岩现状应力场，可能对隧洞安全运营造成一定影响。为确保隧洞安全运营，拟对隧洞进行预加固。防止在保护区施工作业和新建建筑物对既有隧洞造成损害。加固方案如下：

（1）对素混凝土衬砌结构的部分内衬粘贴钢板，采用自锁锚杆锚固，如图 4-26 所示。

（2）施工前应对隧洞进行探测：如发现隧洞围岩出现空洞，增设系统锚杆；如无出现空洞，则不设置锚杆。针对加固范围内衬砌先采用地质雷达探测，对存在围岩脱空、破碎的位置先进行局部围岩固结灌浆。

（3）根据调查报告中衬砌裂缝的检查结果，进行裂缝封闭处理。

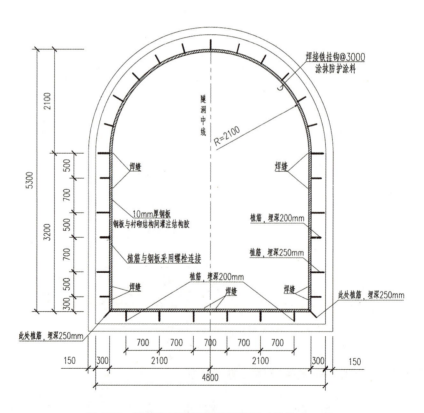

图 4-26　隧洞内衬钢板加固示意图（单位：mm）

4.4.4　有压供水管道加固

深圳市北部水源工程是为解决深圳市西北部地区的城市缺水问题而兴建的大型引调水工程，工程起点为东莞市的上埔镇，终点为宝安区的石岩水库。北线引水工程由新建的上埔泵站、上埔至茜坑输水管线、茜坑水库至石岩水库输水隧洞组成，工程线路总长约30km。

北部水源工程自建成通水以来，玻璃钢夹砂管逐渐产生较多裂缝、鼓包等缺陷，并发生多次爆管，需要对其进行加固处理。

对玻璃钢夹砂管的材性试验表明，其抗疲劳性能不佳。实验数据显示在7%～10%极限拉伸力的幅度下，疲劳次数可超过100万次；在10%～30%幅度下，疲劳次数平均约60000次；在10%～40%幅度下，疲劳次数平均约5500次。在拉压疲劳荷载下，在−3%～+10%幅度下疲劳次数可超过100万次，在−3%～+30%幅度下疲劳次数平均约12500次，在−3%～+40%幅度下疲劳次数平均不足1400次。输水时内水压力大，结构处于受拉状态；在停水时，由于覆土重量，结构局部处于受压状态。交叉应力循环作用加速了结构的破坏。与此同时，碳纤维板在0%～40%幅度和−3%～+40%幅度下，疲劳次数均超过100万次未破坏，碳纤维板的抗疲劳性能优越。

本项目对比了两种加固补强方案：①玻璃钢夹砂管内表面粘贴两层碳纤维布；②玻璃钢夹砂管内表面先粘贴一层碳纤维布，然后再粘贴一层碳纤维板。

碳纤维片材及配套用的结构胶安全无毒，可作为供水管线的加固修复材料。同时，碳纤维片材是具有高弹性模量、高抗拉强度特点的纤维材料，粘贴于管壁内表面，在管内压力水作用下，正好能发挥其卓越的抗拉性能；玻璃钢夹砂管的内衬层为树脂层，而粘碳纤维布的胶粘剂同为树脂类材料，能保证碳纤维布与管内衬层的粘结效果，保证协同受力。在满足强度要求的情况下，纤维复合材料加固补强层可以做到相对较薄，仅为几毫米，对管道过流面积的影响甚小。加固后管道内侧表面同样具有良好的耐冲磨和抗渗性能，且表面相当光滑，对水流速度的影响很小。此外，从经济及实施条件等方面分析，采用内粘纤维复合材料的加固补强方法对解决现有玻璃钢夹砂管的病害问题更具普遍性及可行性。

利用有限元软件对加固方案进行分析，按照抗拉刚度分配的原则计算结果如下：

(1) 粘贴两层高强Ⅰ级碳纤维布加固补强后，碳纤维布分摊了23.9%的环向内力，结构整体环向受力提高了31.4%。

(2) 粘一层碳纤维布及一层1.4mm厚碳纤维板，碳纤维布及碳纤维板（1.4mm）共同分摊54.3%的环向内力，结构整体环向抗力提高了118.5%。

(3) 粘一层碳纤维布及一层2.0mm厚碳纤维板，碳纤维布及碳纤维板（2.0mm）共同分摊62.0%的环向内力，结构整体环向抗力提高了162.6%。

因本工程玻璃钢夹砂管对深圳北部供水的重要性、每次停水检修时间的紧迫性，对碳纤维片材的加固效果、施工工艺及施工效率展开了试验研究，如图4-27所示。玻璃钢夹砂管在自然状态下的模拟内压加载试验主要分为四种不同的工况：①未经加固补强的玻璃钢夹砂管；②内表面粘贴两层碳纤维布加固补强的玻璃钢夹砂管；③内表面先粘贴一层碳纤维布，再粘贴一层 1.4mm 厚碳纤维板的玻璃钢夹砂管；④内表面先粘贴一层碳纤维布，再粘贴一层 2.0mm 厚碳纤维板的玻璃钢夹砂管。

图 4-27　玻璃钢夹砂管碳纤维加固试验装置

试验结果如下：

(1) 粘贴两层高强Ⅰ级碳纤维布加固补强后，碳纤维布可在整个结构受力中分摊 25%～30%的环向内力，提高了玻璃钢夹砂管环向承载能力。

(2) 粘贴一层碳纤维布及一层碳纤维板（1.4mm 厚）加固补强后，碳纤维布及碳纤维板可共同分摊约 58%的环向内力，可大幅提高玻璃钢夹砂管环向承载能力。

(3) 粘贴一层碳纤维布及一层碳纤维板（2.0mm 厚）加固补强后，碳纤维布及碳纤维板可共同分摊约 65.3%的环向内力，可大幅提高玻璃钢夹砂管环向承载能力。

推荐采用方案为一层碳纤维布及一层碳纤维板（1.4mm 厚）加固补强，既满足结构加固需求，又较为经济。

4.4.5　倒虹吸管加固

1. 大市倒虹吸管加固方案

欧阳海灌区工程地处湘江支流舂陵水和耒水下游地区，由欧阳海水库和灌区干、支渠组成。水库总库容 4.24 亿立方米，有效库容 2.96 亿立方米。可灌溉农田 4.85 万公顷，自流灌溉 3.8 万公顷，提水灌溉 1 万公顷。1970 年 6 月，欧阳海水库大坝竣工蓄水，1970 年 8 月 1 日，灌区工程通水。

大市倒虹吸管是位于欧阳海灌区东支干渠上的一座大型建筑物，位于耒阳市城北 20km，横跨耒水，河面宽 300 余米，河床为红砂岩，河两岸为亚黏土田垅。大市倒虹吸管为 4 级建筑物，内径为 3.5m，管壁厚 30cm，原设计流量 18.43m³/s，加大流量为 20m³/s；最大水头为 18.5m；渠道最大水深 3.5m；可浇灌农田 20 余万亩（1 万亩≈666.7 公顷）。该倒虹吸管共有混凝土管 54 节，自西向东，总长 1257.7m，其中进、出口斜管长分别为 50.58m 和 50.12m，水平段长度为 1157m，水平段管身中心线高程为89.0m。

水平段管身有以下支撑方式：西左岸进口段24m等跨双悬臂管14节，长336m；东右岸出口段20m等跨双悬臂管19节，长度380m；连接跨有18m、19m的单悬壁管2节和12m的简支管1节，该部分管身全部支承在排架上；河床段由28m长的5跨连续管14节组成，长度共为392m，管身支承在矢高为8m的拱梁上，拱脚坐落在高12.4~15.9m的双圆柱墩或实心墩上；进、出口斜管各2节，支承在混凝土支墩和镇墩上。该倒虹吸管从进口向出口方向过河后管道向上游偏斜31°41′。在进口处设有节制闸、泄洪闸各一座，还有拦污栅、沉淀池；出口处设有消力池。水平段管身上设有冲砂孔、进人孔及过河人行桥等，如图4-28所示。

图4-28 大市倒虹吸管

大市倒虹吸管运行50多年后，倒虹吸管的内壁基本呈灰色，表面较平整，内壁粘钢大部分锈蚀严重，多处止水贴片剥落，无明显裂缝、蜂窝麻面或露筋现象。外壁呈灰黑色，表面有明显白色钙质析出，多处裂缝，部分管段错位，管段接缝漏水。大部分排架存在表层水泥起壳脱落钢筋外露锈蚀，部分立柱顶部"T"形梁两侧斜面表层水泥起壳脱落钢筋外露锈蚀，桥墩上部排架墩存在裂缝，裂缝可见白色钙质析出，部分立柱施工缝张开，缝深1~7cm。地基未发现胀沉，基础无变形，进出口无不均匀沉降。

加固处理方案如下：

管身：

①裂缝处理：宽度≥1mm裂缝刻槽后采用环氧砂浆修补，再粘碳纤维布；宽度<1mm裂缝进行裂缝清理、混凝土表面打磨后，粘碳纤维布。②内壁：环向全断面粘碳纤维布，纵向间隔粘碳纤维布，再涂刷2mm厚单组分聚脲涂料。③外壁：纵向上半圆粘钢板（河中为全线范围，两岸为支座两侧4m范围），环向间隔粘碳纤维布，全断面涂刷1mm厚单组分聚脲涂料。

排架、拱梁：环氧砂浆修补破损处，再粘碳纤维布；化学灌浆修补裂缝，再粘碳纤维布；全面积打磨、聚合物砂浆找平后涂刷氟硅防护涂料防碳化。

河中墩体基础：有凹坑部位抛石护脚。

2. 宝鸡峡韦水倒虹吸管加固工程

韦水倒虹吸管位于陕西省宝鸡市扶风县城东南处，是宝鸡峡灌区塬上总干渠跨越韦水河谷的一座大型输水建筑物。该工程由压力管道、进出口、管桥和退水等部分组成，管道长880m，其中钢管长257m，钢筋混凝土管长623m，韦水倒虹管桥桥长112m，为7孔4跨的等弯矩双悬臂梁式钢筋混凝土结构。倒虹吸管最大水头70m，设计流量52m³/s，校核流量55m³/s。

由于长期受水流冲刷及其他杂物的撞击，混凝土管普遍存在内壁磨损现象，尤其以管底部位最为严重，磨损最大宽度为1.7m，最大深度6cm。钢筋保护层厚度6cm，管道内壁出现不同程度的钢筋外露。钢管部分也磨损严重，不能满足承载力要求。

加固处理方案：混凝土管在管底90°范围将基面混凝土下凿深度不小于15mm，如果原冲刷较深，超过15mm处，要求将其表面凿毛，用C25细石混凝土填补至12mm，使整个工作面的粘钢厚度达到要求。C25细石混凝土充分干燥后安装弧形钢板（10mm厚Q235B钢板）。安装自锁锚杆对钢板进行锚固，钢板与混凝土之间灌注无机灌浆料。

4.5　国内外著名水利建筑物

1. 新中国第一个大型水利工程——荆江分洪工程

荆江分洪工程位于湖北省公安县境内，分蓄超过荆江河道安全泄量的超额洪水，是保障荆江大堤安全的防洪工程措施。1952年4月5日开工，历时75天主体工程（进洪闸、节制闸、移民安全工程、围堤加固工程等）建成，1953年第2期工程建成。

荆江两岸平原区共有耕地133余万公顷，人口1000余万，是中国著名的农产区，也是历史上长江中下游洪灾最为频繁而严重的河段。荆江河段的安全泄洪能力与上游频繁而巨大的洪水来量很不适应，上游来量常在60000m³/s以上，最大达110000m³/s，而河道仅能安全通过约60000m³/s，相当于10年一遇洪水，这样低的防洪能力与荆江区的重要地位极不相称，于是决定兴建荆江分洪工程。该工程主要有分洪区围堤工程、分洪闸、分洪工程和节制闸等。全区面积920km²，南北长约70km，东西宽约30km，四面环堤，有效容积54亿立方米，如图4-29所示。

荆江分洪工程于1954年首次运用，先后三次开闸分洪，最大进洪流量7760m³/s，最大降低沙市水位0.96m，分洪总量122.6亿立方米，最大削峰14.9%，有效降低沙市水位0.96m，取得了确保荆江大堤安全以及荆江两岸人民生命财产安全、武汉和京广大动脉安全的效果。1998年长江再次发生1954年来最为严重的全流域组合型洪水，荆江分洪区处于准备运用状态近一个月时间，33万群众大转移，为夺取长江防洪的全面胜利作出了重要贡献。

随着荆江堤防加培、裁弯工程等措施的实施，特别是三峡大坝建成，分洪区运用的

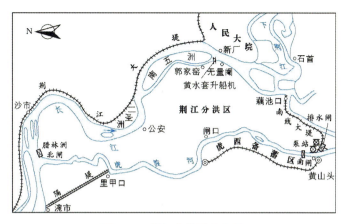

图 4-29 荆江分洪区示意图

频率提高到 100 年一遇。由于荆江防洪的特殊地位，荆江分洪工程分洪任务仍然需要保留，在长江防洪中仍然起着重要作用。

2. 中国第一大灌区——都江堰灌区

都江堰灌区位于中国川西平原，是中国第一大灌区。公元前 256 年，秦国蜀郡太守李冰率众修建都江堰水利工程，位于四川成都西部都江堰市的岷江上，距成都 56km。该大型水利工程现存至今依旧在灌溉田畴，是造福人民的伟大水利工程。其以年代久、无坝引水为特征，是世界水利文化的鼻祖。

这项工程主要由鱼嘴分水堤、飞沙堰溢洪道、宝瓶口进水口三大部分和百丈堤、人字堤等附属工程构成，科学地解决了江水自动分流、自动排沙、控制进水流量等问题，工程布置示意图如图 4-30 所示。

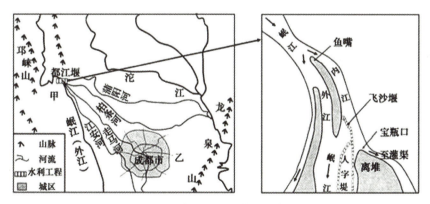

图 4-30 都江堰工程布置示意图

分水堤在整个工程中起分水作用，因形如鱼嘴而得名"鱼嘴"，位于金刚嘴上游端，将岷江分为内江和外江。它自动将岷江上游的水按照丰水期"内四外六"、枯水期"外四内六"的比率分水。

飞沙堰位于内江金刚堤下游一侧，筑成微弯形状，堰顶高程比金刚堤低。其功能是泄洪排沙。当内江水量超过需要时，水流从堰顶溢出流入外江。水流挟带的泥沙在弯道环流的作用下，从凸岸翻出，进入内江。内江水流越大，分洪飞沙的效果越明显。如内江流量大于1000m³/s时，分流比超过40%，分沙比可达80%以上。

宝瓶口是在湔山（今名灌口山、玉垒山）伸向岷江的长脊上凿开的一个口子，因形似瓶口而功能奇特，故名宝瓶口。宝瓶口起"节制闸"的作用，能自动控制内江进水量，当流量小时壅水作用不明显，当流量加大时壅水作用加强，不仅会抬高水位使多余水量溢出飞沙堰流入外江，同时促使泥沙在宝瓶口上游沉积。宝瓶口与鱼嘴、飞沙堰巧妙配合，能自动稳定流入灌区的水量，达到枯水时保证灌溉用水，洪水时不使流量过大而发生洪灾。

中华人民共和国成立以后，对灌区进行了大规模的改造扩建，调整和改建了内、外江几条主干输水渠道和进水口门，新建了外江及沙河控制闸和向龙泉山以东丘陵区输水的干渠和黑龙滩、三岔等大型调蓄水库，同时对灌区内渠系进行大规模调整改造，修建了一大批中、小型水库和引水、分水、泄洪工程，采取以蓄为主、引蓄结合、长藤结瓜的办法，把岷江丰水期的水引到干旱缺水的川中丘陵区，在库塘中蓄积起来，做补充灌溉之用，当前灌溉面积1130.6万亩，灌区范围扩大到7个市的40个县（区）。

3. 世界最大渡槽——南水北调中线沙河渡槽

南水北调工程规划通过东、中、西三条调水线路，与长江、淮河、黄河、海河相互连接，构成我国中部地区水资源"四横三纵、南北调配、东西互济"的总体格局。

南水北调中线干线工程，是国家南水北调工程的重要组成部分，是缓解我国黄淮海平原水资源严重短缺、优化配置水资源的重大战略性基础设施。中线一期工程于2003年12月开工建设、2014年12月正式通水。

南水北调中线一期工程从加坝扩容后的湖北丹江口水库陶岔渠首闸引水，沿线开挖渠道，经唐白河流域西部过长江流域与淮河流域的分水岭方城垭口，沿黄淮海平原西部边缘，在郑州以西李村附近穿过黄河，沿京广铁路西侧北上，可基本自流到北京、天津。输水干线全长1432km（其中天津输水干线156km）。南水北调中线工程丹江口大坝加高加固工程是国内最大的大坝加高工程，沙河渡槽则被誉为"世界上综合规模最大"的渡槽，穿黄隧洞是国内穿越大江大河直径最大的输水隧洞。

南水北调沙河渡槽设计流量320m³/s，加大流量为380m³/s，全长9050m，设计水头1.77m。渡槽结构形式包括了"U"形梁式渡槽、矩形箱基渡槽、矩形落地槽三种槽型，"U"形梁式渡槽长2166m，双向预应力简支结构，双线4槽，单跨30m，单槽净宽8m，施工采用地面预制，架槽机施工；矩形箱基渡槽长5354m，双线双槽，单槽净宽12.5m，矩形落地槽长1530m，单槽净宽22.2m。渡槽沿线跨越沙河、将相河、大郎河等7条大小河沟、河道、低洼地带及鲁山坡。

4. 国外最大调水工程——美国加利福尼亚州北水南调工程

美国加利福尼亚州（简称加州）70%多的降雨量集中在北部地区，其中40%集中在北部沿海岸地区，30%的降雨集中在中部偏北地区的萨加门多河流域。但加州的中大城市和农业用地多集中分布在北部、中部和南部地区，这些地区年用水量总和占加州全年用水量的75%；最大的灌溉农田分布在加州中部地区。同时，季节、年度的降水差异也较大。这种资源的分布和需求的不协调使得整个加州的大多数流域都处于调水或引水的状态。

美国加州北水南调工程第一期工程建于1960—1973年，工程的供水系统由32个蓄水库、18个泵站、4个抽水蓄能电厂、5个水力发电厂、1065km长的水渠和管道组成，其中包括著名的胡佛坝、加利福尼亚输水道、北湾水渠等。

调水工程从费瑟河上游开始，修建了一系列水坝、泵站，其中费瑟河上的奥罗维尔坝坝高234m，库容43.6亿立方米，于1967年建成。该坝建有一坝后式水电站厂房，装机6台，总装机容量为644MW。所建的扬水泵站中，埃德蒙斯顿泵站是一系列泵站中规模最大的，其扬程高达587m，装泵14台，每台抽水流量为8.9m^3/s，总流量为125m^3/s。

调水工程的主要线路是从奥罗维尔水库引出的水，经费瑟河与萨克拉门托河下泄，流经萨克拉门托河至圣华金河三角洲后，分流入加利福尼亚水道。

加利福尼亚水道为工程的主要输水设施。水道主干全长715km，其中明渠620km，隧道19km，压力管道66km，水库库区10km。另外，该水道还附有4条支水道，即南湾水道、北湾水道、海岸支水道和西支水道，构成了加州调水工程的引输水系统。

5. 世界最大规模泵站群——南水北调东线泵站群

南水北调东线一期工程输水干线长1467km，全线共设立13个梯级泵站，共22处枢纽、34座泵站，总扬程65m，总装机台数160台，总装机容量36.62万千瓦，总装机流量4447.6 m^3/s，具有规模大、泵型多、扬程低、流量大、年利用小时数高等特点。它是亚洲乃至世界大型泵站数量最集中的现代化泵站群，其中水泵水力模型以及水泵制造水平均达到国际先进水平。

6. 世界最大规模水闸——大藤峡水闸

大藤峡水利枢纽工程位于珠江流域西江水系黔江河段大藤峡峡谷出口处，下距广西桂平市黔江彩虹桥6.6km，是珠江流域防洪关键性工程、关键性水资源配置工程。

大藤峡水利枢纽正常蓄水位为61.0m，汛期洪水起调水位和死水位为47.6m，防洪高水位和1000年一遇设计洪水位为61.0m，10000年一遇校核洪水位为64.23m；水库总库容为34.79亿立方米，防洪库容和调节库容均为15亿立方米，具有日调节能力；电站装机容量160万千瓦，多年平均发电量72.39亿千瓦时；船闸规模按二级航道标准、通航2000吨级船舶确定；控制灌溉面积136.66万亩、补水灌溉面积66.35万亩。

大藤峡水利枢纽工程的船闸闸门门体高47.25m、宽20.2m，比三峡大坝双线五级船闸最高闸门高出10.5m，造价超过1亿元，为当今世界最大闸门。

第 5 章

桥梁工程概论

桥梁是道路线路跨越江河湖泊、山谷沟壑、海湾或其他障碍（公路或铁路等）的结构物。桥梁是线路的延续，起着跨越、承载、传力的作用，是交通工程中的关键性枢纽。

5.1 起源与发展

桥梁是人类在生活和生产活动中，为克服天然障碍而建造的建筑物，有人类历史以来就开始建造桥梁，桥梁建筑的发展史体现了时代的文明与进步程度。在科技还不太发达的古代社会，人们建造一座桥梁，远没我们今天这样便捷，尤其是在混沌初开的原始社会，对于我们的先民来说，哪怕是建造一座在我们现在人眼中最为简单的桥，也已经是相当不易了。

在原始社会时期，我们的祖先从最初的原始游牧逐渐转变为定点聚居。随着生产力水平的不断提高，人们开始有能力建造一些有一定规模的建筑物，在这些建筑群的周边，桥梁也开始出现，并且日益成为人们日常生活中不可缺少的重要建筑物。

"桥"与"梁"在我国古代是同义异名的两个字。东汉时期的文字学家许慎在其名著《说文解字》中对"桥"有如下一段解释："桥，水梁也。从木，乔声，高而曲也。"在对"梁"的解释中又说："用水跨木也，即今之桥也。"可见，最早出现的桥梁应该是木梁桥。而这种木梁桥最初很可能是因树木倒下而自然形成的，后来人们从中受到启发，才逐渐出现了有意识的伐木搭桥。

在陕西西安半坡村距今有四千多年的新石器时代的遗址中，发现密集分布的圆形住房四五十座，而在这些建筑物的周围，挖有深、宽各五六米的大围沟。考古学家们推测，当年在大围沟中可能有水，主要起防御的功能。当时的人们为了出行，应该在大围沟上架有桥梁。而依据当时的技术水平，大概是用几根原木搭成的简支桥梁，如图 5-1 所示。

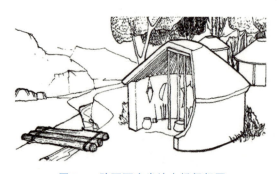

图 5-1 陕西西安半坡木桥假想图

除此之外,人们还利用自然形成的石梁或石拱、溪涧突出的石块、谷岸生长的藤萝等作为桥梁。

随着历史的发展,有关桥梁的记载也开始增多,诸如梁桥、浮桥、索桥等多种形式的桥梁也都逐渐出现了。

从工程技术的角度来看,我们可以将桥梁发展分为古代、近代和现代三个时期。

5.1.1 古代桥梁(1840年之前)

根据史料记载,我们中国在周代(公元前1046—前256年)就已建有梁桥,如公元前1134年左右,西周在渭水架有浮桥。世界范围内,古巴比伦王国在公元前1800年建造了多跨的木桥,桥长达183m。古罗马在公元前621年建造了跨越台伯河的木桥,在公元前481年架起了跨越赫勒斯旁海峡的浮船桥。古代美索不达米亚地区,在公元前4世纪时建起挑出石拱桥(拱腹为台阶式)。

在17世纪以前,木、石是建造古代桥梁的基本材料,桥分为石桥和木桥。

1. 石桥

石桥可以是梁桥,也可以是拱桥。据考证,中国早在东汉时期(25—220年)就出现石拱桥。现在尚存于河北的赵州桥(又名安济桥,如图5-2所示),建于595—605年,净跨径为37m,首创在主拱圈上加小腹拱的空腹式(敞肩式)拱。特别要提到的是,中国古代石拱桥拱圈和墩一般都比较薄、轻巧,如建于816—819年的宝带桥,全长317m,薄墩扁拱,结构精巧,如图5-3所示。

图5-2 河北赵县的赵州桥图

图5-3 江苏苏州的宝带桥

在古罗马时期,欧洲建造拱桥较多,如公元前200—200年在罗马台伯河建造了8座石拱桥,其中:建于公元前62年的法布里西奥石拱桥有2孔,各孔跨径为24.4m;公元98年西班牙建造了阿尔桥,高达52m。此外,出现了许多石拱水道桥,如现存于法国的加尔德引水桥,建于50年,是一座位于泽斯与尼姆之间的三层石头拱形桥,古罗马人动用一千余名奴隶耗时5年修建完工,桥高约50m,最高层长360m,分别由61133个大小不同的拱形桥洞组合而成,桥分为3层,最下层为7孔,跨径为16~24m,如图5-4所示。

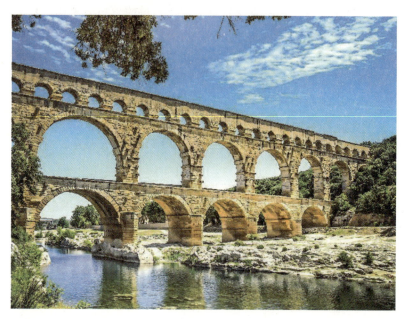

图 5-4　法国加尔德引水桥

罗马时代拱桥多为半圆拱，跨径一般小于 25m，墩很宽，约为拱跨的三分之一，例如罗马时代建造的列米尼桥。

罗马帝国灭亡后数百年，欧洲桥梁建筑进展不大。11 世纪以后，尖拱技术由中东和埃及传到欧洲，欧洲开始出现尖拱桥。如法国在 1178—1188 年建成的阿维尼翁桥，为 20 孔跨径达 34m 的尖拱桥，由于遭遇了数次罗纳河水的泛滥，如今仅剩下 4 个桥墩，如图 5-5 所示。英国在 1176—1209 年建成的泰晤士河桥为 19 孔跨径约 7m 的尖拱桥。西班牙在 13 世纪建了不少拱桥，如托莱多的圣玛丁桥。拱桥除圆拱、割圆拱外，还有椭圆拱和坦拱。1542—1632 年法国建造的皮埃尔桥为七孔不等跨椭圆拱，最大跨径约 32m。1567—1569 在佛罗伦萨的圣特里尼搭建了三跨坦拱桥，其矢高同跨度比为 1∶7。

石梁桥是石桥的又一形式。中国西部的陕西省西安市附近的灞桥原为石梁桥，建于汉代，距今已有 2000 多年。11—12 世纪南宋泉州地区先后建造了几十座较大型石梁桥，其中有万安桥（洛阳桥）、安平桥（五里桥）。

建于宋朝的福建泉州万安桥，于 1053—1059 年由蔡襄所建，是一座非常壮观的石梁桥，桥长 834m，共 47 孔，每孔用 7 根跨度 11.8m 的石梁组成，宽约 4.9m。该桥创新之处在于桥梁基础工程上使用筏形基础，采用生物工程方法，用牡蛎养在涨潮前的抛石基底和石砌墩身上，使胶结成整体，如图 5-6 所示。

福建泉州的安平桥是现存世界上最长的石梁桥，该桥始建于南宋绍兴八年（1138年），比万安桥晚了 70 多年，前后历经 13 年建成，长近五华里（俗称五里桥），共 352 孔，现存 2070m，被誉为"天下无桥长此桥"，如图 5-7 所示。

图 5-5　法国阿维尼翁桥

图 5-6　福建泉州万安桥

图 5-7　福建泉州安平桥

2. 木梁桥

早期木桥多为梁桥，如秦代在渭水上建的渭桥，即为多跨梁式桥。木梁桥的特点是跨径不大。伸臂木桥可以加大跨径，中国3世纪在甘肃安西与新疆吐鲁番交界处建有伸臂木桥，"长一百五十步"。405—418年在甘肃临夏附近河宽达130多米处建悬臂木桥，桥高达170多米。八字撑木桥和拱式撑架木桥亦可以加大跨径，16世纪意大利巴萨诺桥为八字撑木桥，如图5-8所示。

3. 木拱桥

木拱桥出现较早，104年在匈牙利多瑙河建成的特拉扬木拱桥，共有21孔，每孔跨径为36m，是古代木桥跨度的一个纪录。我国1041年在河南开封修建的虹桥，亦为木拱桥，其净跨约为20m。

据记载，虹桥始建于北宋庆历年间（1041—1048年），彼时，编木拱桥正风行中原地区。在张择端的《清明上河图》中，一座拱形桥梁宛如飞虹横跨汴水河，桥上熙熙攘攘、桥下舟船忙碌，一片祥和繁荣昌盛的气象——这座浓缩北宋市井繁华的桥梁，便是

图 5-8　意大利巴萨诺桥

著名的"汴水虹桥"。

日本在 1673 年左右修建的锦带桥为 5 孔石墩木拱桥,是一座横跨锦川的五拱桥,直线桥全长 193.3m,跨度 27.5m,石墩的高度是 6.6m,被列为日本三大名桥之一。值得一提的是,该桥是中国高僧戴曼公独立禅师帮助修建的。采用传统的木工工艺,全桥只用包铁和插销固定,是充分应用精巧的木工技术的桥梁结构,如图 5-9 所示。

图 5-9　日本锦带桥

5.1.2　近代桥梁（1840—1949 年）

18 世纪铁的生产和铸造,为桥梁提供了新的建造材料。但铸铁抗冲击性能差,属脆性材料，抗拉强度也低，易断裂，并非良好的造桥材料。1856年，德国人贝斯曼发明了转炉炼钢法；1864—1868年，法国人马丁和德裔英国发明家西门子共同发明了平炉炼钢法，也称西门子-马丁平炉炼钢法。19世纪50年代以后，随着酸性转炉炼钢和平炉炼钢技术的发展，钢材成为重要的造桥材料。相对于铸铁，钢材是很好的延性材料，其抗拉强度大，抗冲击性能好，尤其是19世纪70年代出现的钢板和矩形轧制断面钢材，为桥梁的部件在厂内组装创造了条件，使钢材在桥梁工程上的应用日益广泛。

18世纪初，欧洲人发明了水泥，它是用石灰、黏土、赤铁矿混合煅烧而成的。19世纪50年代生产出钢筋，在混凝土中放置钢筋可以弥补水泥抗拉性能差的缺点。于是19世纪70年代开始出现了钢筋混凝土桥。

1875—1877年，法国园艺家莫尼埃建造了一座人行钢筋混凝土桥，这是最早用钢筋混凝土材料建成的桥梁，跨径16m，宽4m。1890年，德国不来梅工业展览会上展出了一座跨径40m的人行钢筋混凝土拱桥。1905年，瑞士工程师罗伯特·亚尔建成塔瓦纳萨桥，跨径51m，这是一座箱形三铰拱桥，矢高5.5m。1928年，英国在贝里克的罗亚尔特威德建成4孔钢筋混凝土拱桥，最大跨径为110m。1934年，瑞典建成特拉贝里拱桥，跨径为181m，矢高为26.2m；1943年又建成跨径为264m、矢高近40m的桑德拱桥。

与此同时，桥梁的基础施工技术也得到快速发展，在18世纪开始应用井筒，英国在1750年修建跨越泰晤士河的威斯敏斯特拱桥时，木制沉井浮运到桥址后，先用石料装载将其下沉，而后修基础及墩。1851年，英国在肯特郡的罗切斯特处修建跨越梅德韦河的桥梁时，首次采用压缩空气沉箱。1855—1859年，在康沃尔郡的萨尔塔什修建罗亚尔艾伯特桥时，采用直径11m的锻铁筒，在筒下设压缩空气沉箱。1867年，美国建造跨越密西西比河的伊兹河桥时，也用压缩空气沉箱修建基础。但采用压缩空气沉箱法施工时，安全问题比较突出，若工人工作时间长或从压缩气箱中未经减压室骤然出来，或减压过快，易引发沉箱病。1845年以后，蒸汽打桩机开始用于桥梁基础施工。

1928年，法国早期的预应力混凝土专家弗雷西内经过20年的研究，首创了用高强钢丝和混凝土制成预应力钢筋混凝土。这种材料克服了钢筋混凝土容易产生裂纹的缺点。此后，预应力钢筋混凝土技术的研究越来越广泛和深入，随着高强钢丝和高强混凝土的不断发展，预应力钢筋混凝土桥结构不断改进，跨度不断提高。

20世纪30年代，预应力混凝土和高强度钢材相继出现，材料塑性理论和极限理论、桥梁振动和空气动力学，还有岩土力学等的研究获得了重大进展，为节约桥梁建筑材料、减轻桥重、计算确定预计基础下沉深度和确定其承载力提供了科学的依据。

美国旧金山金门大桥1933年动工，1937年5月28日通车运营，全长2737m，悬索桥，主跨度1280m，在当时是一次大胆的探索，成功挑战了当时业界尚有难度的1219m以上跨度的悬索桥。

在近代，我国的桥大多是外国人投资、设计和施工的，被称作"洋桥"，如济南跨越黄河的大桥是德国人修建的，跨越淮河的大桥是美国人修建的，哈尔滨跨越松花江的大桥是俄国人修建的。

我国直到1934—1937年，著名桥梁专家茅以升主持设计并修建了浙赣线的钱塘江大桥，开创了中国人设计建造大跨钢桥的先例。该桥为双层公铁两用钢桁梁桥，压气沉箱基础，全长 1400m；1937 年 9 月通车，同年 12 月侵华日军攻陷杭州，我国军队西撤后将桥毁坏；1948 年 5 月成功修复；2006 年 5 月 25 日被列为中国第六批"全国重点文物保护单位"。

近代桥梁建造，促进了桥梁科学理论的兴起和发展。1857 年由法国科学家圣维南在前人对拱的理论、静力学和材料力学研究的基础上，提出了较完整的梁理论和扭转理论。这个时期连续梁和悬臂梁的理论也建立起来，桥梁桁架分析（如华伦桁架和豪氏桁架的分析方法）也得到解决。19 世纪 70 年代后经德国科学家 K. 库尔曼、英国科学家 W. J. M. 兰金和 J. C. 麦克斯韦等人的努力，结构力学获得很大的发展，能够对桥梁各构件在荷载作用下发生的应力进行定量的分析计算。这些理论的发展，推动了桁架、连续梁和悬臂梁的发展。19 世纪末，弹性拱理论已较完善，促进了拱桥发展。20 世纪 20 年代土力学学科的进步，推动了桥梁基础的理论研究。

5.1.3 现代桥梁（1949 年至今）

20 世纪 60 年代以后，钢斜拉桥发展起来。瑞典建成的斯特伦松德海峡桥是世界上第一座钢斜拉桥，该桥由德国工程师 F. 迪辛格设计，建于 1956 年，跨径为 74.7m＋182.6m＋74.7m。这座桥的斜拉索在塔左右各两根，由钢筋混凝土板和焊接钢板梁组合作为纵梁。1959 年联邦德国建成的科隆钢斜拉桥，主跨 334m，钢桥的基础多用大直径桩或薄壁井筒；1971 年英国建成的厄斯金钢斜拉桥，主跨 305m。

1975 年法国建成的跨越卢瓦尔河的圣纳泽尔桥，主跨 404m。这座桥的拉索采用密束布置，使节间长度减少，梁高降低，梁高仅 3.38m。目前对钢斜拉桥抗风抗震性能的改进，使其跨径正在逐渐增大。

中华人民共和国成立后，随着国力的增强、经济的发展、科技的进步，桥梁事业有了明显发展，工程水平有了显著的提高。在国民经济恢复时期和第一个五年计划期间，国家投入了大量的资金和人力，迅速修复并加固了不少旧桥，也新建了不少重要大桥。在 20 世纪 50—60 年代，修订了桥梁设计规范，编制了桥梁设计标准，逐步培养并形成了一支桥梁工程设计与施工队伍，为桥梁工程的稳步发展创造了有利条件。

1957 年，我国修建了第一座长江大桥——武汉长江大桥，是中国湖北省武汉市境内连接汉阳区与武昌区的过江通道，位于龟山和蛇山之间的长江水道之上，是中华人民共和国成立后修建的第一座公铁两用的长江大桥，也是武汉市重要的历史文物标志性建筑之一，素有"万里长江第一桥"美誉，如图 5-10 所示。

该桥的设计以苏联专家为主，由中苏两国桥梁专家共同设计。该桥为公铁两用，下层为双线铁路，上层为 18m 宽的公路桥面，全桥总长 1670.4m，所用钢材为进口碳钢，铆接，手工操作，引进了苏联的机器样板钻孔，使钢梁制造做到了工厂化、标准化。

1969 年我国又在长江上建成了举世瞩目的南京长江大桥，这是我国自行设计、制造并全部使用国产高强钢材的现代大型公铁两用桥梁，如图 5-11 所示；在中国桥梁史乃至世界桥梁史上具有重要意义，是中国桥梁建设的重要里程碑。该桥下层为双线铁路，桥宽 14m，包括引桥在内，全长 6772m；上层公路桥，车行道宽 15m，总长 4589m。因桥址处水深流急，河床地质极为复杂，桥墩施工非常困难。该桥的建成，标志着我国钢桥建设技术已达到了世界先进水平。

图 5-10　武汉长江大桥

图 5-11　南京长江大桥

从 1957 年我国第一座跨越长江的公铁两用桥——武汉长江大桥建成通车，到 2021 年 4 月 30 日青山长江公路大桥建成通车，长江上自宜宾以下已建起了 123 座跨江大桥。

湖北是闻名全国的千湖之省，截至 2023 年底，长江湖北境内通车与在建的大桥有 43 座，是拥有长江大桥最多的省份。

2024 年初，仅仅是在湖北省会武汉市这个百湖之市里投入使用的长江大桥就有 11 座，按照建造时间分别是：武汉长江大桥（第 1 座）、武汉长江二桥（第 2 座）、白沙洲长江大桥（第 3 座）、军山长江大桥（第 4 座）、阳逻长江大桥（第 5 座）、天兴洲长江大桥（第 6 座）、二七长江大桥（第 7 座）、鹦鹉洲长江大桥（第 8 座，因红色又称红桥）、沌口长江公路大桥（第 9 座，因蓝色又称蓝桥）、杨泗港长江大桥（第 10 座，因黄色又称黄桥）、青山长江大桥（第 11 座）。此外，武汉还有两座长江大桥正在规划或建设中，分别是双柳长江大桥和汉南长江大桥。

5.2　分类与组成

5.2.1　桥梁的分类

5.2.1.1　按结构体系分类

按结构体系分类，是以桥梁结构的力学特征为基本着眼点对桥梁进行的分类，它有利于把握各种桥梁的基本特点，也是学习桥梁工程的重点之一。以主要的受力构件为基本依据，桥梁可以分为基本的三种：梁桥、拱桥、索桥。其中：梁桥最常见，刚构桥也属于梁桥的一种；拱桥依据承力部位（桥面位置）的不同，可分为上承式、中承式、下承式拱桥；索桥包括斜拉桥、悬索桥。

1. 梁桥

梁桥是一种最古老的桥型，即两座支墩之间架一梁，而相邻支座中心点的水平距离便是"跨度"，也正是它，体现了一座桥梁的跨越能力。1937年，中国人茅以升先生自行设计建造的第一座现代化大桥便是梁桥，即杭州钱塘江大桥。该桥的梁是钢桁架梁，它的最大跨度约66m，并且是在相邻两墩上共架一梁，称为简支梁桥。如果将它的梁体延伸，形成多墩架一梁，便进化为连续梁桥。由于梁体连续不间断，前后可以相互约束，因此连续梁桥拥有更高的承载能力，桥梁跨度也随之提高，例如武汉长江大桥就是连续钢桁架梁桥，最大跨度达128m。

梁桥的优点是能就地取材、工业化施工而且工期短、经济实用、耐久性好、适应性强、整体性好且美观，这种桥型在设计理论及施工技术上都发展得比较成熟。

梁桥的主梁是主要承重构件，受力特点为主梁受弯。大量梁桥的主要材料为钢筋混凝土、预应力混凝土，多用于中小跨径桥梁。

梁桥的缺点是结构本身的自重比较大，占全部设计荷载的30%～60%，且跨度越大，其自重所占的比值增大越显著，大大限制了其跨越能力。

刚构桥可提升桥梁的跨度、提升梁桥的载荷重量，它有和梁桥极其相似的外形，但它的梁体和桥墩被固结成为一个整体，因此可以共同抵抗梁体的弯曲，这就意味着在桥墩的协助下，梁体可以达到更大的跨度或是选择更加轻薄的桥面，例如长江中下游修建的第一座大型公路桥梁——黄石长江大桥，就是一座连续刚构桥，全长2580.08m，最大单跨245m，如图5-12所示。

图5-12 黄石长江大桥

但这种桥对热胀冷缩非常敏感，如果桥墩刚度过大，梁体的变形便无法释放，为此要设计更高的桥墩，以减小桥墩的刚度，以便更好地释放梁体的变形。于是，我们看到的很多刚构桥都有着很高的桥墩，这些桥墩从桥面直插谷底，尤其在高山峡谷地带，这种高桥墩非常合适，目前最高已突破190m，相当于一座60多层的高楼。

在平原上建桥需要降低桥墩高度,又要保证桥墩的柔性,就需要特殊的桥墩形态,如采用薄型桥墩。桥墩要薄,桥梁要稳,成本还要低,三者相互制约,让跨度超过300m的刚构桥屈指可数。

2. 拱桥

倘若面对峭壁深谷或是桥下交通的需要,竖直的桥墩无法安放时,就需要一种一跨而过的桥型,比如拱桥。赵州桥是一座拱桥,595—605年由李春设计建造,一千多年来几经洪涝、地震,其主体结构却依然完好。这种拱结构要求两端不仅要向上托起桥身,还必须提供强大的水平推力,正是这种推力牢牢抵抗住"拱"的变形,从而提高了拱桥的跨越能力。

支座提供强大的水平推力是拱桥独特的优势,却也是挑战。若遇上松软脆弱的地基,两端便无法提供强有力的支撑,这时只能通过尽量减轻桥梁自重来保持拱桥的稳定。例如由我国首创的桁架式拱桥,纤细的混凝土骨架让桥身更加轻盈,最大跨度达到330m,如图5-13所示。该桥的桥面在拱顶之上,也称为上承式拱桥。

图 5-13 桁架式拱桥

在拱两个支座间设置一"系杆",以系杆的拉力代替支座(拱脚)的推力成为系杆拱,如果下方的系杆也是桥面,则称为下承式拱桥,如图5-14所示。

随着普通混凝土拱桥达到跨越极限,越来越多的新式拱桥开始涌现,比如将混凝土填充在钢管中,从而比普通混凝土更加坚固牢靠,称为钢管混凝土。同时,钢管还能作为施工骨架,大大降低了拱桥的修建难度。更有甚者,以填充完毕的钢管为骨架在外层再次包裹混凝土,称为劲性骨架混凝土拱桥,如今这种桥的跨度已突破400m。1994年开工的重庆万州长江大桥,主跨420m,就是采用了劲性骨架混凝土拱,矢跨比1/5。

而随着我国钢铁产量跃居世界首位,各种形式的钢桥越来越多,钢拱桥也随之崛起,

图 5-14　系杆式拱桥

它能与桁架、刚构等结构进行组合。时至今日，拱桥的跨度已经达到 575m。怒江特大桥，主跨 490m，该钢拱桥是世界上跨度最大的铁路用钢拱桥，如图 5-15 所示；广西平南三桥的钢拱桥跨度达 575m，是世界上跨度最大的公路钢拱桥，其桥面在拱高的中间，也称中承式拱桥，如图 5-16 所示。

图 5-15　云南怒江特大桥

拱桥的优点是：跨越能力较大；与钢梁桥及钢筋混凝土梁桥相比，可以节省大量钢材和水泥；耐久性好，且养护、维修费用少；外形美观；构造较简单，有利于广泛采用。拱桥的缺点是：它使用的是一种推力结构，所以对地基要求较高；对多孔连续拱桥，为防止一孔破坏而影响全桥，要采取特殊措施或设置单向推力墩，以承受不平衡的推力，

图 5-16 广西平南三桥

从而增加了工程造价；在平原区修拱桥，由于建筑高度较大，两头的接线工程和桥面纵坡量增大，对行车极为不利。

3. 索桥

索桥的一种形式是斜拉桥，1991 年，中国第一座大跨度斜拉桥上海南浦大桥正式通车，它是我国自主建设最早的超大跨度桥梁，两塔之间跨度达到 423m，两塔与桥面间以 180 根钢索相连，如图 5-17 所示。

对于斜拉桥而言，这样的跨度并没有什么难度，根根拉索向上提拉，阻止梁体向下弯曲，极大地提高了桥梁延伸跨度。更重要的是，斜拉桥的对称形态让斜拉桥更容易实现力的平衡，稳定的三角结构则具备更强的抗风能力，因此这种桥逐渐成为众多跨海大桥的首选桥型。1937 年，出现了首座跨度超越 1000m 的斜拉桥——美国旧金山的金门大桥，跨度达到 1280m。然而，角度倾斜的拉索将沿着梁体轴向产生水平的"轴力"，随着跨度的延伸，拉索势必增加，这种轴力也将逐渐累积，直到梁体轴向受力太大，达到斜拉桥的跨度极限。

梁、索、塔为斜拉桥的主要承重构件，索塔上伸出的若干斜拉索在梁跨内增加了弹性支承，减小了梁内弯矩，从而增大跨径。受力特点为外荷载从梁传递到索，再从索传到塔。主要材料为预应力钢索、混凝土、钢材，适宜于中等或大型桥梁。

斜拉桥的优点是：梁体尺寸较小，使桥梁的跨越能力增大；充分发挥了索的抗拉优势，使桥整体比较轻盈；受桥下净空和桥面标高的限制小；抗风稳定性优于悬索桥，且不需要集中锚碇构造；便于无支架施工。斜拉桥的缺点：由于是多次超静定结构，计算

图 5-17　上海南浦大桥

复杂；索与梁或塔的连接构造比较复杂，索与梁的连接处易锈蚀；施工中高空作业较多，且技术要求严格。

悬索桥是索桥的另一种形式，它的跨度可以达到 1700m，是跨越能力最大的桥型，如图 5-18 所示。

图 5-18　悬索桥

高耸的桥（索）塔、弯曲的主缆、坚实的锚碇共同组成了悬索桥最基本的承重体系。和古老的索桥不同，现代悬索桥拥有格外坚韧的主缆，主缆是悬索桥的关键构件。例如江苏的五峰山长江大桥，它的主缆以直径 5.5mm 的高强钢丝为基本材料，127 根为一束，352 束为一缆，双缆并行，承载的钢梁重量超过 7 万吨，这个重量相当于 1000 架满载的 C919 大飞机，相比如此巨大的梁体，桥上往来的车流都显得微不足道，于是桥面不再像古老的索桥因外力上下波动，甚至足以同时通行 4 列高铁列车，这是中国人建造的世界第一座高铁悬索桥。和斜拉桥不同，悬索桥的吊索垂直于桥面，因此无论跨度多长都不会产生轴力挤压梁体，这也是众多难以逾越的天险都被悬索桥一一征服的原因。

主缆为悬索桥的主要承重构件，受力特点为外荷载从梁经过吊索传递到主缆，再从主缆传递到两个高耸的桥塔和两端的锚碇。主要材料为预应力钢索、混凝土、钢材，适宜于大型及超大型桥梁。

悬索桥的优点是：由于主缆采用高强钢材，受力均匀，具有很大的跨越能力，根据科学的推算，悬索桥的跨度至少能达到 5000m 之多；桥梁整体轻盈美观。其缺点是，整体刚度小，抗风稳定性不佳，需要极大的两端锚碇，费用高，难度大。

5.2.1.2　按跨径分类

按跨径分类是一种行业管理的手段，并不反映桥梁工程设计和施工的复杂性。表 5-1 是我国《公路工程技术标准》（JTG B01—2014）规定的按跨径划分桥梁的方法。

表 5-1　桥梁按跨径分类方法

桥 涵 分 类	多孔跨径总长 L（m）	单孔跨径 L（m）
特大桥	$L>1000$	$L>150$
大桥	$100 \leqslant L \leqslant 1000$	$40 \leqslant L<150$
中桥	$30<L<100$	$20 \leqslant L<40$
小桥	$8 \leqslant L \leqslant 30$	$5 \leqslant L<20$
涵洞	—	$L<5$

注：① 单孔跨径系指标准跨径。

② 梁式桥、板式桥的多孔跨径总长为多孔标准跨径的总长；拱式桥为两岸拱台内起拱线间的距离；其他形式桥梁为桥面系车道长度。

③ 管涵及箱涵不论管径或跨径大小、孔数多少，均称为涵洞。

④ 标准跨径：梁式桥、板式桥以两桥墩中线间距离或桥墩中线与台背前缘间距为准；涵洞以净跨径为准。

5.2.1.3　按主要承重结构所用的材料分类

按主要承重结构所用的材料来划分，桥梁可分为木桥、钢桥、圬工桥（包括砖、石、混凝土桥)、钢筋混凝土桥和预应力钢筋混凝土桥。

1. 木桥

木桥即用木料建造的桥梁。木桥的优点是可就地取材、构造简单、制造方便、自重轻、小跨度,多做成梁式桥。大跨度的木桥可做成桁架桥或拱桥。其缺点是容易腐朽、养护费用高、消耗木材且易引起火灾,故多用于临时性桥梁或林区桥梁。

2. 钢桥

钢桥即桥跨结构用钢材建造的桥梁。钢材强度大、性能优越、表观密度与容许应力之比值小,故跨越能力较大。钢桥的构件制造可以工业化,运输和安装都比较方便,架设工期较短,破坏后易修复和更换,但钢材易锈蚀,养护困难。

3. 圬工桥

圬工桥即用砖、石或素混凝土建造的桥。这种桥所用的材料有良好的抗压性能,但抗拉强度很低,故常做成以抗压为主的拱式结构,有砖拱桥、石拱桥和素混凝土拱桥等。由于石料抗压强度高,且可就地取材,故在公路和铁路桥梁中以石拱桥用得较多。

4. 钢筋混凝土桥和预应力钢筋混凝土桥

钢筋混凝土桥又称普通钢筋混凝土桥,即桥跨结构采用钢筋混凝土建造的桥梁。这种桥梁,沙石骨料可以就地取材、造价经济、维修简便、行车噪声小、使用寿命长,并可采用工业化和机械化施工;但自重大,对于特大跨度的桥梁,在跨越能力与施工难易度和速度方面常不及钢桥优越。

预应力钢筋混凝土桥是桥跨结构采用预应力混凝土建造的桥梁。这种桥梁,利用钢筋或钢丝(索)预张力的反力,可使混凝土在受载前预先受压,从而改善混凝土抗拉性能差的问题,在运营阶段不出现拉应力(称全预应力混凝土),或有拉应力而未出现裂缝或控制裂缝在容许宽度内(称部分预应力混凝土)。其优点是:能合理利用高强度混凝土和高强度的钢材,从而可节约钢材,减轻结构自重,增大桥梁的跨越能力;结构受拉区的工作状态得到改善,结构的抗裂性能得到提高,从而可提高结构的刚度和耐久性;在使用荷载阶段,具有较高的承载能力和疲劳强度;可采用悬臂浇筑法或悬臂拼装法施工,不影响桥下通航或交通;便于装配式混凝土结构的推广。

5.2.1.4 按汽车荷载等级分类

表 5-2 是我国《公路工程技术标准》(JTG B01—2014)规定的按汽车荷载等级划分桥梁的方法。

表 5-2　按汽车荷载等级分类表

公路等级	高速公路	一级公路	二级公路	三级公路	四级公路
汽车荷载等级	公路—Ⅰ级	公路—Ⅰ级	公路—Ⅱ级	公路——Ⅱ级	公路—Ⅱ级

二级公路作为干线公路且重型车辆多时，其桥涵设计可采用公路—Ⅰ级汽车荷载。

四级公路重型车辆少时，其桥涵设计可采用公路—Ⅱ级车道荷载效应的 0.8，车辆荷载效应可采用公路—Ⅱ级的 0.7。

5.2.2　桥梁的组成

桥梁的三个主要组成部分是上部结构、下部结构和附属结构。

1. 上部结构

上部结构由桥跨结构、支座系统组成。

桥跨结构或称桥孔结构，是桥梁中跨越桥孔的、支座以上的承重结构部分。按受力图示不同，分为梁式、拱式、刚架和悬索等基本体系，并由这些基本体系构成各种组合体系。它包含主要承重结构、纵横向联结系、拱上建筑、桥面构造和桥面铺装、排水防水系统、变形缝以及安全防护设施等部分。

支座系统是设置在桥梁上、下结构之间的传力和连接装置。其作用是把上部结构的各种荷载传递到墩台上，并适应活载、温度变化、混凝土收缩和徐变等因素所产生的位移，使桥梁的实际受力情况符合结构计算图示。它一般分为固定支座和活动支座。

2. 下部结构

下部结构由桥墩、桥台、墩台基础几部分组成。

桥墩、桥台是在河中或岸上支承两侧桥跨上部结构的建筑物。桥台设在两端，桥墩则在两桥台之间，如图 5-19 所示。除此之外，桥台还要与路堤衔接，并防止其滑塌。为保护桥台和路堤填土，桥台两侧常做一些防护和导流工程。

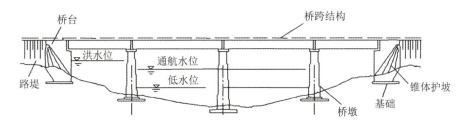

图 5-19　桥梁组成示意图

墩台基础是保证桥梁墩台安全并将荷载传至地基的结构部分，也就是桥台和桥墩下部的基础。

3. 附属构件

附属构件主要包括伸缩缝、灯光照明设施、桥面铺装、排水防水系统、栏杆（或防撞栏杆）等几部分。

伸缩缝：在桥跨上部结构之间，或桥跨上部结构与桥台端墙之间，设有缝隙以保证结构在各种因素作用下的变位。为使桥面上行驶顺直，无任何颠动，此间要设置伸缩缝构造。特别是大桥或城市桥的伸缩缝，不但要结构牢固，外观光洁，而且需要经常扫除深入伸缩缝中的垃圾泥土，以保证它的功能。

灯光照明设施：现代城市中标志性的大跨桥梁都装置了多变化的灯光照明设施，增添了城市中光彩夺目的夜景。

桥面铺装：或称行车道铺装，铺装的平整、耐磨性、不翘壳、不渗水是保证行车舒适的关键。

排水防水系统：应迅速排除桥面上积水，并使渗水可能降低至最小限度。此外，城市桥梁排水系统应保证桥下无滴水和结构上无漏水现象。

栏杆（或防撞栏杆）：既是保证安全的构造措施，又是有利于观赏的最佳装饰件。

5.3 结构形式和力学模型

按结构体系及其受力特点，桥梁可划分为梁、拱、索三种基本体系和组合体系，不同的结构体系具有不同的结构形式和受力特点，简述如下。

5.3.1 梁桥

1. 梁桥的结构体系

梁桥体系是一种在竖向荷载作用下没有水平反力的结构。荷载作用方向一般与梁的轴线接近垂直，在这种竖向荷载作用下，梁发生弯曲变形并产生竖向挠度，梁截面内产生弯矩和剪力，中性轴一侧材料受拉，另一侧材料受压，如图 5-20 所示。从受力角度看，梁桥体系的抗弯能力与抗剪能力同样重要。在偏心荷载作用下，梁还将发生扭转变形，产生扭矩。因此，梁是通过弯矩、剪力和扭矩，将荷载传到桥墩、桥台并最终传到墩台基础的。

梁桥的跨度相较于其他桥型一般偏小，但是梁高却较大，所以其体系刚度相对较大。梁桥通常用抗拉、抗压能力强的材料（钢、钢筋混凝土、钢-混凝土组合结构等）来建造，其优点是制造和架设均比较方便，因此使用广泛，在桥梁建筑中占有很大比例。

梁桥是所有桥梁体系中最基本的一类，按照受力特点的不同可以分为简支梁桥、悬臂梁桥、连续梁桥和刚构桥等几种桥型。梁桥的雏形在古代已经出现，近现代的新材料、新施工技术和新设计理论的出现，大大带动了梁桥体系的发展。

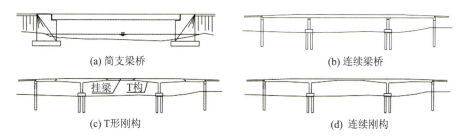

图 5-20　梁式桥

20世纪30年代，预应力混凝土和高强度钢材相继出现，力学方面的研究取得了巨大的进展，使预应力混凝土桥和钢桥得以蓬勃发展。新材料和理论的发展也赋予了梁桥体系新的内涵，不仅增大了简支梁、悬臂梁、连续梁等各种梁桥的跨径，还促使了刚构等新的梁式体系出现。工程中常见的梁式体系有简支梁、悬臂梁、连续梁、T形刚构和连续刚构等，如图 5-21 所示。

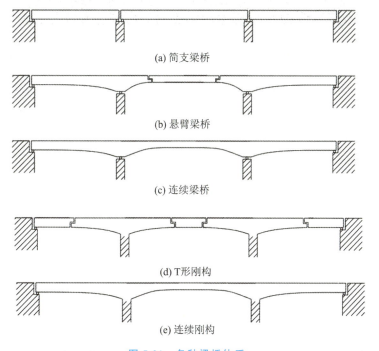

图 5-21　各种梁桥体系

简支梁桥是最简单的结构体系，主梁搭设在两个桥墩之间，墩梁之间设有支座，如图 5-21（a）所示。20世纪六七十年代建造的简支梁，多为钢筋混凝土简支T梁桥，其跨径通常为20m左右。随着预应力技术的广泛使用，简支梁桥的跨径得到大幅提升。20世纪80年代在黄河上修建的几座预应力混凝土简支T梁桥，如洛阳黄河大桥、郑州黄河大桥和开封黄河大桥，跨径都在50m左右。1988年建成的浙江瑞安飞云江大桥，跨径组合为（18×51+6×62+14×35）m，是中国最著名的简支梁桥之一，如图 5-22 所示。但过大跨径的简支梁，其主梁过大，既增加了造价，又加大了吊装难度。简支梁的跨径一般在40m以内较为经济合理。

图 5-22　瑞安飞云江大桥

悬臂梁桥是由支点处向两边自由悬出的简支梁作为上部主要承重构件的梁桥，如图5-21（b）所示。早在1964年联邦德国就在柯布伦茨建成了主跨为209m的本多夫桥；1972年日本建成的港大桥为悬臂梁钢桥，由235m锚孔和162m悬臂、186m悬孔所组成；1976年日本又建成了滨名桥，主跨达到240m；而1979年巴拉圭建造了主跨为270m的三跨T构桥，至今为止仍为世界上跨度最大的预应力混凝土悬臂梁桥。1980年中国建成的重庆长江桥，主跨为174m，也是一座公路预应力混凝土悬臂梁桥，如图5-23所示。悬臂梁桥的优点是结构静定，内力不受温度、地基沉降等作用的影响，然而由于其复杂的牛腿构造和过多的接缝影响了设计和通行，悬臂梁桥已经逐渐淡出人们的视野，被连续梁桥、刚构桥所取代，因为后两者的受力性能更好，构造更简单。

图 5-23　重庆长江桥

连续梁桥是主梁在桥墩上连续支承并与桥墩以铰的方式连接的梁式桥，属于超静定结构体系，如图 5-21（c）所示。1966 年建成的法国奥莱隆桥，是一座预应力混凝土连续梁高架桥，共有 26 孔，每孔跨径为 79m。同年美国完工的俄勒冈州阿斯托里亚桥，是一座连续钢桁架梁桥，跨径达 376m。日本、俄罗斯也于 1966 年分别建造了一些钢和预应力混凝土连续梁桥。1968 年我国建成的南京长江大桥，是一座公铁两用的连续钢桁架梁桥，正桥（128＋9×160＋128）m，全桥长 6km，如图 5-24 所示。后来的二三十年内，我国相继建造了多座大跨度预应力混凝土连续梁桥。1995 年，云南建成了主跨 154m 的六库怒江大桥，它是当时国内同类桥梁中跨径最大的。而 1994 年在挪威建造的法罗德 2 号桥，主跨跨径 260m，是目前世界上跨径最大的预应力混凝土连续梁桥。

图 5-24　南京长江大桥

刚构桥是主梁与桥墩刚性连接并与桥墩一起形成刚架的梁桥，分为 T 形刚构和连续刚构，如图 5-21（d）和（e）所示。刚构桥结合了连续梁和悬臂梁的优点，因此得到了迅速推广。1974 年法国建成博诺姆桥，主跨跨径为 186.25m；1985 年澳大利亚修建了门道桥，主跨跨径为 260m。我国于 1988 年建成的广东洛溪大桥（主跨 180m），开创了我国修建大跨径连续刚构桥的先例，十多年来，连续刚构桥在我国得到了迅猛的发展。1997 年建成的虎门大桥副航道桥（主跨 270m）为当时 PC 连续刚构世界第一。1998 年挪威建成了后来主跨世界第一的 Stolma 桥（主跨 301m，如图 5-25 所示）和世界第二的拉夫特桥（主跨 298m），将 PC 连续刚构桥跨径发展到顶点。2006 年我国在重庆修建的石板坡长江大桥复线桥又将连续刚构桥的跨径纪录刷新到 330m。

2. 梁桥的基本受力性能

梁桥体系的形式多种多样，但传力机理是基本一致的。以最常见的简支梁桥为例，其传力途径是：车辆和行人荷载→桥面构造→主梁→支座→墩台→基础，如图 5-26 所示。

图 5-25　挪威 Stolma 桥

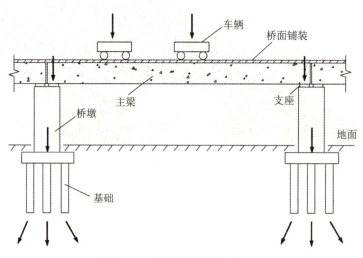

图 5-26　简支梁桥传力示意图

桥面铺装一般采用柔性材料，不能参与结构受力，因此主梁成为结构体系中的主要受力构件。梁桥的水平力通常较小，主梁主要承受弯矩，同时在端部还承受较大的剪力，因此主梁在跨中会产生较大的挠度，在端部则产生转角。

由于梁内弯矩较大，通常主梁需要用抗拉、抗压性能好的材料（如钢、木、钢筋混凝土等）来建造。木桥使用寿命不长，除了战备需要或临时性桥梁外，一般很少采用。目前在公路上应用最广的是混凝土梁桥。由于弯矩使主梁截面一侧受压一侧受拉，因此对于跨度较大的混凝土梁桥，应合理布置预应力束来改善结构受力，提高跨越能力。当然对于大跨径或承受很大荷载的情况也可建造钢桥。混凝土梁桥常见的横截面有板式、肋梁式和箱形三大类型，而钢桥主梁除了工字梁、箱梁外，常见类型还有桁架梁。

随着交通流量的不断扩大,现代梁桥的桥面也越来越宽。对于装配式T形梁桥而言,为了将各根主梁相互连接成整体,通常需要设置横隔梁。横隔梁的刚度越大,桥梁的整体性越好,在荷载的作用下各主梁就能更好地共同工作。

桥梁支座是桥梁重要的传力装置之一,应该满足以下功能要求:具有足够的承载能力,以保证安全可靠地传递竖向荷载;有适当的变形能力以符合主梁的变形要求;便于安装、养护、维修和更换。支座的分类方法很多,就变位方式而言,梁桥的支座一般有固定支座和活动支座两种。固定支座既要固定主梁在墩台上的位置,并传递竖向压力和水平力,又要保证主梁发生挠曲时在支承处能自由转动。活动支座只传递竖向压力,但它要保证主梁在支承处既能自由转动又能水平移动。

桥墩一般是指多跨桥梁的中间支承结构物,它除了承受上部结构的竖向力、水平力和弯矩外,还要承受流水压力、风力,以及可能出现的地震力、冰压力及船只或漂浮物的撞击力等。

桥台除了支承桥跨结构外,它又是衔接两岸线路的构筑物;它既要挡土护岸,又要承受台背填土及填土上车辆荷载所产生的附加侧压力。因此,桥梁墩台不仅本身应具有足够的强度、刚度和稳定性,而且对地基的承载力、沉降量、地基与基础之间的摩阻力等也有一定要求,以避免在这些荷载的作用下有过大的水平位移、转动或沉降发生。

基础一般承担较大的竖向压力和弯矩。在梁桥体系中常见的基础形式是浅基础和桩基。浅基础包括刚性扩大基础、柱下独立基础等。浅基础造价便宜,设计简单并且施工方便,但当地基浅层土质不良时,采用浅基础可能无法满足建筑物对地基强度、变形和稳定性方面的要求,此时往往采用桩基。桩基具有承载力高、稳定性好、沉降量小、施工方便等特点。

根据梁桥的基本受力性能,在梁桥的结构分析中,桥面铺装一般仅作为荷载考虑;主梁、桥墩可用梁单元模拟;而支座和基础则常常简化为梁端、墩底的约束。为了便于计算往往不计基础的柔度,将墩底作为固结边界考虑,同时将沉降量作为边界的强迫位移施加到墩底。

但对于连续刚构等基础刚度对结构受力影响明显的梁式桥,必须明确地质条件,用弹簧单元来模拟基础刚度。通常情况下的简支梁桥平面计算如图5-27所示。

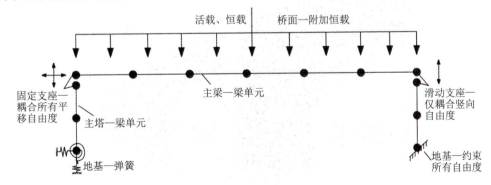

图5-27 简支梁桥简化计算图式

5.3.2 拱桥

5.3.2.1 拱桥的结构体系

拱桥是所有桥梁体系中变化最多的结构，从拱形上分为圆弧拱、抛物线拱、悬链线拱、折线拱等，从桥面与拱肋相对位置上分为上承式、中承式及下承式拱桥，按拱截面形式又可分为板拱、肋拱、箱拱、桁架拱、刚架拱，从受力上可分为有推力与无推力体系拱桥、简单体系拱桥、组合体系拱桥等。新材料、新工艺和新理论的出现，大大推动了拱桥体系的发展，使拱桥形式千姿百态。

拱桥的受力特点是，将竖向荷载产生的轴力由拱顶向拱脚传递，转变为拱脚处的竖向力和水平推力。水平推力的存在大大减小了拱肋中的弯矩，使主拱截面材料强度得到充分发挥，跨越能力增大。

按拱圈（肋）结构的静力图式，拱分为无铰拱、双铰拱、三铰拱。前两者属超静定结构，后者为静定结构。无铰拱的拱圈两端固结于桥台（墩），结构最为刚劲，变形小，比有铰拱经济；但桥台位移、温度变化或混凝土收缩等因素对拱的受力会产生不利影响，因而修建无铰拱桥要求有坚实的地基基础。双铰拱是在拱圈两端设置可转动的铰支承，铰可允许拱圈在两端有少量转动的可能；结构虽不如无铰拱刚劲，但可减弱桥台位移等因素的不利影响。三铰拱则是在双铰拱顶再增设一铰，结构的刚度更差些，但可避免各种因素对拱圈受力的不利影响。

石拱桥和早期的铸铁拱桥多为无铰拱，随着弹性拱理论的发展以及锻铁、钢等新材料的应用，无铰拱桥的跨径有了很大提高。

第一座无铰钢拱桥是美国密西西比河的圣路易斯桥，该桥建于1874年，是一座三跨上承式钢桁拱桥，跨径布置为155.1m、158.6m及153.1m。每跨4肋，每片拱肋由2根上下平行的弧形钢管组成，用斜腹杆联系，如图5-28所示。此桥的建成开启了大跨径钢拱桥的新时代。

图 5-28 圣路易斯桥

两拱脚处均设铰的拱为双铰拱,较之无铰拱可以减小因基础位移、温度变化以及混凝土收缩和徐变等引起的附加应力。双铰拱受力最不利的位置在拱顶,于是产生了截面由拱顶向拱脚逐渐变窄的月牙形拱。1877年葡萄牙建成的皮亚·马里亚桥是早期的锻铁月牙形拱桥,堪称拱桥结构艺术的典范,如图5-29所示。

图5-29　皮亚·马里亚桥(双铰月牙形拱)

三铰拱一般在两拱脚和拱顶处设铰,为静定结构。但由于拱顶铰的构造复杂且不利于行车,较少采用该类桥型。20世纪初法国修建了Alexandre Ⅲ桥等三铰钢拱桥。1930年瑞士建成的萨尔基那山谷桥是钢筋混凝土三铰拱桥的代表。该桥主跨90m,为箱形截面三铰拱,如图5-30所示。拱的边梁和桥面与箱形拱肋用钢筋相连,参与总体受力。

图5-30　萨尔基那山谷桥

除了以上简单体系拱桥以外,单铰拱桥理论上是可行的,但实际建造较少。

除此之外还有梁拱组合体系桥梁，由于其计算复杂，近代建成的实桥数量有限。梁拱组合体系是将拱和梁两种基本结构组合起来，共同承受荷载，充分发挥梁受弯、拱受压的结构特征及其组合作用，达到节省材料目的的结构体系。

5.3.2.2 拱桥的体系组成与受力特性

1. 拱桥体系组成

上承式拱桥主要由主拱圈和拱上建筑构成，各主要组成部分如图 5-31 所示，拱上建筑可做成实腹式或空腹式，相应称为实腹拱桥和空腹拱桥，空腹拱桥还需有立柱等将拱上建筑的荷载传给主拱圈。

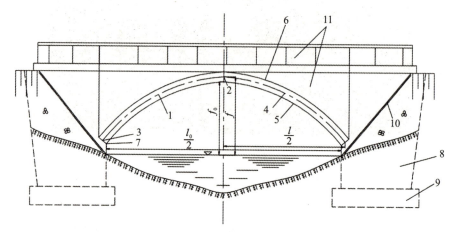

图 5-31　上承式实腹式拱桥

1—主拱圈；2—拱顶；3—拱脚；4—拱轴线；5—拱腹；6—拱背；
7—起拱线；8—桥台；9—桥台基础；10—锥坡；11—拱上建筑；
l_0—净跨径；l—计算跨径；f_0—净矢高；f—计算矢高；f/l—矢跨比

中、下承式拱桥的桥跨结构一般由拱肋、横向联系、吊杆及桥面系等组成，各主要组成部分如图 5-32 所示。拱肋是主要的承重构件，横向联系设置在两片拱肋之间，用以增加分离式拱肋的横向刚度和稳定性，提高拱承受横向作用的能力；系杆或纵梁一般与拱肋共同受力，并将桥面荷载通过吊杆传递到主拱肋上。

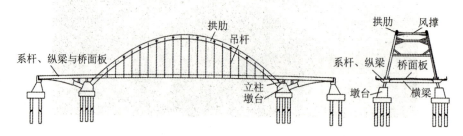

图 5-32　中、下承式拱桥

2. 体系受力特性

拱桥可分为简单体系拱桥和组合体系拱桥。下面对这两种体系分别进行分析，探讨拱桥的受力性能。

1) 简单体系拱桥

在拱桥中，行车道梁不与主拱一起受力，主拱以裸拱的形式作为主要承重结构，称为简单体系拱桥。

简单体系拱桥的传力路径为车辆和行人荷载→桥面构造→立柱或吊杆→主拱→墩台→基础，如图 5-33 所示。

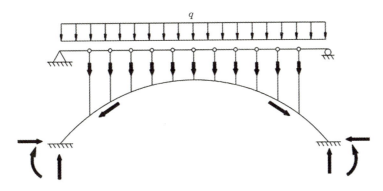

图 5-33 简单体系拱桥的传力路径

简单体系拱桥的全部荷载由主拱承受，在竖向荷载作用下拱脚处存在水平力是简单体系拱桥的重要特征，正是这个水平力，大大减小了拱圈的弯矩，使之成为偏心受压构件，截面上的应力分布（图 5-34（a））与受弯梁的应力分布（图 5-34（b））相比截然不同，可以充分利用主拱材料强度，使跨越能力增大。

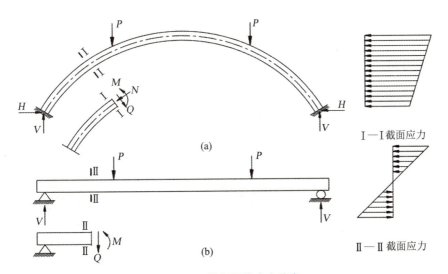

图 5-34 拱和梁的应力分布

2）组合体系拱桥

在拱式桥跨结构中，行车道梁与拱共同受力，称为组合体系拱桥或梁拱组合体系桥梁。

它将拱和梁两种基本结构组合起来，共同承受荷载，充分发挥梁受弯、拱受压的结构特征及其组合作用，达到节省材料的目的。

由于行车系与主拱的组合方式不同，组合体系拱桥的传力方式也不同。

组合体系拱桥可以分成有推力和无推力两种。无推力的组合体系拱桥拱的推力由系杆承受，墩台不承受水平推力。以下承式简支梁拱组合体系为例，拱的推力由系杆承受，墩台不承受水平推力。其传力路径为车辆和行人荷载→桥面系→吊杆→主拱→墩台与系杆→基础，如图5-35所示。

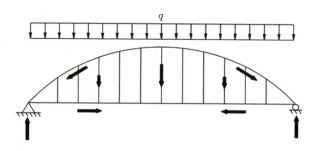

图 5-35　无推力组合体系拱桥传力路径

有推力的组合体系拱桥的墩台仍承受拱的推力，其中原理这里就不详细叙述了。

5.3.3　斜拉桥

1. 斜拉桥的结构体系

斜拉桥又名斜张桥，是由塔、梁、索和基础共同受力的结构体系。其因跨越能力大、受力明确、力学性能好，在过去半个多世纪里取得了快速发展。

近代斜拉桥的构思可以追溯到17世纪，意大利人Faustus Verantius提出了一种由斜向杆悬吊木桥面的桥梁体系，但没有得到发展。后来，欧美国家尝试修建以木、铸铁或铁丝等材料作为拉索的斜拉桥。如18世纪，德国人Immanuel采用木塔架和木斜杆建成了跨径为32m的斜拉桥；1817年，英国建成了一座跨径34m的人行木制斜拉桥，拉索采用铁丝制成；1821年，法国建筑师Poyet推荐用锻铁杆件将梁吊到相当高的索塔上，并建议采用扇形布置的拉索（辐射型），所有拉索都锚固于索塔顶部。然而，该时期所有的尝试都没有本质上的突破，即斜拉索未引入预张力，这从根本上限制了斜拉桥的发展。

17—20世纪上半叶为斜拉桥的探索时期，其发展缓慢的客观原因是：

（1）建桥材料上，拉索多以木材、圆铁、各种铁链条为主，材料强度较低，没有进行预张拉，在非对称荷载作用下容易退出工作，从而使加劲梁在荷载作用下产生大的变形和内力，最终引起结构出现整体破坏。

（2）理论上对这种斜拉结构还缺乏认识，特别是拉索在受载后的力学性能，而用当时的分析方法来计算高次超静定结构也十分困难。

（3）构造处置欠妥当，索网布置不合理导致传力不畅，某些拉索无法参与受力等。

这期间，工程界开始注重拉索的材料以及构造、布置形式的研究，并在实际工程尝试的同时对斜拉桥体系进行了理论上的分析总结，为现代斜拉桥的出现及发展奠定了基础。

斜拉桥主要由五部分组成——索塔、加劲梁、拉索、墩台和基础，有时在边跨还设置辅助墩，如图 5-36 所示。

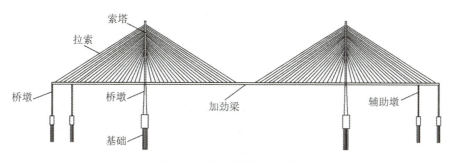

图 5-36 斜拉桥结构示意图

加劲梁是斜拉桥的主要受力构件之一，直接承受自重和车辆荷载，并将主要荷载通过斜拉索传递到索塔，表现为压弯受力状态。索塔也是斜拉桥的主要受力构件，除自重引起的轴力外，还要承受斜拉索传递来的轴向和水平分力，因此索塔同时承受巨大的轴力和较大的弯矩，属于压弯构件。主墩承受斜拉桥绝大部分荷载作用，并将此传给基础。上部结构的所有荷载由基础传至地基，基础一般承受较大的竖向力和弯矩。对于大跨径斜拉桥，在边跨设置一个或多个辅助墩，可改善成桥和施工状态下的静力性能和动力性能。

2. 斜拉桥的受力特性

一般情况下，斜拉桥的传力路径为荷载→加劲梁→拉索→索塔→墩台→基础，拉索与塔、梁之间构成了三角形结构来承受荷载，如图 5-37 所示。无论是施工阶段还是成桥运营阶段，利用拉索的索力调整，可改变结构的受力状态。

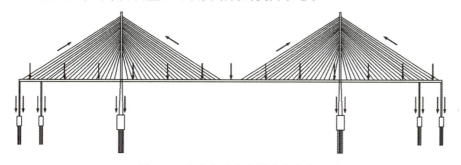

图 5-37 斜拉桥荷载传递路径示意图

加劲梁与和它连在一起的桥面系，直接承受活载作用，是斜拉桥主要承重构件之一，具有以下特点：

（1）跨越能力大。加劲梁受拉索支承，像弹性支承连续梁那样工作。由于拉索的可调性、柔软性和单向性，对加劲梁的支承作用在恒载下最有效，活载次之，风荷载最差。从连续梁桥和斜拉桥的恒载弯矩比较图中可以看出，由于拉索的作用，加劲梁恒载弯矩很小，如图 5-38 所示。

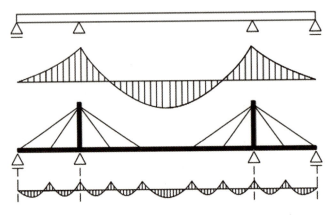

图 5-38　连续梁桥和斜拉桥恒载弯矩比较图

（2）梁高小。与连续梁相比，拉索的多点弹性支承使加劲梁的弯矩峰值急剧降低，因此加劲梁不需要像连续梁那样，通过加大梁高来抵抗外力。斜拉桥的加劲梁梁高常由横向受力、拉索间距和轴向受压稳定性确定。

（3）拉索的水平分力由加劲梁的轴力平衡。由于斜拉索水平分力的作用，越靠近索塔，加劲梁轴力越大，拉索在混凝土主梁中提供了免费的预应力。

但随着跨径的增大，梁体内强大的轴向压力成为设计的控制因素，阻碍了斜拉桥跨径进一步增大，从而出现了部分地锚斜拉桥体系。

（4）斜拉索的索力可以进行人为调整，以优化恒载内力，消除混凝土收缩徐变产生的部分附加内力，使结构受力合理。

加劲梁从截面形式上，可以分成板式梁、实体梁、箱梁等，可根据桥宽、索面布置形式、结构的抗风要求和梁的材料等综合确定。超大跨径斜拉桥更多采用流线型扁平钢箱梁截面。

索塔是受压为主的压弯构件，上部结构的荷载通过拉索传到索塔，再传递给墩台及下部基础。塔内的弯矩主要由索力的水平分量差引起。此外，温度变化、日照温差、支座沉降、风荷载、地震力、混凝土收缩徐变等都会对索塔的受力产生影响。

从材料上，斜拉桥索塔可以分为钢筋混凝土塔、钢塔和钢-混凝土混合塔等。塔与梁、墩既可固结，也可相互分离，其受力特点有所不同。

斜拉索是主要传力构件，将索塔、加劲梁连接在一起，使整个结构形成一种以自身对称稳定来维持平衡的内部高次超静定结构体系。加劲梁恒载和大部分活载都通过斜拉索传递到索塔。斜拉索只能承受拉力，在自重作用下会产生垂度效应，非线性问题比较突出。斜拉索的抗拉刚度不但和自身截面特性有关,还与其自重和所受拉力有关。

拉索按其构造和受力性能大体可分三类,后两种在工程中已很少使用。

(1) 柔性索。包于高强钢丝外的索套作为防锈蚀材料,不参加索的受力。索在自重作用下有垂度,垂度大小受到索力影响,属于几何非线性构件,计算中可忽略索抗弯刚度的影响。它分为平行钢丝配以冷铸墩头锚系统和钢绞线配以群锚系统两种类型。前者质量保证性较好,拉索锚固空间小;后者可较方便地进行单根钢绞线安装及张拉,张拉力小,对施工设备要求低,但拉索面积大,因此受风面积大,还需要较大的锚固空间。

(2) 半刚性索。高强钢丝的索套可以采用钢管。这样的索套在最不利荷载组合作用下可与高强钢丝共同工作。索在自重作用下仍有垂度影响,在计算中可按柔性索的相同图式来考虑,所不同者在于应把索套按其弹性模量等换成钢丝,作为索面积的一部分。

(3) 刚性索,实质上是拉杆。预应力混凝土斜拉杆(板)为拉弯构件,可提高结构整体刚度。混凝土包裹预应力索,可以解决其防腐问题。预应力索与混凝土相粘结,在活载作用下,其应力幅比钢拉索大幅度减小。

主墩承受斜拉桥绝大部分荷载作用,并将此传给下部基础。墩和塔、梁的不同结合方式直接影响到这个体系的受力特性。

辅助墩对于斜拉桥的受力性能有着不可忽视的作用,尤其是对于大跨径斜拉桥,由于在活载作用下锚墩支座反力和端锚索应力幅变化较大,单靠调整边中跨比来协调上述二者之间的矛盾往往是很困难的。若在边跨适当位置处设置一个或多个辅助墩,可以改善成桥状态下的静力性能、动力性能,同时还可使边跨提前合龙,提高最不利悬臂施工状态的稳定性,降低施工风险。

5.3.4 悬索桥

1. 悬索桥的结构体系

经历了塔科马桥风毁事件之后,悬索桥的发展停滞了近十年。1950 年,塔科马桥进行重建,抗风性能开始受到关注,悬索桥进入现代发展阶段。

1966 年,英国修建的塞汶桥首次采用扁平流线型钢箱梁代替桁架梁,通过改变加劲梁的抗扭刚度和外形来提高悬索桥的空气动力稳定性。与美式悬索桥相比,扁平钢箱梁不仅有更好的空气动力稳定性,且梁低,自重小,成为后期悬索桥的发展主流。

塞汶桥(Severn Bridge),建于 1966 年,主跨 987.55m,边跨 304.8m,梁高 3m,高跨比 1:324,与塔科马桥的 1:350 非常接近。但塔科马桥的板梁锐利的边缘被流线型代替,开口截面很小的抗扭刚度被宽箱梁的大抗扭刚度所代替,这是一次世界桥梁史上公认的重大进步,如图 5-39 所示。

塞汶桥标志着悬索桥不再局限于桁架梁和钢桥塔的美式体系,开始以扁平钢箱梁为主流,并出现了混凝土桥塔。

为了提高结构刚度和阻尼,英国人在塞汶桥中做了另一改革:将传统的竖直吊杆改

图 5-39 塞汶桥

为斜吊杆。当发生风激振动时，倾斜吊杆将引起吊杆力循环变化，产生阻尼作用。但由于斜吊杆在汽车荷载作用下出现了很严重的疲劳问题，因此第一博斯普鲁斯桥和亨伯尔桥之后就很少使用。

地锚式悬索桥主要由桥塔、主缆、加劲梁、吊索、鞍座、索夹、锚碇构成，如图 5-40（a）所示。自锚式悬索桥的主缆锚于加劲梁上，没有锚碇，如图 5-40（b）所示。

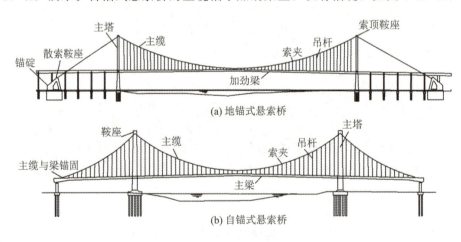

图 5-40 悬索桥结构示意图

加劲梁主要提供抗扭刚度和荷载作用面，并将荷载传递给吊杆。吊杆连接主缆和加劲梁，并将加劲梁传来的荷载传递给主缆。主缆是悬索桥的主要承重构件，承受活载和加劲梁、吊杆及自身的恒载等。索顶鞍座是主缆转向装置，并将缆力的竖向分力传递给桥塔。桥塔起支承主缆的作用，承受缆力的竖向分力和不平衡水平力。散索鞍座在主缆进入锚碇前起分散主缆和转向作用。锚碇（地锚式悬索桥）是锚固主缆的构造物，根据构造的不同以不同方式承担主缆缆力。

2. 基本受力性能

悬索桥属柔性结构，是依靠主缆初应力刚度抵抗变形的二阶结构，整体受力表现出显著的几何非线性。成桥时，结构自重由主缆和主塔承担，加劲梁则由施工方法决定受力状态，成桥后作用的荷载由结构共同承担，受力按刚度分配。荷载传递路径为加劲梁→吊索→主缆→桥塔→锚碇（地锚式悬索桥）或加劲梁（自锚式悬索桥），如图5-41所示。

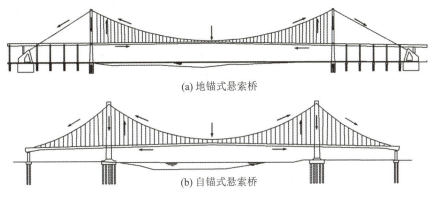

(a) 地锚式悬索桥

(b) 自锚式悬索桥

图 5-41　悬索桥传力路径示意图

加劲梁是保证车辆行驶的传力构件。地锚式悬索桥加劲梁在一期恒载作用下仅受梁段节间自重弯矩，在二期恒载和活载作用下主要承受整体弯曲内力，但由于主缆强大的"重力刚度"，大部分荷载分配给了主缆承担。因此，大跨径悬索桥加劲梁的挠度从属于主缆，以致增大加劲梁截面尺寸会出现增大梁内应力现象。随着跨径的增大，加劲梁退化为传力构件。由于加劲梁在横桥向没有多点约束，因此需要足够的横向抗弯刚度和扭转刚度。自锚式悬索桥的加劲梁受力与地锚式悬索桥不同，主缆不提供重力刚度，加劲梁通过弯曲承担很大部分荷载。除受弯外，还要承受锚固在主梁两端的主缆传递来的轴向压力。因此，自锚式悬索桥加劲梁的截面尺寸较大。

吊索是联系加劲梁和主缆的纽带，受轴向拉力。吊索内恒载轴力的大小，既决定了主缆的成桥线形，也决定了加劲梁的恒载弯矩，是决定悬索桥受力状况的关键。

竖直布置的吊杆只承受拉力作用，但斜吊杆会因为汽车荷载或风荷载作用不断产生拉、压交变应力，存在严重的疲劳问题。

主缆是结构体系中的主要承重构件，属几何可变体，承受拉力。主缆在恒载作用下具有很大的初始张拉力，对后续结构提供"几何刚度"，不仅可以通过自身弹性变形，而且可以通过几何形状的改变影响体系平衡，表现出大位移非线性的力学特征。这是悬索桥区别于其他桥型的重要特征之一，也是悬索桥跨径不断增大、加劲梁高跨比减小的根本原因。

主缆分担活载的大小与"重力刚度"有关。悬索桥跨径越大，主缆的"重力刚度"越明显，分担的活载比例越大。大跨径悬索桥的主缆往往承担80%以上的活载；而中小跨径悬索桥的主缆分担活载较小。主缆的"重力刚度"使大跨径悬索桥可以采用柔性加劲梁。一般悬索桥采用双主缆，但也有单主缆、多主缆或空间主缆的设计形式。如果主缆太粗会导致过鞍处缆中弯曲应力过大和架设困难，也可以一侧安置两根。

桥塔是压弯构件。在竖向，桥塔承担以恒载为主的主缆竖向分力（压力）。在纵桥向，成桥时，恒载引起的主缆水平力在桥塔两侧基本平衡，不对桥塔产生弯矩；使用阶段，活载使塔两侧产生不平衡拉力，塔顶会发生纵向水平位移。当位移量达到一定值时，桥塔两侧主缆水平力达到新的平衡。此时，桥塔相当于一根一端固结、一端弹性支承的梁，在支承端发生水平位移，塔底会产生弯矩。由于主塔水平抗推刚度相对较小，塔顶水平位移主要由中、边跨主缆平衡条件决定。塔内弯矩大小取决于塔的弯曲刚度，增大主塔纵向尺寸反而会增加塔底应力。

锚碇承担主缆拉力。一般锚碇为重力式锚，主缆通过钢框架后锚梁直接锚于锚碇后部，锚碇内部受压力作用。重力式锚碇在竖向依靠自身重力抵抗主缆上拔力；水平方向上依靠锚碇与地基之间的摩擦抵抗主缆水平力；靠自身重力抵抗主缆拉力产生的倾覆力矩。因此，重力式锚碇对地基的要求比较高。当地基承载能力较差时，如软土地基，锚碇不仅会产生下沉、滑移、蠕变，还可能会发生倾覆。

根据悬索桥的基本受力特性，整体计算时：桥塔、加劲梁和主缆、吊索均可简化成杆系结构，桥塔和加劲梁采用梁单元模拟，主缆吊索采用索单元；锚碇用边界条件代替，在需要进行局部分析时再视情况采用板壳单元或实体单元模拟。

5.4 加固与改造

本节主要介绍大幅度提升桥梁承载力、桥台锚固以及不封道桥梁检测与加固等方面的典型案例。

5.4.1 大幅度提升桥梁承载力

案例一：湖南城步县拱桥加固

1. 加固原因

该桥为一孔混凝土空腹式双曲拱桥，如图5-42所示。桥梁全宽8m，净跨径为51m，加固前桥梁按限载20t使用。为满足附近风电场工程施工运输需要，该桥梁在其大型设备运输期需满足临时通行能力150t的要求，需要大幅度提高承载能力。

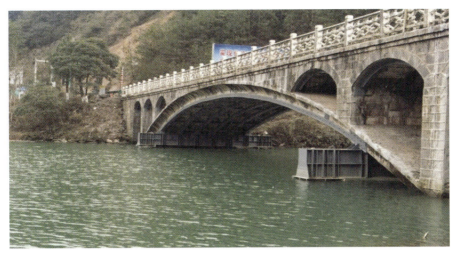

图 5-42　湖南城步县拱桥加固

2. 方案比较

该桥原设计采用常规加固方案，也就是对六条拱肋进行混凝土加大截面加固，如图 5-43 所示。但是由于河流水位不断升高，拱肋的两端都已淹没在水面以下，如果要进行加大截面加固就必须做围堰，排水施工。

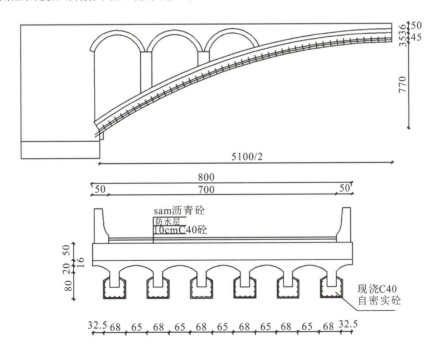

图 5-43　湖南城步县拱桥原设计常规加固方案

按此常规方案工期要花半年以上，费用大概 1000 万元，但是当时已经是 7 月份，风机又必须在 12 月 31 日前并网发电，因此原设计方案直接被否定。正当有关各方一筹莫展之际，发现了一个有利条件，就是河床下面就是岩石，岩石强度非常高，达到 2000kPa，如表 5-3 所示，这就可以利用水上施工平台进行补桩处理，再结合粘结型钢加大截面对拱肋进行局部加固，具体方案如下：

表 5-3　各岩土层主要设计技术参数

岩土名称	容许承载力（kPa）	变形模量（MPa）	抗剪强度（取标准值）		基底摩擦系数	岩石饱和抗压强度（取平均值）（MPa）	桩的极限侧阻力标准值	
			凝聚力（kPa）	内摩擦角（度）			钻（冲）孔灌注桩（kPa）	人工挖孔桩（kPa）
杂填土	/	/	35	20	/	/	26	28
强风化板岩	380	*400	180	28	/	/	170	200
中风化板岩	2000	*800	280	32	0.40	27.60	260	300

注：① 采用容许承载力设计时，表中极限侧阻力标准值和极限端阻力标准值数值除以安全系数 2。
② 表中带 * 数据为弹性模量。
③ 填土层负摩阻力系数取 0.35。

由于主拱圈拱脚位于水面以下 3~4m 无法正常加固，故采用在水面以上位于第二腹拱侧墙下方设临时组合钢托梁，托梁两端从河床上钻孔，增设钢管桩支撑，以分摊重车通行时上部荷载的方式对主拱圈拱脚加固，钢管桩采用大管套小管，按要求三根小钢管钻孔入岩，外套大钢管立于河床上，且大小钢管均内灌混凝土，组合钢托梁固定于钢管桩顶部，如图 5-44 所示。

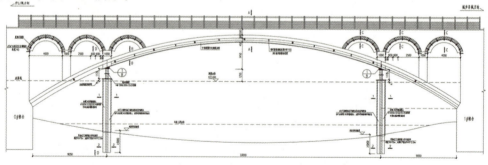

图 5-44　湖南城步县拱桥改进后加固方案

3. 有限元计算分析

根据现场实测数据及加固设计方案要求，使用 Midas Civil 软件分别建立了本桥的原有结构和加固方案空间三维梁格有限元模型，分别如图 5-45 和图 5-46 所示。桥梁计算模型按照实际受力状态、传力途径进行整体建模。

图 5-45　桥梁原结构有限元模型

图 5-46　桥梁加固后有限元模型

1）计算参数

（1）材料参数。

根据桥梁检测报告并结合相关规范和原设计图纸，主拱圈材料按 C35 考虑。拱上立柱横墙、填料副拱圈等砌体为一般传力构件，材料参数近似取：弹性模量 8400MPa，容重 19kN/m³。加固模型中新增柱：混凝土取 C40、钢材 Q235。加固模型中新增托梁：钢材 Q235。

（2）构件参数。

根据桥梁检测报告中实测构件截面尺寸进行建模。拱圈拱轴线依据《湖南省城步县牛排山风电场风电机组运输道路桥梁承载能力检测评定报告》确定该桥计算跨径为 51.36m，计算矢高为 8.441m，拱轴系数为 3.893m。

（3）边界条件。

根据检测报告，本桥为无铰拱，主拱圈拱脚边界按固结考虑；拱上立柱、填料等为竖向传力构件，不考虑弯矩效应，单元两端节点释放弯矩。加固模型中新增柱底边界按固结考虑，柱顶托梁与柱顶按刚接考虑。

（4）荷载参数。

结构自重：桥面铺装、填料、腹拱圈拱上立柱、主拱圈、新增柱、柱顶横梁自重均按实际输入截面尺寸及定义容重由系统自动计算。

二期恒载：栏杆、护栏等按照 6kN/m 进行估算，沥青铺装按 26.7 kN/m 进行估算。

人群荷载：不计人群荷载。

活荷载：重载运输车，承载力计算时，不考虑冲击系数，重载 1 条车道。原设计荷载,按"汽-15级"考虑,计入冲击系数,2条车道。

2)原桥施工阶段计算

通过计算发现,原桥成桥状态较为合理,主要结构构件压应力贮备适中。

原桥按限重汽-15双向通车计算,由计算结果可知,汽-15作用下,主拱截面最大拉应力为2.2MPa,出现在$L/4$跨拱肋下缘;截面最大压应力为20.1MPa,出现在拱肋拱脚下缘,大于C35混凝土强度设计值16.1MPa,但小于C35混凝土强度标准值23.4MPa。

3)原桥按重车计算

计算结果表明,重车作用组合3下,主拱截面最大应力为18.7MPa,出现在拱肋拱脚下缘,大于C35混凝土强度设计值16.1MPa,但小于C35混凝土强度标准值23.4MPa,拉应力6.14MPa,出现在$L/4$跨拱肋下缘。显然重车作用下,6.14MPa的截面拉应力远远超标,主拱截面压应力也超出设计值,原结构不能满足150t风页运输车的通车要求。

4)加固施工阶段计算

计算结果表明,加固对原桥成桥状态影响较小,主要结构构件压应力贮备适中,基本不出现拉应力。

5)加固方案按限重汽-15双向通车计算

计算结果表明,汽-15作用下,主拱局部位置截面出现2.58MPa拉应力,截面最大压应力为16.0MPa,出现在拱肋拱脚下缘,小于C35混凝土强度设计值16.1MPa。

6)加固后桥按重车计算

计算结果表明,重车作用组合3下,主拱截面最大压应力为13.7MPa,出现在拱肋拱脚下缘,小于C35混凝土强度设计值16.1MPa,拉应力2.76MPa,出现在$L/4$跨附近拱肋下缘。加固后重车作用下,主拱截面最大压应力降低近5MPa,低至13.7MPa,截面拉应力降低到2.76MPa,且拉应力出现在$L/4$跨附近拱肋下缘,预制拱肋纵向应有底缘钢筋,且加固后外包钢板,故直观判断满足重车通行要求(后面采用混凝土设计值,对推荐方案按圬工构件再行校核验算)。加固的钢结构部分最大应力90MPa。

7)拆除立柱通行汽-15计算

计算结果表明,汽-15作用下,主拱截面最大拉应力1.4MPa,截面最大压应力为20.7MPa,出现在拱肋拱脚下缘,大于C35混凝土强度设计值16.1MPa,但小于C35混凝土强度标准值23.4MPa。

案例二:钦州市钦江二桥整体加固改造项目

1. 加固原因

钦州市钦江二桥位于钦州市东侧,穿越沁江,如图5-47所示。桥跨组合为5×16m+3×63m+9×16m,全桥长422m,主桥是3×净60m钢筋混凝土斜腿刚架拱桥。主桥上构分上、下双幅设计,每幅4片拱肋,肋间设置横梁联系,两幅桥拱肋之间设置横托梁。桥面为预制安装带肋微弯板后现浇桥面混凝土结构;主桥下构桥墩为实体墩,沉井基础，主桥台为肋式桥台，明挖扩大基础。该桥建于 1998 年，运营 10 年后桥体就出现较多病害，由此导致桥梁承载能力大幅度降低。

图 5-47　钦州市钦江二桥

（1）主拱预制构件连接处的现浇混凝土附近部分出现裂缝；外内弦杆、次弦杆与斜撑交接处附近出现裂缝；主桥拱肋间横系梁连接处普遍出现松动裂缝；多数横梁出现跨中开裂，部分有混凝土崩落现象。

（2）桥面伸缩缝为橡胶伸缩缝，固定橡胶的螺帽部分缺失，局部混凝土崩裂。

2. 主桥结构计算

计算输入条件：

桥跨：为 3×净 60m 钢筋混凝土刚架拱桥。

桥面宽度：2m 人行道＋18m 行车道＋2m 人行道。

设计荷载：汽车汽-20，挂-100。

整体温变：±25℃，考虑混凝土徐变影响，作用效应乘以系数 0.7，即按±17.5℃计。

收缩徐变：作用效应折减后按整体降温 4℃。

温度梯度：翼缘板±5℃。

不均匀沉降：左墩基础相对水平移动 1cm。

活载横向分布系数：采用桥梁博士 3.0 中的横向分布计算模块，按刚接板法计算。

3. 计算结果及病害分析

加固前计算结果表明，考虑主拱间横系梁有效联系的情况下，老桥能满足旧规范设计荷载要求，但主桥刚架拱的拱顶实腹段、内外弦杆的安全储备偏小。主桥刚架拱构件尺寸偏小，配置钢筋偏少，耐久性和抗超载能力不足。同时，由于拱肋间横系梁采用预制构件，通过焊接方式将 4 片拱肋连接起来，焊缝仅通过后抹的砂浆进行保护，横系梁接头连接强度不足，从空间计算结果看，其受力超出了其承载能力，当横梁接头受力出现裂缝时，焊缝在近海洋环境的腐蚀作用下，很快出现开裂、松脱、掉落等病害，从而导致横梁失效，形成单片拱肋受力，使其荷载横向分布系数显著增大，实际荷载作用超出了设计荷载的要求，导致刚架拱构件中安全储备偏小的拱顶实腹段、内外弦杆陆续出现裂缝、挠度过大等病害。同时，横系梁作用的失效情况，增大了对桥面板横向受力荷载，导致桥面预制的微弯板肋下部开裂。

4. 加固内容及措施

1）裂缝修补

裂缝宽度大于或等于1mm：采用压力灌注聚合物水泥注浆料处理，即压力注浆法。

裂缝宽度大于或等于0.15mm且小于1mm：采用灌注裂缝修补胶（注射剂）进行修补，即注射法。

裂缝宽度小于0.15mm：采用裂缝修补胶表面封闭法进行处理，即表面封闭法。

2）表面缺陷修补

对于缺损面积小于（25×25）cm^2、深度小于5cm时的混凝土表面缺损，凿除松动混凝土，外露骨料，钢筋除锈，用聚合物水泥基修补材料进行修补。

对于缺损面积不小于（25×25）cm^2、深度不小于5cm时的混凝土结构表面缺损，凿除松动混凝土，外露骨料，钢筋除锈，喷涂界面剂，采用环氧混凝土修补。

3）构件加固

对肋间横系梁采用包钢加固处理，增加梁的强度和刚度；对配筋不足的拱肋进行粘钢和包钢加固。

5.4.2 桥台锚固

湖北郧阳汉江公路大桥两岸锚固桥台为44m×15.6m×15.3m预应力混凝土双室箱形墩，侧壁厚0.8m，底板厚1m，如图5-48所示。建成运行多年后发现箱形墩侧壁有水平裂缝，初步分析原因可能是原结构所施加的竖向预应力失效。经湖北省交通规划设计院设计，采用竖向预应力加固方案，方案提出了一种新型的桥梁预应力体系（自锁锚杆预应力体系）。与一般常用的竖向预应力体系不同的是，该方案采用一端张拉一端锚固方式，预应力钢筋采用精轧螺纹钢筋2JL32@45~50cm，锚固端采用扩孔自锁锚头，张拉端采用与JL32配套的连接器作为工作锚和工具锚。预应力钢筋标准强度为930MPa，设计要求单根有效拉力不小于561kN。

5.4.3 不封道桥梁检测和加固

随着机动车保有量的不断增长，中国的道路发展速度跟不上车辆的发展速度，目前中国的汽车拥有量已突破二亿五千万辆。相对改革开放初期的少车甚至无车年代，现在交通拥堵已成为城市发展中的瓶颈。桥梁作为交通线路的咽喉更成为交通堵塞典型部位。

图 5-48 郧阳汉江公路大桥

尤其是中国的一线城市与二线城市在上下班等高峰时刻，几乎都呈现拥堵。桥梁处往往拥堵得更厉害。一旦有桥梁检测和维修加固需要对桥梁封道或限行，那么它对城市交通造成的影响将是灾难性的。所以，如何在桥梁的检测与维修加固中实现不封道或限行，成为必须解决的重大课题。

解决这一问题的核心是如何建立不封道不占道情况下在桥下对桥梁进行检测与维修加固的施工平台。设想中这一平台要同时满足检测与维修加固的需要，又要适应梁桥、索桥与拱桥等各种桥型。还要求这一平台在行走时，既要能越过桥面路灯杆、斜拉索等障碍物，又要能越过桥下的桥墩，并且在任何桥梁上都要容易组装。

根据这一设想，一种新型桥梁检修架车已经研发成功。此套桥梁检修架车系统包括以下几部分：①随车吊；②吊架铰接式 C 型架（分全自动和半自动）；③配套的桥梁检修作业平台；④牵引直升机。

该桥梁检修架车在桥面车流量小时临时占道，用随车吊进行现场组装，通过专利技术可以快速组装作业平台，在桥面完成桥梁底部作业平台的吊装，如图 5-49 所示。

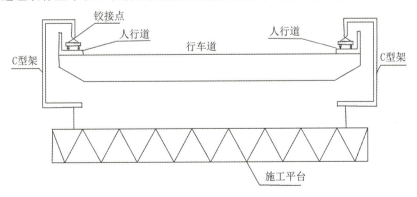

图 5-49 不封道桥检车示意图

遥控直升机牵引吊绳至桥面附近，固定吊绳，收临时支架，平衡吊绳拉力使C型架平衡，提升工作平台至作业面，安装爬梯，人员上作业平台，随车吊离开现场，让出行车道。吊架在人行道上移动，平台随之移动，可随桥梁底面高度不同而升降，遇障碍物（路灯杆、斜拉索或吊杆等）时利用C型架上层梁的开合穿过，规避路灯杆的方法同样适用于拉索桥。

典型工程：三峡专用公路桥涵维修加固工程（2009）。

三峡专用公路自建成通车以来，经10多年运营，特别是交通量的增长和超限车辆的增多，使得现有路面、桥面破损和桥梁构件老化严重。主要施工范围和内容：特大桥5座、大中小桥22座、天桥3座、涵洞28座，共58座桥（涵）的检测和加固。其中下牢溪大桥如图5-50所示。加固内容为混凝土缺陷修复、裂缝处理、拱圈加固、支座更换、粘贴碳纤维布等。在该项目中，首次采用不封道桥梁检测与加固技术。

图 5-50　下牢溪大桥

5.5　国内外著名桥梁

1. 世界上最长的桥——中国丹昆特大桥

京沪高速铁路丹阳至昆山段特大铁路桥（又称中国丹昆特大桥）有164.851km，总投资300亿元，是世界第一长桥。由4500多个900吨箱梁构成，2008年4月7日开始灌注首根桩，2009年5月24日完成桥梁架设，2010年11月6日完成铺轨工作，有超过10000位工人付出3年时间，2011年6月30日全线正式开通运营，如图5-51所示。

图 5-51　中国丹昆特大桥

2. 世界上最短的跨国桥——扎维康桥

在美国与加拿大之间的千岛湖上有一座长度不到 10m 的桥，如图 5-52 所示。这是世界上最短的跨国桥梁，左边岛屿属于加拿大，右边小岛属于美国。

图 5-52　扎维康桥

3. 世界上最高的桥——中国北盘江第一桥

北盘江第一桥，原称尼珠河大桥或北盘江大桥，如图 5-53 所示，是中国境内一座连接云南省曲靖市宣威市普立乡与贵州省六盘水市水城区都格镇的特大桥，位于尼珠河之上，为杭瑞高速公路的组成部分。

北盘江第一桥于2013年动工建设；于2016年9月10日完成合龙；于2016年12月29日竣工运营。

北盘江第一桥北起都格镇，上跨尼珠河大峡谷，南至腊龙村；全长1341.4m；桥面至江面距离565.4m；采用双向四车道高速公路标准，设计速度80km/h；工程项目总投资10.28亿元。

北盘江第一桥因其相对高度超过四渡河特大桥，刷新世界第一高桥纪录而闻名中外。

图 5-53　中国北盘江第一桥

4. 世界上最陡的桥——日本江岛大桥

日本江岛大桥连接日本鸟取县境港市和松江市，建于1995年，全长约1446m，高约44m，桥下可供5000吨级的轮船通过。松江市一侧的坡度为6.1%，每前进100m升高约6m。

江岛大桥主跨为5孔连续钢构，主桥跨度组合为（55+150+250+150+55）m。

从境港市一侧上桥，从"桥顶"眺望能够将中海湖的景色尽收眼底，黄昏时的美景也很著名。

5. 世界最长的跨海大桥——中国港珠澳大桥

港珠澳大桥是中国境内一座连接香港、广东珠海和澳门的桥隧工程，位于中国广东省珠江口伶仃洋海域内，为珠江三角洲地区环线高速公路南环段，如图5-54所示。

港珠澳大桥于2009年12月15日动工建设；2017年7月7日实现主体工程全线贯通；2018年2月6日完成主体工程验收；同年10月24日上午9时开通运营。

港珠澳大桥东起香港国际机场附近的香港口岸人工岛，向西横跨南海伶仃洋水域接珠海和澳门人工岛，止于珠海洪湾立交；桥隧全长55km，其中主桥29.6km，香港口岸至珠澳口岸 41.6km；桥面为双向六车道高速公路，设计速度 100km/h；工程项目总投资额 1269 亿元。

港珠澳大桥被评为"新世界七大奇迹之一"，这座跨海桥梁在中国建设史上有三个"最"：里程最长、投资最多、施工难度最大。

图 5-54　中国港珠澳大桥

6. 世界跨度最大公铁两用斜拉大桥——沪通长江大桥

沪通长江大桥连通南通市和苏州市，2014 年 3 月开工，2020 年 7 月通车，全长 11072m，大桥采用主跨 1092m 钢桁架斜拉桥结构，为世界上最大跨径的公铁两用斜拉桥，也是世界上首座超过千米跨度的公铁两用桥梁。

7. 世界最长的悬索桥——明石海峡大桥

明石海峡大桥是日本兵库县境内连接神户市和淡路岛的跨海通道，是神户—淡路—鸣门线路上的重要桥梁，如图 5-55 所示。1988 年 5 月动工兴建；1996 年 9 月 18 日完成主桥合龙工程，大桥全线贯通；于 1998 年 4 月 5 日通车运营。明石海峡大桥线路全长 3910m，主桥长 1990m；桥面为双向六车道高速公路，设计速度为 100km/h；总投资约为 43 亿美元。

明石海峡大桥是世界上跨径最大的悬索桥。

8. 世界最大跨度双层悬索桥——武汉杨泗港长江大桥

杨泗港长江大桥是中国湖北省武汉市境内连接汉阳区与武昌区的过江通道，位于长江水道之上，是武汉市第十座长江大桥，如图 5-56 所示。杨泗港长江大桥于 2014 年 12

图 5-55 明石海峡大桥

月 3 日动工兴建;2018 年 12 月 29 日完成合龙,大桥全线贯通;于 2019 年 10 月 8 日通车运营。

杨泗港长江大桥西起国博跨线桥,上跨长江水道,东至八坦立交;桥梁全长 4134.377m,主桥长 1700m;上层桥面为双向六车道城市快速路,设计速度为 80km/h,下层桥面为双向四车道城市主干道,设计速度为 60km/h。

大桥设计主跨 1700m,飞跨长江,这个跨度居世界悬索桥第二,在双层桥梁结构中则是世界第一。

图 5-56 武汉杨泗港长江大桥

9. 世界最长的公铁两用悬索桥——五峰山长江大桥

五峰山长江大桥是世界上最长的公铁两用悬索桥,如图 5-57 所示,2015 年 10 月开工,2021 年 6 月全面开通,是中国第一座高速铁路悬索桥,桥北位于江苏省镇江市丹徒区高桥镇,桥南位于镇江市新区五峰山脚下,是连镇高铁跨越长江的关键工程。

图 5-57 五峰山长江大桥

大桥全长 6.409km,大桥主跨达 1092m,是世界上荷载和设计速度均为第一的公铁两用悬索桥。全桥共 2 根主缆,每根主缆由 352 股索股组成,每股由 127 根直径 5.5mm 镀锌高强钢丝组成。主缆直径 1.3m,为目前世界上直径最大的主缆。

10. 世界上跨径最大拱桥——平南三桥

2020 年 12 月 28 日,世界最大跨径拱桥——广西平南三桥正式建成通车,如图 5-58 所示。平南三桥位于广西壮族自治区贵港市平南县西江大桥上游 6km,是荔浦至玉林高速公路平南北互通连接线上跨越浔江的一座特大桥。大桥全长 1035m,主桥跨径 575m,桥面宽 36.5m,设双向四车道。大桥多项施工技术填补了世界拱桥空白。

平南三桥成功刷新了天门长江大桥此前创下的 553m 跨度纪录,成为目前世界上跨度最大的拱桥,而为了建造这座桥梁,中国运用了多项新技术与独特施工技术,在大桥建造完成后,仅建造技术就斩获了 37 项国家专利。

11. 世界上最古老的桥——土耳其卡雷凡大桥

土耳其卡雷凡大桥是世界上已知仍在使用的最古老桥梁,如图 5-59 所示。该桥位于今土耳其境内的伊兹密尔附近,是古伊兹密尔城的遗迹之一,横跨麦尔斯河,约建于公元前 850 年,是一座石拱桥,有非常悠久的历史。

图 5-58　平南三桥

图 5-59　土耳其卡雷凡大桥

12. 世界跨度最大的单拱石桥——中国赵州桥

赵州桥横跨在 37m 宽的河面上，桥体全部用石料建成，是世界上现存年代最久远、跨度最大、保存最完整的单孔坦弧敞肩石拱桥，如图 5-60 所示。

赵州桥建于隋朝年间，由著名匠师李春设计建造，距今已有 1400 多年的历史，是古代劳动人民智慧的结晶。

图 5-60　中国赵州桥

13. 世界上离海平面最近的桥——中国演武大桥

演武大桥是中国福建省厦门市思明区境内连接厦港街道与滨海街道的跨海大桥,位于厦门南侧海域之上,为厦门市环岛路的组成部分。

演武大桥于 2000 年 7 月动工建设,2003 年 9 月 6 日竣工通车。

演武大桥北起厦门市思明区鹭江道海军码头,南至厦门市思明区环岛南路白城;线路全长 2.8km;桥面为双向六车道城市主干路,设计速度 60km/h;项目总投资 5.6 亿元。

这座桥低桥位段桥面标高只有 5m,是世界上离海平面最近的桥。

第6章
隧道工程概论

以任何方式修建于山岭和地下的条形建筑物,用作交通用途的均称为隧道,如图 6-1 所示。

图 6-1　隧道

隧道工程按照行业及特点可分为铁路隧道、公路隧道和城市地铁隧道三大类,它们既具有地下交通工程的共性,也具有各自的特点。铁路隧道和公路隧道是穿山而过的山岭隧道,一般建造在坚硬的岩体中,因此多数属于岩石隧道。在我国西北黄土地区,也有一些建造在黄土中的穿山隧道,它们都属于山岭隧道;而城市地铁隧道一般是建造在松软的土质地层中,有的地铁隧道穿越江河,因此被称为软土隧道和水下隧道。地铁工程中除地铁区间隧道外,还包括大量的地铁车站,这是山岭隧道所没有的。山岭隧道或岩石隧道目前主要采用矿山法(钻爆法)施工,近年来兴起的掘进机施工法已在山岭隧道工程中得到大量应用,使山岭隧道掘进技术得到了革命性的发展。城市地铁隧道(包括地铁车站)有明挖法、盖挖法、盾构法、顶进法以及水下沉管法等多种施工方法。另外,各类隧道的结构形式、设计方法以及辅助设施等也都存在差异,并且都有各自的行业规范和标准,本章节将对铁路隧道、公路隧道和城市地铁隧道三种隧道工程进行简要介绍。

6.1 起源与发展

隧道的产生和发展与人类的文明历史发展是相呼应的，大致可以分为以下三个时代：古代隧道、近代隧道、现代隧道。

6.1.1 古代隧道

公元前3000年以前，无论是远古时代北京猿人的洞穴，还是近古时代山顶洞猿人的洞穴，其实隧道的雏形早在人类进化的过程中就已显端倪。人类或栖居于天然的洞穴，或利用兽骨、石器等工具在自身稳定而无须支撑的地层中开挖洞穴、防御自然威胁。

公元前3000年至5世纪，这一时期修建的隧道主要用于统治者"灵魂永在"的地下墓穴，以及出于生活和军事防御目的的早期隧道结构物。

我国最早有文字记载的隧道出现在东周初期，东汉永平四年（61年），汉明帝刘庄下诏修筑褒斜栈道，修筑过程中遇山石挡路，为完成这一咽喉要道，据《褒谷古迹辑略》相传"积薪一炬石为圻，锤凿既加如削腐"，即工匠采取了最为原始"火烧水激"法，用烈火煅烧岩石，再用冷水快速降温，利用岩石热胀冷缩应力不均致使强度降低的开采方法。最终隧道凿通长16m，高3.45～3.75m，宽4.1～4.4m，即使是现在的小客车，也能轻松通行，这条隧道是《蜀道难》中最重要的一段，是控制汉中平原和川蜀的要害之地，成语典故"明修栈道，暗度陈仓"所修栈道便是褒斜道。

在国外其他古代文明地区也有很多著名的古隧道，公元前2200年间的古巴比伦王朝为连接宫殿和神殿而修建了长约1km、断面为3.6m×4.5m的砖砌构造隧道，采用明挖法建造，是迄今已知的最早的交通隧道。古罗马曾经在凝灰岩中凿成了垂直边墙无衬砌隧道——婆西里勃隧道（公元前36年），位于今意大利境内那不勒斯与普佐利之间，应是现存最大的古隧道建筑物，至今仍可使用。

5世纪至16世纪的一千余年，这一时期主要以疆域开拓和资源开发为特征，隧道建设更多体现为矿山工程和地下军事防护工程，隧道建筑技术发展缓慢。人们利用棚架支撑岩层和卷扬提升土石，从两端洞口开挖隧道，隧道施工方法或开挖方式更多体现为满堂支护，故也被称为"矿山法"。

从17世纪以后的产业革命开始，这一时期由于动力机械和炸药的发明和应用，迎来了隧道开挖技术的曙光，如图6-2所示，隧道技术得到极大的发展，应用范围迅速扩大。除采矿外，隧道还用于人行通道、公路和铁路等工程以及因城市发展而修建的地铁等。

从17世纪起，欧洲陆续修建了许多运河隧道，其中法国的马尔派司运河隧道，建于1678—1681年，长157m，它可能是最早用火药开凿的航运隧道。1820年以后铁路成为新的运输手段，1827年在英国、1837年在法国先后开始修建铁路隧道。

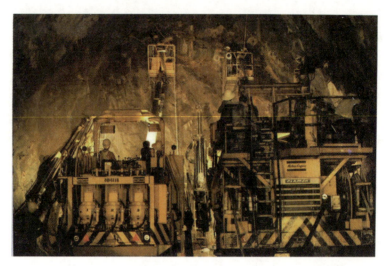

图 6-2　隧道开挖作业

6.1.2　近代隧道

1853 年，美国马萨诸塞州在建设 8km 长的胡萨克隧道时试用了隧道掘进机，但未取得成功。在接下来的一个世纪中，尝试制造和使用隧道掘进机进行建设的很多，但真正取得成功的却是少之又少。

1866 年瑞典人诺贝尔发明黄色炸药达纳马特，为开凿坚硬岩石提供了条件。1872 年，位于瑞士中南部的世界著名隧道之一圣哥达隧道的建设则首次使用了炸药。

随着铁路运输事业的发展，隧道也越来越多，先从当时经济比较发达的欧洲各国开始，然后是美国和明治维新后的日本。1895—1906 年，修建了穿越阿尔卑斯山的在当时最长的铁路隧道，全长 19.73km。目前全世界最长的隧道是圣哥达基线隧道，位于瑞士南部，包含铁路隧道与公路隧道，全线贯穿阿尔卑斯山脉，主隧道为两条平行的单线隧道，长度超过 57km，东线和西线隧道加上其他辅助竖井和连接通道，整套隧道系统总长度达到 151.8km。由于工程浩大，整座隧道耗时 17 年才完工。

1887 年，中国第一条隧道——狮球岭隧道由外国工程师定出线路方向，由清朝政府的军队负责施工，掀开了中国隧道修建史的序幕。该条铁路隧道修建在中国台湾地区，是基隆到台南的铁路线上一座长仅 261m 的窄轨净空隧道。

第一座完全由中国人自行设计和修建的隧道是由我国工程师詹天佑主持设计和施工的八达岭隧道，如图 6-3 所示。它从长城之下穿越燕山山脉八达岭，地层为片麻岩、角闪岩、页岩和砂岩等，全长 1091.2m，修建于 1907 年。

20 世纪头几十年里，汽车技术的发展突飞猛进，车速逐渐提高。相应地要求道路采用平直线形，以缩短里程，提高运输效率，道路隧道的数量随之增多。1927 年，美国在纽约哈德逊河底修建了厚兰德隧道，在这条隧道中解决了近代隧道建设中出现的一些问题，尤其是通风问题。1919—1920 年，在厚兰德氏的指导下首次对美国汽车排出的一氧

图 6-3　八达岭隧道

化碳量进行了彻底的调查研究。另外，对于危害人体的一氧化碳浓度容许值也进行了研究。在考虑了这些问题之后，该隧道恰如其分地采用了横流式通风。从此之后，机械通风方式逐渐得到广泛应用，出现了横流式、半横流式、纵流式以及射流式等通风方式。

6.1.3　现代隧道

从 20 世纪 50 年代起，量测手段的改进和电子计算机的应用，使得岩体力学获得迅速发展，从而把围岩压力的研究推到了一个新的阶段。奥地利人 L. V. Rabcewicz 根据本国多年隧道施工经验总结出新奥法，其特点是采用光面爆破，应用岩体力学理论，以维护和利用围岩的自承能力为基点，采用锚杆和喷射混凝土为主要支护手段，及时地进行支护，控制围岩的变形和松弛，使围岩成为支护体系的组成部分，并通过对围岩和支护的量测、监控来指导隧道施工。

自从 1949 年新中国成立以来，我国基础建设百废待兴，随着铁路的不断铺设，隧道的开挖工作也需要紧密配合进行，并且海底、城市隧道的建设也亟待解决。虽相比于之前，工艺技术的革新已经天差地别，不可同日而语，但相比于同时期国外先进水平，我国仍有较大的赶超空间。

我国的隧道建设经历了从探索起步到世界领先的几个发展阶段。

1. 起步阶段：50 年代至 60 年代

在我国起步阶段，隧道建设采用钻爆法施工，以人工和小型机械凿岩、装载为主，临时支护采用原木支架和扇形支撑，技术水平落后，工作效率、生产环境较差。

这一时期的代表性工程是川黔铁路凉风垭隧道，全长 4270m，于 1959 年 6 月贯通。该隧道首次采用平行导坑和巷道式通风，为长隧道施工积累了宝贵经验。

2. 稳定发展：60 年代至 80 年代

经过五六十年代实践经验的积累，70 年代开始逐步学习国外的先进经验，形成我国一整套的隧道施工技术。如针对不同的地质条件采用不同的施工方法，对于长隧道则充分利用辅助坑道等有效措施，并形成了一套对付自然灾害的方法和措施，进入了隧道施工的主动时代。

这一时期的代表性工程是京原铁路驿马岭隧道，全长7032m，于1969年10月贯通。

这一时期施工机具的装备有了较大的改善，普遍采用了带风动支架的凿岩机、风动或电动装载机、混凝土搅拌机、空压机和通风机等。在隧道支护方面，采用了锚杆喷射混凝土技术，主动控制了地层环境，较好地解决了施工安全问题，这是我国隧道施工技术的重要里程碑。

3. 突破与创新：80年代至90年代

我国从北欧等掌握先进液压凿岩机技术的国家引进了一系列液压凿岩台车等设备，大大提高了国内隧道机械化施工的水平。

这一时期的代表性工程是衡广铁路复线大瑶山双线隧道，全长14295m，于1987年竣工。这是我国20世纪最长的双线铁路隧道，大瑶山隧道实现了大断面施工，并逐渐成为我国长、大隧道的修建模式。

4. 高速发展：90年代中期

这一时期我国隧道修建技术达到了新的水平，已与世界接轨，甚至有国外专家评述："中国，用20年的时间走完了发达国家50年甚至100年走完的路程。"

这一时期的代表性工程是西康铁路秦岭隧道，全长18460m，于2001年竣工。在该隧道施工中，采用了当前最先进的全断面隧道掘进机技术，即TBM技术。以该隧道技术的发展为代表，证明了我国隧道修建技术已达到世界先进水平。

5. 世界领先：至今

这一时期的代表性工程是港珠澳大桥海底隧道，全长5600m，于2017年贯通。这是世界最长的公路沉管隧道和唯一的深埋沉管隧道，也是我国第一条外海沉管隧道，最大水深超过了40m，被誉为当今世界上埋深最大、综合技术难度最高的沉管隧道。可以说，港珠澳大桥海底隧道的建成，标志着我国在隧道建设领域突破了世界级难题，达到了世界领先的水平。

除此之外，我国在隧道建设上的辉煌事迹数不胜数，而这一系列隧道的建设不仅是我国隧道的发展史，更是中国民生建设、综合国力的发展史。

6.1.4 我国隧道工程的成就

1. 铁路隧道

1）中国铁路隧道概况

截至2022年底，中国铁路营业里程达到15.5万千米。其中，投入运营的铁路隧道

17873 座，总长 21978km。

（1）新增运营。2022 年新增运营铁路隧道 341 座，总长度为 923km，其中，10km 以上的特长隧道 25 座，总长约 362km。

（2）在建。在建铁路隧道 3025 座，总长度为 7704km。

（3）规划。规划铁路隧道 5376 座，总长度为 13221km。

2）中国高速铁路隧道概况

截至 2022 年底，中国已投入运营的高速铁路总长超过 4.2 万千米，共建成高速铁路隧道 4178 座，总长 7032km。其中，长度大于 10km 的特长隧道 105 座，总长约 1339km。

（1）新增运营。2022 年中国新增运营有隧道工程项目的高速铁路共 7 条，总长 1429km，共有隧道 207 座，总长约 559km。其中，10km 以上的特长隧道 14 座，总长约 199km。

（2）在建。中国正在建设的高速铁路隧道有 1804 座，总长约 4033km。其中，长度大于 10km 的特长隧道有 83 座，总长约 1142km。其中，长 10～15km 的高速铁路隧道有 60 座，15～20km 的高速铁路隧道有 19 座，20km 以上的高速铁路隧道有 4 座。在建的高速铁路隧道中，速度目标值为 300～350km/h 的高速铁路隧道共 1554 座，总长约 3587km；速度目标值为 250km/h 的高速铁路隧道共 250 座，总长约 446km。

（3）规划。截至 2022 年底，中国规划高速铁路项目中含隧道 2345 座，总长约 5232km。其中，长度大于 10km 的特长隧道有 83 座，总长约 1112km。规划的高速铁路隧道中，速度目标值为 300～350km/h 的高速铁路隧道共 1857 座，总长约 4386km；速度目标值为 250km/h 的高速铁路隧道共 488 座，总长约 846km。

3）中国特长铁路隧道概况

截至 2022 年底，中国已投入运营的特长铁路隧道（单座长度在 10 km 及以上的隧道）共 259 座，总长约 3498km。其中，长度 20km 以上的特长铁路隧道有 12 座，长约 283km。

（1）新增运营。2022 年新增运营特长铁路隧道 25 座，总长约 362km。其中，长 10～15km 的特长铁路隧道有 16 座，15～20km 的特长铁路隧道有 8 座，20km 以上的特长铁路隧道有 1 座。

（2）在建。在建特长铁路隧道 172 座，总长约 2656km。其中，长度 20km 以上的特长铁路隧道 26 座，总长约 692km。其中高黎贡山隧道位于中国云南省保山市，是大瑞铁路上的一条隧道，是世界第七长大隧道、亚洲最长铁路山岭隧道、中国最长铁路隧道。高黎贡山隧道全长 34.5km。

2. 公路隧道

智研咨询发布的《2019—2025 年中国公路隧道行业市场运营态势及投资战略咨询报告》数据显示：近 10 年来，中国公路隧道每年新增里程 1100km 以上，是世界上公路隧道数量最多和里程最长的国家，隧道工程规模和难度在世界上居首。截至 2022 年底，中国公路隧道数量 24850 座，公路隧道里程 26784 千米。

进入 21 世纪以来，中国公路建设进入了一个前所未有的高速发展时期，出现了一些长度超过 10km 的超长公路隧道，截至 2019 年 8 月，中国运营的最长公路隧道是位于陕西省的终南山隧道，长 18.02km；在建的最长公路隧道是位于新疆的天山胜利隧道，长 21.975km；新近贯通的港珠澳大桥水下沉管隧道，长达 5.66km，最大覆水深度 44m，是迄今世界上最长的海底沉管隧道，如图 6-4 所示。

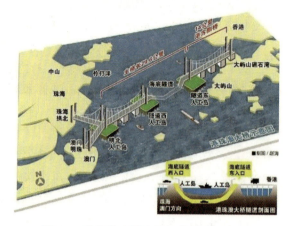

图 6-4　港珠澳大桥水下沉管隧道示意图

3. 地铁发展

截至 2022 年中国有地铁的城市一共 48 个，其中港澳台有 7 个。

北京地铁第一条线路于 1971 年 1 月 15 日正式开通运营，使北京成为中国第一个开通地铁的城市。2020 年 12 月 31 日，北京又迎来轨道交通房山线北延（郭公庄—东管头南）、16 号线中段（西苑—甘家口）正式开通试运营。至此，北京市轨道交通路网总里程已逾 700km。

上海地铁是世界范围内线路总长度最长的城市轨道交通系统，是国际地铁联盟的成员之一，其第一条线路上海地铁 1 号线于 1993 年 5 月 28 日正式运营，使上海成为中国第四个开通运营地铁的城市。

武汉地铁首条线路——武汉地铁 1 号线于 2004 年 7 月 28 日开通运营，使武汉成为中西部地区首个拥有地铁的城市。按照国家发展改革委的第四期建设规划批复，至 2024 年，武汉将建成 12 号线等项目，形成共 14 条线路、总长 606km 的地铁网，全面实现"主城联网、新城通线"。

6.2　分类与构造

隧道在改善交通技术状态、缩短运行距离、提高运输能力、减少事故等方面起到重要的作用。隧道还能保护自然环境，充分利用地下工程空间。

6.2.1 隧道按功能分类

（1）交通隧道：提供运输的通道，主要有铁路隧道、公路隧道、地铁隧道、水底隧道（图6-5）、航运隧道等。

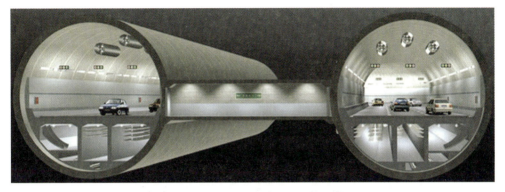

图6-5　南京长江隧道工程方案设计

（2）市政隧道：城市中为安置各种不同市政设施的地下孔道，主要有管路隧道、线路隧道、人防隧道、人行隧道等。

（3）矿山隧道：主要是为采矿服务的，主要有运输巷道、通风隧道等。

6.2.2 隧道结构构造

隧道结构构造由主体构造物和附属构造物两大类组成，如图6-6所示。主体构造物通常指洞身衬砌和洞门构造物。洞身衬砌的平、纵、横断面的形状由道路隧道的几何设计确定，衬砌断面的轴线形状和厚度由衬砌计算决定。附属构造物是主体构造物以外的其他建筑物，是为了运营管理、维修养护、给水排水、供蓄发电、通风、照明、通信、安全等而修建的构造物。

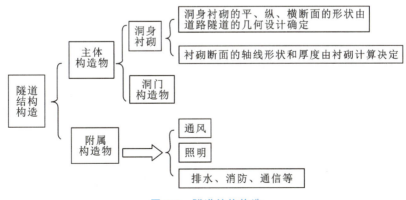

图6-6　隧道结构构造

下面主要介绍洞身衬砌和洞门构造。

6.2.2.1 洞身衬砌

1. 衬砌结构的类型

衬砌结构大致分为下列几类。

1) 直墙式衬砌

直墙式衬砌通常用于岩石地层垂直围岩压力为主要计算荷载、水平围岩压力很小的情况。一般适用于Ⅴ、Ⅳ类围岩，有时也可用于Ⅲ类围岩。对于道路隧道，直墙式衬砌结构的拱部，可以采用割圆拱、坦三心圆拱或尖三心圆拱。三心圆拱的拱轴线由三段圆弧组成，其轴线形状比较平坦（$R1>R2$）时称为坦三心圆拱，形状较尖（$R1<R2$）时称为尖三心圆拱，若 $R1=R2=R$ 时即为割圆拱，如图6-7所示。

围岩完整性比较好的Ⅴ、Ⅵ类围岩中，边墙可以采用连拱或柱，称为连拱边墙或柱式边墙，如图6-8所示。

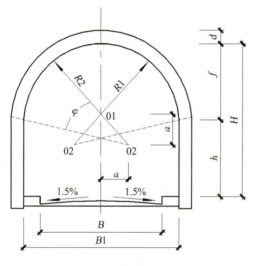

图6-7 直墙式衬砌

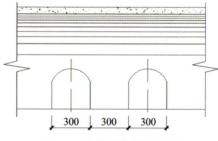

图6-8 连拱边墙或柱式边墙

2) 喷混凝土衬砌、喷锚衬砌及复合式衬砌

这类衬砌要求用光面爆破开挖，使洞室周边平顺光滑，成型准确，减少超欠挖。适当的时间喷混凝土，即为喷混凝土衬砌。根据实际情况，需要安装锚杆的则先装设锚杆，再喷混凝土，即为喷锚衬砌。如果以喷混凝土、锚杆或钢拱支架的一种或几种组合作为初次支护对围岩进行加固，维护围岩稳定，防止有害松动，待初次支护的变形基本稳定后，进行现浇混凝土二次衬砌，即为复合式衬砌。为使衬砌的防水性能可靠，采用塑料板做复合式衬砌中间防水层是比较适宜的，如图6-9所示。

3) 曲墙式衬砌

通常在Ⅲ类以下围岩中，水平压力较大，为了抵抗较大的水平压力把边墙做成曲线

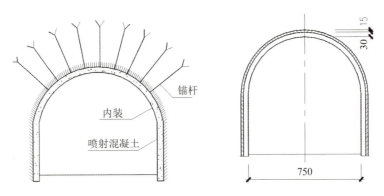

图 6-9 喷锚衬砌与复合式衬砌

形状。当地基条件较差时,为防止衬砌沉陷,抵御底鼓压力,使衬砌形成环状封闭结构,可以设置仰拱,如图 6-10 所示。

4) 偏压衬砌

当山体地面坡度陡于 1 : 2.5,线路外侧山体覆盖较薄,或地质构造造成偏压时,衬砌为承受这种不对称围岩压力而采用偏压衬砌,如图 6-11 所示。

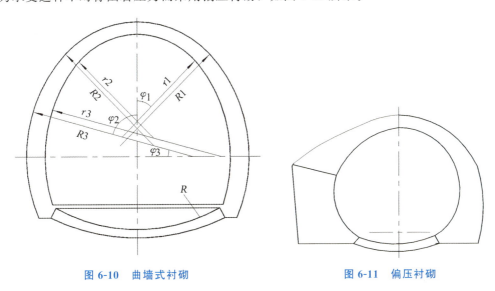

图 6-10 曲墙式衬砌　　　　　图 6-11 偏压衬砌

5) 喇叭口隧道衬砌

在山区双线隧道,有时为绕过困难地形或避开复杂地质地段,减少工程量,可将一条双幅公路隧道分建为两个单线隧道或将两条单线并建为一条双幅的情况,或在车站隧道中的渡线部分,衬砌产生了一个过渡区段,这部分隧道衬砌的断面及线间距均有变化,形成了一个喇叭形,称为喇叭口隧道衬砌,如图 6-12 所示。

6) 圆形断面隧道

为了抵御膨胀性围岩压力,山岭隧道也可以采用圆形或近似圆形断面,因为需要较大的衬砌厚度,所以多数在施工时进行二次衬砌。对于水底隧道,由于水压力较大,采

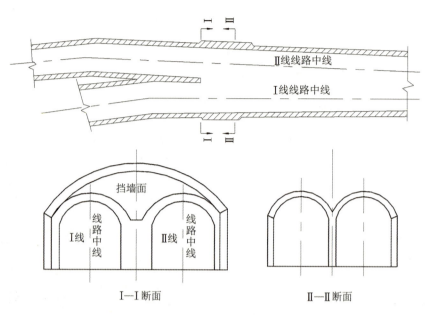

图 6-12 喇叭口隧道衬砌示意图

用矿山法施工时，也大多采用二次衬砌，或者采用铸铁制的方形节段。水底隧道广泛使用盾构法施工，其断面为全圆形。水底隧道的另一种施工方法是沉管法，有单管和双管之分，其断面可以是圆形，也可以是矩形。

岩石隧道掘进机是开挖岩石隧道的一种切削机械，其开挖断面常为圆形，开挖后可以用喷混凝土衬砌、喷锚衬砌或拼装预制构件衬砌等多种形式。

7）矩形断面衬砌

用沉管法施工时，其断面可以用矩形形式。用明挖法施工时，尤其在修筑多车道隧道时，其断面广泛采用矩形。这种情况下，回填土厚度一般较小，加之在软土中修筑隧道时，软土不能抵御较大的水平推力，因而不应修筑拱形隧道。另一方面，矩形断面的利用率也较高。城市中的过街人行地道，通常都在软土中通过，其断面也是以矩形为基础组成的。

2. 支护结构

这里主要介绍永久支护的作用原理和适用条件。

在隧道及地下工程中，支护结构通常分为初期支护（一次支护）和永久支护（二次支护、二次衬砌）。一次支护是为了保证施工的安全、加固岩体和阻止围岩的变形。二次支护是为了保证隧道使用的净空和结构的安全而设置的永久性衬砌结构。常用的永久衬砌形式有整体式衬砌、复合式衬砌、锚喷衬砌及拼装衬砌等四种。

1）整体式衬砌

整体式衬砌是传统衬砌结构形式，在新奥法（NATM）出现前，广泛地应用于隧道工程中，目前在山岭隧道中还有不少工程实例。该方法不考虑围岩的承载作用，主要通过衬砌的结构刚度抵御地层的变形，承受围岩的压力。

整体式衬砌采用就地整体模筑混凝土，其方法是在隧道内竖立模板、拱架，然后浇灌混凝土而成。它作为一种支护结构，从外部支撑隧道围岩，适用于不同的地质条件，易于按需成型，且适合多种施工方法，因此在我国隧道工程中广泛使用。

Ⅳ类及以上围岩，由于围岩稳定或基本稳定，拱部围岩荷载较小，且往往呈现较小的局部荷载，衬砌工作条件较好，衬砌截面可以采用等截面形式。而Ⅳ类以下围岩与上述情况往往相反，故宜采用变截面形式。

对Ⅳ类及以上围岩，墙部是稳定的，侧压力较小，故一般地区也可采用直墙式衬砌，便利施工，并可减少墙部开挖量。

严寒地区修建隧道，由于地下水随季节温度发生变化，围岩易产生冻胀压力，使侧墙内移或开裂；曲墙式衬砌的抗冻胀能力较强，墙部破坏的情况远小于采用直墙式衬砌的隧道，故严寒地区隧道，不管围岩等级如何，只要有地下水存在，衬砌形式均应采用曲墙式衬砌。严寒地区隧道衬砌施工特别要强调根据情况设置伸缩缝，防止或减少衬砌因温度降低而收缩，引起衬砌开裂和破坏，造成病害。

Ⅲ类及以下围岩，地基松软，往往侧压力较大，故宜采用曲墙带仰拱的衬砌。设置仰拱不仅是满足地基承载力的要求，更重要的是使结构及时封闭，提高结构的整体承载力和侧墙抵抗侧压力的能力，抵御结构的下沉变形，达到调整围岩和衬砌的应力状态的目的，使衬砌处于稳定状态。

为了避免围岩和衬砌的应力集中，造成围岩压力增加和衬砌的局部破坏，应注意衬砌内外轮廓的圆顺，避免急剧弯曲和棱角。

需要注意的是，老规范中将隧道围岩分成六类，分别是Ⅵ、Ⅴ、Ⅳ、Ⅲ、Ⅱ、Ⅰ，数字越大的围岩性质越好。新规范将隧道围岩分成六级，分别是Ⅰ、Ⅱ、Ⅲ、Ⅳ、Ⅴ、Ⅵ，数字越小的围岩性质越好。所以，老规范中的Ⅴ类围岩就是新规范中的Ⅱ级围岩，老规范中的Ⅱ类围岩就是新规范中的Ⅴ级围岩。隧道围岩一般分为6级，一级围岩最好，基本上是整块坚硬的石头；六级围岩最差，基本上是碎散的松软土体。本节中的围岩分类均是按老规范进行的。

2）复合式衬砌

复合式衬砌是由初期支护和二次支护组成的。初期支护是限制围岩在施工期间的变形，达到围岩的暂时稳定；二次支护则是提供结构的安全储备或承受后期围岩压力。因此，初期支护应按主要承载结构设计。二次支护在Ⅳ类及以上围岩时按安全储备设计，在Ⅲ类及以下围岩时按承载（后期围压）结构设计，并均应满足构造要求。

复合式衬砌的设计，目前以工程类比为主，理论验算为辅。结合施工，通过测量、监控取得数据，不断修改和完善设计。复合式衬砌设计和施工密切相关，应通过量测及时支护，并掌握好围岩和支护的形变和应力状态，以便最大限度地发挥由围岩和支护组成的承载结构的自承能力。通过量测，掌握好断面的闭合时间，保证施工期安全。确定恰当的支护标准和合适的二次衬砌时间，达到作用在承载结构上的形变压力最小，且又十分安全和稳定的目的。

Ⅲ类及以下围岩或可能出现偏压时，应设置仰拱。仰拱不仅能解决基础承载力不够的问题，减少下沉，还能起到防止底鼓的隆起变形、调整衬砌应力的作用；更重要的是能封闭围岩，制止围岩过大的松弛变形，将围岩塑性变形和形变压力控制在允许范围；还增加底部和墙部的支护抵抗力，防止内挤而产生剪切破坏。

两层衬砌之间宜采用缓冲、隔离的防水夹层，其目的是，当第一层产生形变及形变压力较大时，能给予极少量形变的可能，降低形变压力。而当一次衬砌支护力不够时，可将少量形变压力均匀地传布到二次衬砌上，依靠二次衬砌进一步制止继续变形，并且不使一次衬砌出现裂缝时，二次衬砌也出现裂缝。如果两层衬砌之间有了隔离层（即防水夹层），则防水效果良好，且可减少二次衬砌混凝土的收缩裂缝。

在确定开挖尺寸时，应预留必要的初期支护变形量，以保证初期支护稳定后，二次衬砌的必要厚度。当围岩呈"塑性"时，变形量是比较大的。由于预先设定的变形量与初期支护稳定后的实际变形量往往有差距，故应经常量测校正，使延续各衬砌段预留变形量更符合围岩及支护变形实际。

3）锚喷衬砌

锚喷支护作为隧道的永久衬砌，一般考虑在Ⅳ类及以上围岩中采用；在Ⅲ类及以下围岩中，采用锚喷支护经验不足，可靠性差。按目前的施工水平，可将锚喷支护作为初期支护配合第二次模注混凝土衬砌，形成复合衬砌。在围岩良好、完整、稳定地段，如Ⅴ类及以上，只需采用喷射混凝土衬砌即可，此时喷射混凝土的作用为：局部稳定围岩表层少数已松动的岩块；保护和加固围岩表面，防止风化；与围岩形成表面较平整的整体支承结构，确保营运安全。

在层状围岩中，应加入锚杆支护，通过联结作用和组合原理保护和稳定围岩，并利用喷射混凝土表面封闭和支护的配合，使围岩和锚杆喷射混凝土形成一个稳定的承载结构。锚杆应与稳定围岩联结，与没有松动的较完整的稳定的围岩体相联结；锚杆应有足够的锚固长度，伸入松动围岩以外或伸入承载环以内一定深度。

当围岩呈块（石）碎（石）状镶嵌结构，稳定性较差时，锚喷混凝土主要起整体加固作用。依靠锚杆和钢筋网喷混凝土的支护力和锚杆的联结及本身的抗剪强度，提高围岩承载圈的抗压强度和抗剪强度，达到对围岩的整体加固作用，使围岩和锚喷支护共同成为一个承载结构。

锚喷衬砌的内轮廓线，宜采用曲墙式的断面形式，这是为了使开挖时外轮廓线圆顺，尽可能减少围岩中的应力集中、减小围岩内缘的拉应力，尽可能消除围岩对支护的集中荷载，使支护只承受较均匀的形变压力，使喷层支护都处在受压状态而不产生弯矩。锚喷衬砌的外轮廓线除考虑锚喷变形量外宜再预留20cm。其理由是：锚喷支护作为永久衬砌目前在设计和施工中都经验不足，需要完善的地方还很多，尤其是公路部门，这样的施工实例还不多；锚喷支护作为柔性支护结构，厚度较薄，变形量较大，预留变形量能保证以后有可能进行补强和达到应有的补强厚度而留有余地；另外，还考虑到如锚喷衬砌改变为复合式衬砌时，能保证复合式衬砌的二次衬砌最小厚度20cm。

采用锚喷衬砌后，内表面不太平整顺直，美观性差，影响司机在行车中的视觉感观。

在高等级道路或城镇及其附近的隧道，应根据需要考虑内装，除消除上述缺点外，也便于照明、通风设备的安装，提高洞内照明、防水、通风、视线诱导、减少噪声等的效果。

在某些不良地质、大面积涌水地段和特殊地段不宜采用锚喷衬砌作为永久衬砌。大面积涌水地段，喷射混凝土很难成型且即使成型，其强度及与围岩的粘结力无法保证；锚杆与围岩的粘结、锚杆的锚固力也极难保证，难于发挥锚喷支护应有的作用。膨胀性围岩和不良地质围岩，如黏土质胶结的砂岩、粉砂岩、泥砂岩、泥岩等软岩，开挖后极易风化、潮解、遇水泥化、软化、膨胀，造成大的围岩压力，稳定性极差，甚至流坍。堆积层、破碎带等不良地质，往往有水，施工时缺乏足够的自稳能力和一定的稳定时间。这样，锚杆无法同膨胀性围岩和有水堆积层、破碎带形成可靠的粘结，喷射混凝土与围岩面也很难形成良好的粘贴。因此，锚喷支护就难于阻止围岩的迅速变形，难以形成可靠、稳定的承载圈。

不宜采用锚喷支护作为永久衬砌的情况还包括：对衬砌有特殊要求的隧道或地段，如洞口地段等；要求衬砌内轮廓很整齐、平整；辅助坑道或其他隧道与主隧道的连接处及附近地段；有很高的防水要求的隧道；围岩及覆盖太薄，且其上已有建筑物，不能沉落或拆除者等；地下水有侵蚀性，可能造成喷射混凝土和锚杆材料的腐蚀；寒冷和严寒地区有冻害的地方等。

4）拼装衬砌

隧道衬砌是永久性的重要结构物，应有相当的可靠性和保证率，一旦破坏，运营中很难恢复。因此，要求衬砌密实、抗渗、抗侵蚀、不产生病害，衬砌能够长期、安全地使用。

当地质条件较好，围岩稳定，地下水很少，有场地，施工单位又有制造、运输和拼装衬砌的设备，并控制开挖和拼装工艺有一定的经验时，可采用拼装衬砌。当采用盾构施工，又考虑二次衬砌时，也宜采用拼装衬砌，快速形成一次衬砌的强度。在山岭隧道建设中，很少采用拼装衬砌。

洞口一般较洞身围岩条件差，节理裂隙发育，风化重；再加上隧道埋置浅薄受地形、地表水、地下水、风化冻裂影响明显；容易形成偏压，甚至受仰坡后围岩纵向推力的影响，围岩容易失去稳定，使衬砌产生病害。故洞口一般采用加强的衬砌形式，包括复合式衬砌，而不采用锚喷衬砌。

6.2.2.2 洞门构造物

洞门是隧道两端的外露部分，也是联系洞内衬砌与洞口外路堑的支护结构，其作用是保证洞口边坡的安全和仰坡的稳定，引离地表流水，减少洞口土石方开挖量。洞门也是标志隧道的建筑物，因此应与隧道规模、使用特性以及周围建筑物、地形条件等相协调。

洞门附近的岩（土）体通常都比较破碎松软，易于失稳，形成崩塌。为了保护岩（土）体的稳定和使车辆不受崩塌、落石等威胁，确保行车安全，应该根据实际情况，选择合理的洞门形式。洞门是各类隧道的咽喉，在保障安全的同时，还应适当进行洞门的美化和环境的美化。山岭隧道常用的洞门形式主要有端墙式、翼墙式和环框式；水底隧道的洞门通常与附属建筑物，如通风站，供、蓄、发电间，管理所等结合在一起修建；城市隧道既可能是山岭隧道，也可能是水底隧道，不过一般情况下交通量都比较大，对建筑艺术上的要求也较高。

道路隧道在照明上有相当高的要求，为了处理好司机在通过隧道时的一系列视觉上的变化，有时考虑在入口一侧设置减光棚等减光构造物，对洞外环境做某些减光处理。这样洞门位置上就不再设置洞门建筑，而是用明洞和减光建筑将衬砌接长，直至减光建筑物的端部，构成新的入口。

洞门还必须具备拦截、汇集、排出地表水的功能，使地表水沿排水渠道有序排离洞门，防止地表水沿洞门流入洞内。所以洞门上方女儿墙应有一定的高度，并有排水沟渠。

当岩（土）体有滚落碎石可能时，一般应接长明洞，减少对仰坡、边坡的扰动，使洞门墙离开仰坡底部一段距离，确保落石不会滚落在车行道上。

1. 洞门形式

1）端墙式洞门

端墙式洞门适用于岩质稳定的Ⅳ类以上围岩和地形开阔的地区，是最常使用的洞门形式，如图 6-13 所示。

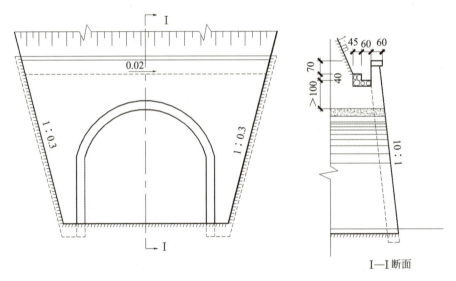

图 6-13　端墙式洞门

2）翼墙式洞门

翼墙式洞门适用于地质较差的Ⅲ类以下围岩，以及需要开挖路堑的地方。翼墙式洞门由端墙及翼墙组成。翼墙是为了增加端墙的稳定性而设置的，同时对路堑边坡也起支撑作用。其顶面通常与仰坡坡面一致，顶面上一般均设置水沟，将端墙背面排水沟汇集的地表水排至路堑边沟内，如图 6-14 所示。

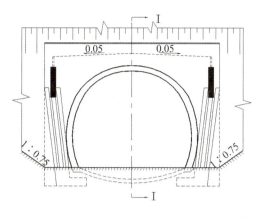
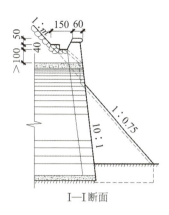

图 6-14 翼墙式洞门

3) 环框式洞门

当洞口岩层坚硬、整体性好、节理不发育，路堑开挖后仰坡极为稳定，并且没有较大的排水要求时采用环框式洞门。环框与洞口衬砌用混凝土整体灌筑，如图 6-15 所示。

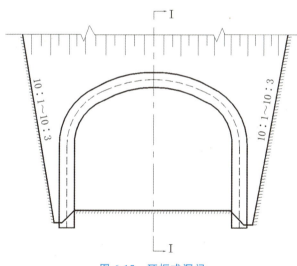

图 6-15 环框式洞门

当洞口为松软的堆积层时，一般宜采用接长明洞，恢复原地形地貌的办法。此时，仍可采用洞口环框，但环框坡面较平缓，一般与自然地形坡度相一致。环框两翼与翼墙一样能起到保护路堑边坡的作用。环框四周恢复自然植被原状，或重新栽植根系发达的树木等，以使仰坡、边坡稳定。在引道两侧如果具备条件可以栽植高大乔木，形成林荫大道，这样的总体绿化对洞外减光十分有益，是一个值得推荐的好方法。不过环框上方及两侧仍应设置排水沟渠，以排出地表水，防止漫流。倾斜的环框还有利于向洞内散射自然光，增加入口段的亮度。

4) 遮光棚式洞门

当洞外需要设置遮光棚时，其入口通常外伸很远。遮光构造物有开放式和封闭式之分，前者遮光板之间是透空的，后者则用透光材料将前者透空部分封闭。但由于透光材料上面容易沾染尘垢油污，养护困难，所以很少使用后者。遮光构造物在形状上又有喇叭式与棚式之分。

除上述基本形式外，还有一些变化形式，如柱式洞门：在端墙上增加对称的两个立柱，不但雄伟壮观，而且对端墙局部加强，增加洞门的稳定性。此种形式一般适用于城镇、乡村、风景区附近的隧道。为适应山坡地形，在沿线傍山隧道半路堑情况下常采用台阶式洞门形式，将端墙做成台阶式。

2. 隧道洞门构造

洞口仰坡地脚至洞门墙背应有不小于 1.5m 的水平距离，以防仰坡土石掉落到路面上，危及安全。洞门端墙与仰坡之间水沟的沟底与衬砌拱顶外缘的高度不应小于 1.0m，以免落石破坏拱圈。洞门墙顶应高出仰坡脚 0.5m 以上，以防水流溢出墙顶，也可防止掉落土石弹出。水沟底下填土应夯实，否则会使水沟变形，产生漏水，影响衬砌强度。

洞门墙应根据情况设置伸缩缝、沉降缝和泄水孔，以防止洞门变形。洞门墙的厚度可按计算或结合其他工程类比确定，但墙身厚度不得小于 0.5m。

洞门墙基础必须置于稳固地基上，这是因为通常洞口位置的地形地质条件比较复杂，有的全为松散堆积覆盖层，有的半软半硬，有的地面倾斜陡峻，为了保证建筑物稳固，洞门墙基础应埋置足够的深度。基底埋入土质地基的深度不应小于 1m，嵌入岩石地基的深度不应小于 0.5m。

地基强度偏小时，可根据情况采用扩大基础、换土、设置桩基、压浆加固地基等措施。地基为冻胀土层时，冻结时土壤隆起、膨胀力大，而解冻时由于水融作用，土壤变软后沉陷，建筑物相应下沉，产生衬砌变形。根据公路工程一般设置基础的经验，要求基底设在冻结线以下不小于 0.25m（所指的冻结线为当地最大的冻结深度）。如果冻结线较深，施工有困难，可采取非冻结性的砂石材料换填，或设置桩基等办法。对于不冻胀土层中的地基，例如岩石、卵石、砾石、砂等，埋置深度可不受冻结深度的限制。

6.3 结构形式与力学模型

隧道结构的工程特性、设计原则和方法与地面结构的完全不同，隧道结构是由周边围岩和支护结构共同组成的并相互作用的结构体系。各种围岩都是具有不同程度自稳能力的介质，即周边围岩在很大程度上是隧道结构承载的主体，其承载能力必须加以充分利用。隧道衬砌的设计计算必须结合围岩自承能力进行，隧道衬砌除必须保证有足够的净空外，还要求有足够的强度，以保证在使用寿限内结构物有可靠的安全度。显然，对不同形式的衬砌结构物应该用不同的方法进行强度计算。

6.3.1 隧道力学研究的发展

隧道建筑虽然是一种古老的建筑结构，但其结构计算理论的形成却较晚。从现有资料看,最初的计算理论形成于 19 世纪。其后建筑材料、施工技术、量测技术的发展,促进了计算理论的逐步发展。最初的隧道衬砌使用砖石材料,其结构形式通常为拱形。由于砖石以及砂浆材料的抗拉强度远低于抗压强度,采用的截面厚度常常很大,所以结构变形很小,可以忽略不计。因为构件的刚度很大,故将其视为刚性体。计算时按静力学原理确定其承载时压力线位置,验算结构强度。

在 19 世纪末,混凝土已经是广泛使用的建筑材料,它具有整体性好,可以在现场根据需要进行模注等特点。隧道衬砌结构是作为超静定弹性拱计算的,但仅考虑作用在衬砌上的围岩压力,而未将围岩的弹性抗力计算在内,忽视了围岩对衬砌的约束作用。由于把衬砌视为自由变形的弹性结构,因而通过计算得到的衬砌结构厚度很大。大量的隧道工程实践表明,衬砌厚度可以减小,所以后来上述计算方法已经不再使用了。

进入 20 世纪后,通过长期观测,发现围岩不仅对衬砌施加压力,同时还约束着衬砌的变形。围岩对衬砌变形的约束,对改善衬砌结构的受力状态有利,不容忽视。衬砌在受力过程中的变形,一部分结构有离开围岩形成"脱离区"的趋势,另一部分压紧围岩形成所谓"抗力区",如图 6-16 所示。在抗力区内,约束着衬砌变形的围岩,相应地产生被动抵抗力,即"弹性抗力"。抗力区的范围和弹性抗力的大小,因围岩性质、围岩压力大小和结构变形的不同而不同。但是对这个问题有不同的见解,即局部变形理论和共同变形理论。

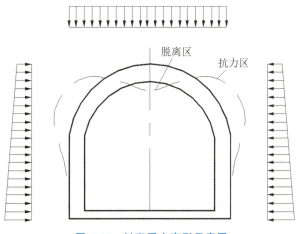

图 6-16 衬砌受力变形示意图

局部变形理论是以温克尔(E. Winkler)假定为基础的。它认为应力和变形之间呈直线关系,这一假定,相当于认为围岩是一组各自独立的弹簧,每个弹簧表示一个小岩柱。虽然实际的弹性体变形是互相影响的,施加于一点的荷载会引起整个弹性体表面的变形,即共同变形;但温克尔假定能反映衬砌的应力与变形的主要因素,且计算简便实用,可以满足工程设计的需要。应当指出,弹性抗力系数并非常数,它取决于很多因素,如围岩的性质、衬砌的形状和尺寸,以及荷载类型等。不过对于深埋隧道,可以将其视为常数。

共同变形理论把围岩视为弹性半无限体,考虑相邻质点之间变形的相互影响。它用纵向变形系数和横向变形系数表示地层特征，并考虑粘结力和内摩擦角的影响。但这种方法所需围岩物理力学参数较多，而且计算颇为繁杂，计算模型也有严重缺陷，另外还假定施工过程中对围岩不产生扰动等，更是与实际情况不符。因而，我国很少采用。

本书将介绍局部变形理论中目前仍有实用价值的方法。

6.3.2 隧道结构体系的计算模型

国际隧道协会（ITA，即国际隧道与地下空间协会）在1987年成立了隧道结构设计模型研究组，收集和汇总了各会员国当时采用的地下结构设计方法，如表6-1所示。

表6-1 一些国家采用的设计方法概况

国家	盾构隧道开挖的软土隧道	锚喷、钢拱支护软土隧道	中硬石质深埋隧道	明挖施工的框架结构
澳大利亚	弹性介质中全支承圆环；Muir Wood法、Curtis法；或假定隧道变形	初期支护：Proctor-white法；二次支护；弹性介质中全支承圆环；Muir Wood、Curtis法或假定隧道变形	初期支护：Proctor-white法；二次支护；弹性介质中全支承圆环；Muir Wood、Curtis法或假定隧道变形	箱形框架弯矩分配
奥地利	弹性地基圆环	弹性地基圆环；FEM；收敛-约束法	经验方法	弹性地基框架
德国	覆盖<2D，顶部无支承弹性地基圆环；覆盖>3D，全支承弹性地基圆环，FEM	覆盖<2D，顶部无支承弹性地基圆环；覆盖>3D，全支承弹性地基圆环，FEM	全支承弹性地基圆环；FEM；连续介质或收敛-约束法	弹性地基框架（底压力分布简化）
法国	弹性地基圆环；FEM	FEM；作用-反作用模型；经验法	连续介质模型；收敛-约束法；经验法	—
日本	局部支承圆环	局部支承弹性地基圆环；经验法加测试；FEM	弹性地基框架；FEM；特性曲线法	弹性地基框架；FEM
中国	弹性地基圆环、经验法	初期支护：FEM；收敛约束法；二次支护：弹性地基圆环	初期支护：经验法；永久支护：作用-反作用模型；大型洞室：FEM	箱形框架弯矩分配

续表

国家	盾构隧道开挖的软土隧道	锚喷、钢拱支护软土隧道	中硬石质深埋隧道	明挖施工的框架结构
瑞士	—	作用-反作用模型	FEM；经验法；有时收敛-约束法	—
英国	弹性地基圆环；Muir Wood 法	收敛-约束法；经验法	FEM；经验法；收敛-约束法	矩形框架
美国	弹性地基圆环	—	弹性地基圆环；Proctor-white 法；FEM；锚杆按经验法	弹性地基连续框架
瑞典	—	—	通常为经验法；有时作用-反作用模型；连续介质模型；收敛-约束法	—
比利时	Schulze-Duddek 法	—	—	刚架

经过总结，国际隧道协会认为，目前采用的地下结构设计方法可以归纳为以下 4 种设计模型：

（1）以参照过去隧道工程实践经验进行工程类比为主的经验设计法。

（2）以现场量测和实验室试验为主的实用设计方法。例如，以洞周位移量测值为根据的收敛-约束法。

（3）作用-反作用模型，即荷载-结构模型。例如，弹性地基圆环计算和弹性地基框架计算等计算法。

（4）连续介质模型，包括解析法和数值计算法。数值计算法目前主要是有限单元法。

从各国的地下结构设计实践看，目前，在设计隧道的结构体系时，主要采用两类计算模型：一类是以支护结构作为承载主体，围岩作为荷载，同时考虑其对支护结构的变形约束作用的模型；另一类则相反，视围岩为承载主体，支护结构为约束围岩变形的模型。

前者又称为传统的结构力学模型。它将支护结构和围岩分开来考虑，支护结构是承载主体，围岩作为荷载的来源和支护结构的弹性支承，故又可称为荷载-结构模型。在这类模型中隧道支护结构与围岩的相互作用是通过弹性支承对支护结构施加约束来体现的，而围岩的承载能力则在确定围岩压力和弹性支承的约束能力时间接地考虑。围岩的承载能力越高，它给予支护结构的压力越小，弹性支承约束支护结构变形的抗力越大，相对来说，支护结构所起的作用就变小了。

这一类计算模型主要适用于围岩因过分变形而发生松弛和崩塌，支护结构主动承受围岩"松动"压力的情况。所以说，利用这类模型进行隧道支护结构设计的关键问题，是如何确定作用在支护结构上的主动荷载，其中最主要的是围岩所产生的松动压力，以及弹性支承给支护结构的弹性抗力。一旦这两个问题解决了，剩下的就只是运用普通结构力学方法求出超静定体系的内力和位移了。属于这一类模型的计算方法有：弹性连续框架（含拱形）法、假定抗力法和弹性地基梁（含曲梁和圆环）法等。当软弱地层对结构变形的约束能力较差时（或衬砌与地层间的空隙回填，灌浆不密实时），地下结构内力计算常用弹性连续框架法；反之，可用假定抗力法或弹性地基梁法。

弹性连续框架法即为进行地面结构内力计算时的力法与变形法。

假定抗力法和弹性地基梁法已形成一些经典计算方法。这两个模型由于概念清晰，计算简便，易于被工程师们所接受，故至今仍很通用，尤其是对模筑衬砌。

第二类模型又称为岩体力学模型。它是将支护结构与围岩视为一体，作为共同承载单元的隧道结构体系，故又称为围岩-结构模型或复合整体模型。在这个模型中围岩是直接的承载单元，支护结构只是用来约束和限制围岩的变形，这一点正好和上述模型相反。复合整体模型是目前隧道结构体系设计中力求采用的并正在发展的模型，因为它符合当前的施工技术水平。在围岩-结构模型中可以考虑各种几何形状、围岩和支护材料的非线性特性、开挖面空间效应所形成的三维状态及地质中不连续面等。在这个模型中有些问题是可以用解析法求解，或用收敛-约束法图解的，但绝大部分问题，因数学上的困难必须依赖数值计算法，尤其是有限单元法。利用这个模型进行隧道结构体系设计的关键问题，是如何确定围岩的初始应力场，以及表示材料非线性特性的各种参数及其变化情况。一旦这些问题解决了，原则上任何场合都可用有限单元法计算围岩和支护结构应力和位移状态。

6.3.3 计算荷载及其组合

围岩压力与结构自重力是隧道结构计算的基本荷载。明洞及明挖法施工的隧道，填土压力与结构自重力是结构的主要荷载。《公路隧道设计规范》（JTG 3370.1—2018）列出了隧道结构计算的荷载类型，如表 6-2 所示，并按其可能出现的最不利组合考虑。其他各种荷载除公路车辆荷载之外，在结构计算时考虑的概率很小，有的也很难准确地表达与定量，表中所列荷载不论概率大小，力求其全，是为了体现荷载体系的完整，也是为了在结构计算时荷载组合的安全系数取值与《铁路隧道设计规范》（TB 10003—2016）的取值保持一致。同时又本着公路隧道荷载分类向公路荷载分类方法靠近的原则，在形式上与《公路桥涵设计通用规范》（JTG D60—2015）保持一致，在取用荷载组合安全系数时又能与铁路隧道荷载分类的相对应。表 6-2 中的永久荷载加基本可变荷载对应于铁路隧道设计规范中的主要荷载，其他可变荷载对应于铁路隧道的附加荷载，偶然荷载对应于铁路的特殊荷载。表 6-2 所列的荷载及分类不适用于新奥法（NATM）设计与施工的隧道。

表 6-2　作用在隧道结构上的荷载

编号	荷载分类		荷载名称
1	永久荷载		围岩压力
2			土压力
3			结构自重
4			结构附加恒载
5			混凝土收缩和徐变的影响力
6			水压力
7	可变荷载	基本可变荷载	公路车辆荷载、人群荷载
8			立交公路车辆荷载及其所产生的冲击力、土压力
9			立交铁路列车活载及其所产生的冲击力、土压力
10		其他可变荷载	立交渡槽流水压力
11			温度变化的影响力
12			冻胀力
13			施工荷载
14	偶然荷载		落石冲击力
15			地震力

注：编号 1~10 为主要荷载，编号 11、12、14 为附加荷载，编号 13、15 为特殊荷载。

作用在衬砌上的荷载，按其性质可以区分为主动荷载与被动荷载。主动荷载是主动作用于结构并引起结构变形的荷载；被动荷载是因结构变形压缩围岩而引起的围岩被动抵抗力，即弹性抗力，它对结构变形起限制作用。主动荷载包括主要荷载（指长期及经常作用的荷载，有围岩压力、回填土荷载、衬砌自重、地下静水压力等）和附加荷载（指非经常作用的荷载，有灌浆压力、冻胀压力、混凝土收缩应力、温差应力以及地震力等）。计算荷载应根据这两类荷载同时存在的可能性进行组合。在一般情况下可仅按主要荷载进行计算；特殊情况下才进行必要的组合，并选用相应的分项系数验算结构强度。被动荷载主要指围岩的弹性抗力，它只产生在被衬砌压缩的那部分周边上。其分布范围和图式一般可按工程类比法假定，通常可做简化处理。

6.4　加固与改造

下面分析武广客运专线行将山 2 号隧道轨道底板上浮应急处理的方案。

1. 工程概况

武广客运专线行将山 2 号隧道轨道底板如图 6-17 所示，2009 年 8 月，武广高铁开通在即，连续多日的暴雨致使地下水位持续上升，造成隧道内轨道板上浮变形，此时若列车通过将会引发重大安全事故。

图 6-17　武广客运专线行将山 2 号隧道轨道底板上浮应急处理工程

2. 处理方案

本项目的难点在于要在不影响通车的情况下解决轨道上浮问题。最终采用瞬时自锁锚固技术在 36 小时内完成了 200m 长轨道板范围内预应力自锁锚杆的安装，保证了武广高铁全线按时开通。处理方案是将锚杆底端的扩孔自锁锚头锚固在底板混凝土衬砌中，锚杆上端锚固在轨道外侧的轨道板顶，并施加预加力将轨道板压回原位进行锚固锁定，如图 6-18 所示。

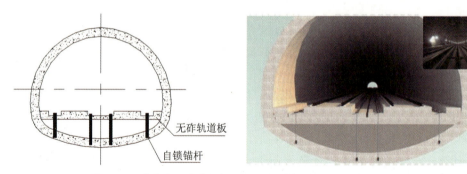

图 6-18　武广客运专线行将山 2 号隧道轨道底板上浮处理示意图

6.5　国内外著名隧道

1. 瑞士圣哥达基线隧道——世界上最长的隧道

圣哥达基线隧道，又译为哥达基线隧道，是穿越圣哥达山口的隧道，是欧洲南北轴线上穿越阿尔卑斯山最重要的通道之一。1999 年开工建设，2016 年正式开通，用时 17 年，共耗资约合 110 亿欧元。隧道长约合 57km（包含铁路隧道和公路隧道），穿越瑞士阿尔卑斯山脉底部，距地面约 2438.4m，成为世界上最长与最深的隧道。该项工程奇迹被视为欧洲团结的象征。

2. 洛达尔隧道——世界最长公路隧道

洛达尔隧道位于挪威西部地区，连接洛达尔与艾于兰，全长 24.51km，是世界上最长的公路隧道。1995 年 3 月开工，2000 年 11 月 27 日正式通车。

3. 秦岭终南山公路隧道——中国最长、世界第三的公路隧道

秦岭终南山公路隧道是世界最长的双洞单向公路隧道，该隧道于 2001 年 1 月 8 日动工建设，于 2007 年 1 月 20 日竣工，如图 6-19 所示。路面为双洞四车道、单向两车道，项目总投资额 40.27 亿元人民币。

图 6-19　秦岭终南山公路隧道

该隧道北起西安市长安区青岔，南至商洛市所辖的柞水县营盘镇，全长 18.02km，设计时速 80km，人们驱车 15 分钟便可穿越秦岭这一中国南北分界线。这个"世界之最"是完全由中国人自主设计施工的，而且在设计上也体现了人性化的理念：隧道内专门设置了特殊灯光带，通过不同的灯光和幻灯图案变化呈现出"蓝天""白云""彩虹"等景象，可以使驾驶员和乘客仿佛置身室外，有助于缓解驾驶和乘车的疲劳感。

4. 日本青函海底铁路隧道——世界上海拔最低的铁路隧道和世界最长的海底隧道

日本青函海底铁路隧道全长 53.85km，海底部分 23km，仅次于瑞士圣哥达基线隧道，是世界第二长的铁路隧道、世界最长的海底隧道。

该隧道 1964 年开工，1987 年建成，前后用了 23 年时间建成，隧道穿过本州岛和北海道之间的津轻海峡，深度为240m，吉尼斯世界纪录将其记载为世界上海拔最低的铁路隧道。

5. 广惠城际线松山湖铁路隧道——中国最长的铁路隧道

广惠城际线松山湖铁路隧道是中国已建成的最长铁路隧道，全长38.813km，于2017年12月28日通车。

6. 渤海海峡跨海通道——建成后将是世界最长的隧道（包含公路隧道和铁路隧道）

渤海海峡跨海通道，也称环渤海跨海通道，是中国境内规划建设的跨海通道，于1992年首次提出。其构想是：从山东蓬莱经长山列岛至辽宁大连旅顺，以跨海桥梁、海底隧道或桥梁隧道结合的方式，建设跨越渤海海峡的直达快捷通道。

2021年10月29日，中国国际经济交流中心发布了《中国智库经济观察（2020）》，这部长篇年度报告建议，将渤海海峡跨海通道建设纳入国家"十四五"规划。

规划建设的渤海海峡跨海通道，全长123km，采用铁路运输方式，建成后将成为世界最长的海底隧道和铁路隧道。

第 7 章 港口水工建筑物概论

港口水工建筑物是港口和船厂的重要组成部分和主要的基本建设工程，包括港口和船厂中的水工建筑物，如码头、防波堤、护岸、船台、滑道和船坞等。本章主要对港口部分建筑物做简要介绍。

7.1 起源与发展

最原始的港口是天然港口，有天然掩护的海湾、水湾、河口等场所供船舶停泊。港口的出现是从古代渔捞开始的，一般都是天然港湾，只是为了单纯地停泊渔船或是安全避险。

随着时间的推移和人类生产力的发展，天然港口已经越来越不能满足人类自身发展的需要，须兴建具有码头、防波堤和装卸机具设备的人工港口，这是港口工程建设的开端。以色列特拉维夫的雅法港口在距离特拉维夫 1 英里（1 英里＝1.61 千米）的地方，它是世界上最古老的港口之一，经测定其建造年代为公元前 3 世纪。

中国有文字记载的港口始于 3000 多年前的商王朝。殷商时期（约公元前 1300—前 1046 年），从商都城殷（今河南安阳）出土甲骨文，刻有"王率其舟于河""王率其舟于洀"，河指黄河，洀指洀水（今漳河），可以判断殷所在的黄河、洀水和洹河（今安阳河）一带有早期港口。商末，都城迁至朝歌（今河南淇县），结合《诗经》中"淇水悠悠，桧楫松舟""送子涉淇，至于顿丘"等诗句推断，朝歌和顿丘两地均已形成港口，使舟筏得以靠泊。

商代后期，长江流域有了早期港口，考古发现在滠水入长江的滠口镇盘龙城（今武汉市黄陂区）有商代宫殿遗址、墓葬和石器。盘龙城东滨滠水，南临长江表明当时已利用水运，并建立了早期港口。

商末，黄河著名渡口孟津有较大的吞吐能力。《史记》中记载，武王伐纣先后两次率"戎车三百乘、虎贲三千人、甲士四万五千人"在孟津渡黄河。

秦统一六国后开通灵渠，沟通了湘江和珠江水系，同时造就了兴安等港口。同时秦始皇东巡海江的过程中还重点扶持了琅琊港，曾迁入两万户定居以助其繁荣，并两次从该港派出方士徐福率领大规模船队出海。

汉武帝时，朝廷大力开辟海上交通，发展了北起西安平（今辽宁丹东市），南至日南郡（郡治在今越南西贡）的南北沿海分段航线，开始形成"海上丝绸之路"。唐代国力强盛时期，全方位对外开放，扬州港成为海、江、河中转枢纽港，鉴真和尚第六次东渡日本的船队就是从扬州港起航。同时广州港成为中国对东南亚、西亚、印度洋各国交往的第一大港。宋代对海运十分重视，广州港、明州港、泉州港、温州港都名噪一时。

时间来到17世纪中叶到20世纪中叶，随着资本主义的发展和商品经济的崛起，船舶迅速大型化，原来以石材和木料为主的港口工程逐渐被以钢材和混凝土结构为主的工程所取代，在工程建设理论方面也有巨大的创新，从而保证了港口工程结构物的安全性。

我们所熟知的港口工程是现代港口工程，兴建于20世纪中叶以后。第二次世界大战后，现代科学技术推进了建筑材料的发展、建筑理论技术的更新及施工过程的工业化和规模化，出现了一大批大型的海港，如荷兰的鹿特丹港（图7-1）和中国的上海洋山港（图7-2）。

图7-1　荷兰鹿特丹港

图7-2　中国上海洋山港

英国在第一次工业革命中崛起，成为当时的世界工厂，是19世纪初最强的国家。伦敦港务局于1903年设立，伦敦是当时世界上最大的港口和航运中心，伦敦港拥有深水泊位（万吨级）100多个，最大泊位3万吨级，码头吞吐能力5000万吨。经过第一次和第二次世界大战，美国迅速崛起，1963年纽约港货物吞吐量达9260万吨，超越伦敦港成为世界货物吞吐量第一大港。20世纪80年代初，集装箱接卸量成为衡量港口规模的关键。1985年鹿特丹港完成集装箱吞吐量$265×10^4$TEU（标准集装箱），超过当时纽约港，成为世界集装箱吞吐量第一大港。1992年，鹿特丹港被香港以$794×10^4$TEU的吞吐量超越。2005年，新加坡港以多出$59×10^4$TEU的微弱优势超越香港（$2260×10^4$TEU）成为世界第一大港。2010年，上海港成为全球集装箱第一大港。

现代港口基础设施的发展趋势是深水化和大型化。为了降低航运成本，船舶大型化持续加速，航道和泊位水深也随之加深。当前港口的发展进入"第四代港口"，以信息化为基础，港城一体，提供全程、全方位、多层次、个性化的全球化物流供应链综合服务。

7.2　构造与功能

港口水工建筑物是港口的重要组成部分，一般包括码头、防波堤、护岸等。

7.2.1 码头

码头是供船舶系靠、装卸货物或上下旅客的建筑物的总称,它是港口中主要的水工建筑物之一,它的主要布置形式有:①顺岸式:码头与自然海岸线大体平行,在河港、河口港及部分中小型海港中较常用,如图 7-3(a)所示;②突堤式:码头的前沿线与自然岸线有较大的角度,如图 7-3(b)所示;③挖入式:港池由人工开挖形成,在大型的河港及河口港中较为常见。

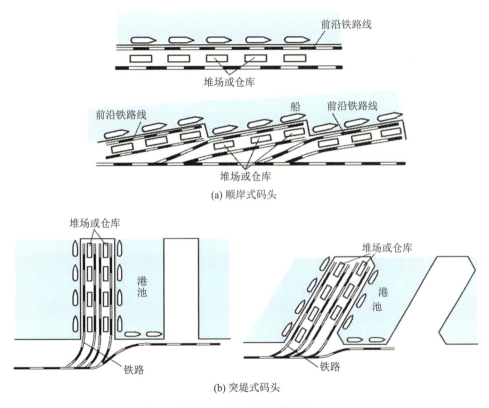

图 7-3 码头平面布置形式

7.2.2 防波堤

防波堤的主要功能是为港口提供掩护条件,阻止波浪和漂沙进入港内,保持港内水面的平稳和所需要的水深,同时兼有防沙防冰作用。防波堤的平面布置方式有:①单突式:在海岸适当地点筑堤一条,伸入海中,使堤端达到适当的深水处,如图 7-4(a)所示;②双突式:自海岸两边适当的地点各筑突堤一道伸入海中,在两堤的末端形成突出深水的出口,以形成较大的水域,保持港内的航道水深;③岛堤:筑堤海中,形成海岛,专拦迎面袭来的波浪与漂沙,如图 7-4(b)所示;④组合堤:也称混合堤系,由双突堤与岛堤混合应用而成，如图 7-4（c）所示。

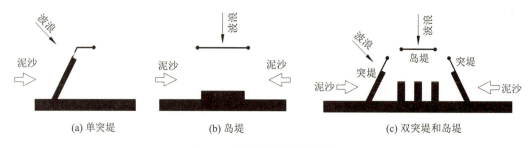

图 7-4　防波堤平面布置方式

防波堤按断面形式可分为斜坡式防波堤、直立式防波堤、其他形式防波堤（半圆形防波堤、透空式防波堤等），如图 7-5 所示。

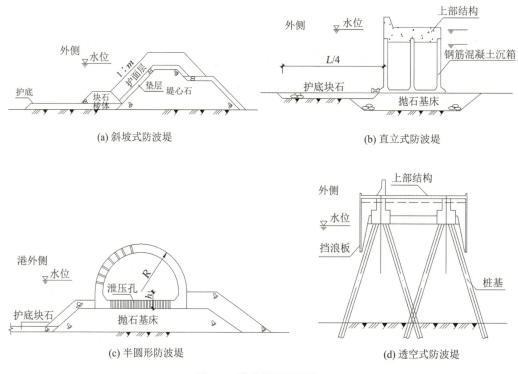

图 7-5　防波堤断面形式

7.2.3　护岸建筑

天然河岸或海岸因受到波浪、潮汐、水流等自然力的破坏作用会产生冲刷和侵蚀现象。但是码头的陆域边界一般是不允许冲刷的，因此产生了护岸建筑。护岸工程有下列形式：

（1）坡式护岸，分为上部护坡和下部护脚。上部护坡的结构形式应根据河岸地质条件和地下水活动情况，采用干砌石、浆砌石、混凝土预制块、现浇混凝土板、模袋混凝土等。下部护脚部分的结构形式应根据岸坡地形地质情况、水流条件和材料来源，采用抛石、石笼、柴枕、柴排、土工织物枕、软体排、模袋混凝土排、铰链混凝土排、钢筋混凝土块体、混合形式等。

（2）坝式护岸。可选用丁坝，顺坝及丁坝、顺坝相结合的勾头丁坝等形式。

丁坝又称挑流坝，是与河岸正交或斜交伸入河道中的河道整治建筑物。该坝的端与堤岸相接呈"T"字形。丁坝有长短之分，长者使水流动力轴线发生偏转，趋向对岸，起挑流作用；短者起局部调整水流保护河岸的作用。

顺坝是指一种纵向河道整治建筑物。坝身一般较长，与水流方向大致平行或有很小交角，沿治导线布置，它具有束窄河槽、引导水流、调整岸线的作用，因此又称作导流坝。

（3）墙式护岸。对河道狭窄、堤防临水侧无滩易受水流冲刷、保护对象重要、受地形条件或已建建筑物限制的河岸宜采用墙式护岸。墙式护岸的结构形式可采用直立式、陡坡式、折线式等。墙体结构材料可采用钢筋混凝土、混凝土、浆砌石、石笼等。

（4）其他形式护岸。如桩式护岸、枊槎坝、植树植草生物防护措施等。

7.3 结构形式与力学模型

港口水工建筑物的设计，除应满足一般的强度、刚度、稳定性（包括抗地震的稳定性）和沉陷方面的要求外，还应特别注意波浪、水流、泥沙、冰凌等动力因素对港口水工建筑物的作用及环境水（主要是海水）对建筑物的腐蚀作用，并采取相应的防冲、防淤、防渗、抗磨、防腐等措施。本节主要讨论码头，码头按结构形式可以分为重力式码头、板桩码头、高桩码头和混合式码头。

7.3.1 重力式码头

重力式码头是依靠结构本身及其上面填料的重量来保持其自身抗滑移稳定和抗倾覆稳定的挡土建筑物。重力式码头的优点是：抗冻和抗冰性能好，坚固耐久；可承受较大码头地面荷载；对码头地面超载和装卸工艺变化适应性强；施工比较简单；用钢材少，有些结构（如混凝土方块码头）基本不用钢材；造价低；设计和施工经验比较成熟。因此，它是使用单位和施工单位比较欢迎的一种码头结构形式。其缺点是：施工速度较慢；需要大量的砂石料。重力式码头一般适用于较好的地基，例如岩石、砂、卵石、砾石及硬黏土的地基。在我国从南到北的海港中重力式码头均得到广泛应用，例如黄埔港、湛江港、厦门港、青岛港、烟台港、秦皇岛港及大连港等，在河港中应用也很广泛。

1. 重力式码头结构形式

1）墙身和胸墙

墙身和胸墙是重力式码头建筑物的主体结构。其构成船舶系靠所需要的直立墙面挡住墙后的回填土直接承受施加在码头上的各种荷载,并将这些荷载传递到基础和地基中。此外,胸墙还起着将墙身构件连成整体的作用,并用以固定防冲设施等,通常系船柱块体也与胸墙连在一起。

重力式码头的结构形式主要决定于墙身结构。墙身结构的形式主要有方块结构(图7-6(a))、沉箱结构(图7-6(b))、扶壁结构、空心方块等。

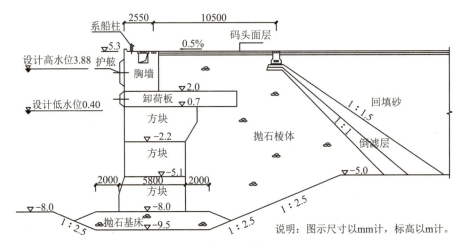

(a) 方块结构重力式码头

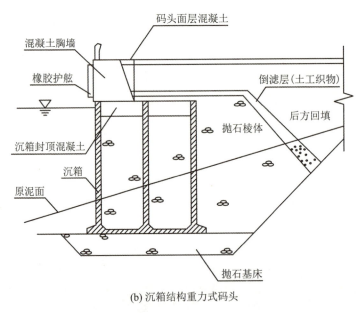

(b) 沉箱结构重力式码头

图 7-6　重力式码头中墙身的结构形式

2) 基础

基础的主要功能是将通过墙身传递下来的外力扩散到地基的较大范围,以减小地基应力和建筑物的沉降;同时,也保护地基免受波浪和水流的淘刷,保证墙身的稳定。当墙身采用预制安装结构时,通常采用抛石基床做基础。

3）墙后回填土

在岸壁式码头建筑物中，墙体后要回填砂、土，以形成码头地面。为了减小墙后土压力，有些重力式码头在紧靠墙背处，采用粒径和内摩擦角较大的材料（如块石）回填，作为减压棱体。

2. 重力式码头的计算

重力式码头的设计应考虑三种设计状况：持久状况；短暂状况；偶然状况。施加在重力式码头上的作用可以分为以下三类：①永久作用，包括建筑物自重力、固定机械设备自重力、墙厚填料产生的土压力、剩余水压力（墙前计算低水位与墙后地下水位的水位差称为剩余水头）等；②可变作用，包括堆货荷载、流动机械荷载、码头面可变作用产生的土压力、船舶荷载、施工荷载、冰荷载和波浪力等；③偶然作用，包括地震作用等。为保证重力式码头的正常工作，应根据实际工作情况按不同的极限状态和效应组合计算或验算。

重力式码头承载能力极限状态的持久组合应进行下列计算或验算：

（1）对墙底面和墙身各水平缝及齿缝计算面前趾的抗倾覆稳定性；

（2）沿墙底面、墙身各水平缝的抗滑稳定性；

（3）沿基床底面和基槽底面的抗滑稳定性；

（4）基床和地基承载力；

（5）墙底面合力作用位置；

（6）整体稳定性；

（7）卸荷板、沉箱、扶壁、空心块体和大圆桶等构件的承载力。

重力式码头承载能力极限状态的短暂组合应对施工期进行下列验算：

（1）有波浪作用，墙后尚未回填或部分回填时，已安装的下部结构在波浪作用下的稳定性；

（2）有波浪作用，胸墙后尚未回填或部分回填时，墙身、胸墙在波浪作用下的稳定性；

（3）墙后采用吹填时，已建成部分在水压力和土压力作用下的稳定性；

（4）施工期构件出运、安装时的稳定性和承载力。

重力式码头正常使用极限状态设计应按相应作用组合进行下列计算或验算：

（1）卸荷板、沉箱、扶壁、空心块体和大圆桶等构件的裂缝宽度；

（2）地基沉降。

7.3.2 板桩码头

板桩码头主要靠板桩沉入地基来维持工作，是以板桩为主体，构成连续墙，并由帽梁（或胸墙）、导梁和锚碇结构等组成的直立式码头。板桩码头是依靠板桩入土部分的被动土压力和安设在其上部的锚碇结构（对于有锚板桩而言）的支承作用来维持其稳定的。

其结构简单,材料用量少,施工方便,施工速度快,对复杂的地质条件适应性强,主要构件可在预制厂预制;但结构耐久性不如重力式码头,施工过程中一般不能承受较大的波浪作用。板桩码头及驳岸结构示意图如图7-7所示。

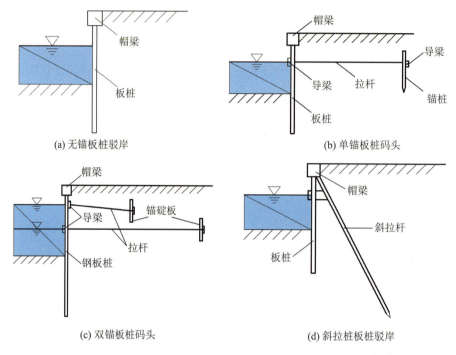

图 7-7　板桩码头及驳岸示意图

7.3.2.1　板桩码头的结构构成

1. 板桩

板桩墙的作用是构成直立的码头岸壁,并挡住墙后的土体。板桩墙常采用钢筋混凝土板桩和钢板桩。

2. 锚碇结构

为减小板桩的入土深度和桩顶位移,改善板桩的受力状况,常在板桩墙后设置锚碇结构,并通过拉杆将其与板桩墙相连。常见锚定结构如图7-8所示。

3. 拉杆

拉杆是板桩墙和锚碇结构之间的传力构件,是拉杆式板桩码头的重要构件之一。

4. 导梁、帽梁及胸墙

为了使板桩能共同工作和码头前沿线整齐,通常在板桩顶端用现浇混凝土做成帽梁。

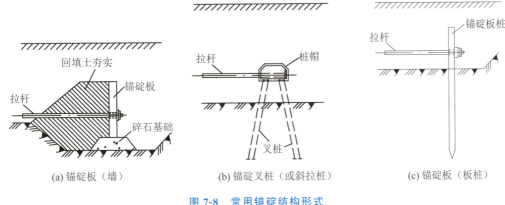

图 7-8 常用锚碇结构形式

为了使每根板桩都能被拉杆拉住，在拉杆和板桩墙的连接处设置导梁。无锚板桩墙只设置帽梁。为便于安装护舷、设置管道及减少板桩长度，有时将帽梁和导梁合并成一个构件，称之为胸墙。

5．排水设施

板桩码头是实体结构。为了减小或消除作用在板桩墙上的剩余水压力，板桩墙应在设计低水位附近预留排水孔。

7.3.2.2 板桩码头的计算

本小节主要介绍单锚板桩墙的计算。

板桩码头上的作用有：①土体本身产生的主动土压力和板桩墙后的剩余水压力等永久作用；②由码头地面上各种可变荷载产生的土压力、船舶荷载、施工荷载、波浪力等可变作用。

1．单锚板桩的工作状态和受力特性

在水平力的作用下，单锚板桩墙的锚碇结构的固定作用，使得板桩墙上端受到约束而不能自由移动，从而在上端形成一个铰接支点，而板桩的下端由于入土深度不同，产生了图 7-9 所示不同的工作状态。

(1) 板桩入土不深，只有一个方向的弯矩，这种情况按底端自由计算。

(2) 入土深度介于工作状态图 7-9（a）和图 7-9（c）之间。

(3) 随着板桩入土深度的增加，入土部分出现与跨中相反的弯矩，板桩嵌固在地基中。这种工作状态按底端嵌固计算，板桩断面较小，位移小，板桩稳定性好。

(4) 与图 7-9（c）工作状态类似，但入土深度更大，固端弯矩大于跨中弯矩，稳定性有富余。

2．单锚板桩墙的计算

单锚板桩墙的计算包括板桩墙的入土深度、板桩墙弯矩和拉杆拉力的计算，计算方

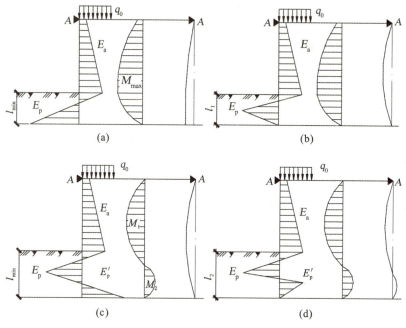

图 7-9 单锚板的工作状态

法有弹性线法、弹性地基梁法。

1) 弹性线法

(1) 墙前主动土压力和墙后被动土压力都按古典土压力理论计算。

(2) 假定板桩墙底端嵌固，拉杆锚碇点的位移和板桩墙在底端 E'_p 作用点的线变位和角变位都等于零。计算图示如图 7-10 所示，为一次超静定结构，未知数包括拉杆拉力 R_a、入土深度和底端被动土压力合力 E'_p。除了两个受力平衡条件（力、弯矩），尚需利用变形条件。一般采用试算法，先假定入土深度，然后作弯矩图，弯矩图即为板状的弹性变形曲线。如果能满足前面的变形条件，则入土深度合适；如不满足，需重新假定入土深度试算。

(3) 考虑墙后土压力重分布和拉杆锚碇点位移使得板桩墙跨中弯矩减小，跨中弯矩可以乘以折减系数（0.7~0.8），拉杆乘以不均匀系数 1.35。

2) 弹性地基梁法

板桩墙的入土深度按"踢脚"稳定计算。板桩墙的内力和变位可采用杆系有限元求解，计算图示如图 7-11 所示。

杆系有限元把板桩墙入土段的抗力用一系列弹性杆件替代，弹性杆的弹性系数等于水平地基系数乘以杆的间距。目前板桩码头设计中主要采用"m"法，"m"法假定水平地基系数沿深度线性增长。

3. 锚碇的计算

锚碇结构的计算包括：

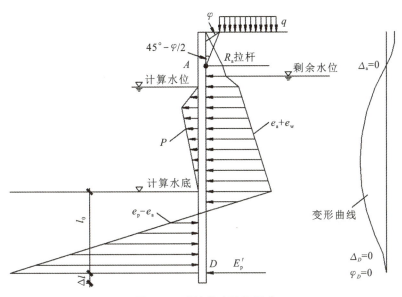

图 7-10 弹性线法计算图式

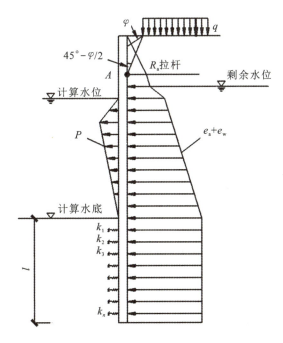

图 7-11 弹性地基梁法计算图式

(1) 锚碇墙（板）稳定性计算：锚碇墙（板）在拉杆拉力和墙（板）主动土压力的作用下依靠墙（板）前的被动土压力来维持稳定，计算图示如图 7-12 所示。

(2) 锚碇墙到板桩墙的距离。为了充分发挥锚碇墙（板）前面被动土压力的作用，要求板桩墙后面的土体的主动破裂面和锚碇墙（板）前面土体被动破裂面交于地面或以上。

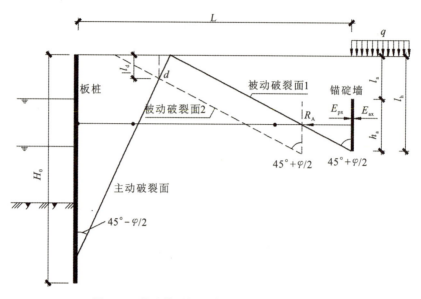

图 7-12 锚碇墙到板桩墙的最小距离计算图式

此外，锚碇结构的计算还包括水平位移计算、内力计算等。

4. 其他结构计算

单锚板桩墙的其他结构计算包括拉杆、帽梁、导梁及胸墙结构计算。

板桩码头还需要进行整体稳定性计算，可采用圆弧滑动法。

7.3.3 高桩码头

高桩码头是应用广泛的码头结构形式，主要由上部结构和桩基两部分组成。上部结构构成码头地面，并把桩基连成整体，直接承受作用在码头上的水平力和垂直力，并把它们传给桩基，桩基再把这些力传给地基。

高桩码头为透空结构，波浪放射小，对水流影响小。高桩码头适用于适合沉桩的各种地基，特别适用软土地基，在岩基上可以采用嵌岩桩。高桩码头的缺点是对地面超载和装饰工艺变化的适用性差，构件易损坏且难修复。

1. 高桩码头的结构形式

高桩码头的结构形式可以按桩台的宽度和挡土结构以及上部结构形式等进行分类。按桩台宽度和接岸结构高桩码头可以分为窄桩台码头和宽桩台码头，前者设有较高的挡土结构，后者无挡土结构或设有较矮的挡土墙。

按照上部结构高桩码头一般可以分为梁板式、桁架式、无梁板式和承台式等。

1）梁板式高桩码头

梁板式高桩码头上部结构主要由面板、纵梁、横梁、靠船构件等组成，如图 7-13 所示。梁板式高桩码头受力明确合理，能采用预应力结构，提高了构件的抗裂性能；横向排架间距大，桩的承载力能充分发挥，比较节省材料；此外装配程度高，结构高度比桁架小，施工速度快，造价低。它一般适用于水位差别不大，荷载较大且复杂的大型码头，是目前普遍采用的一种上部结构形式。

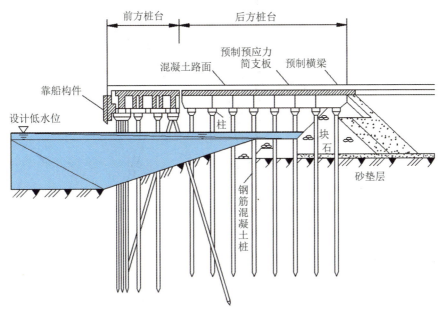

图 7-13 梁板式高桩码头示意图

2）桁架式高桩码头

桁架式高桩码头是上部结构含桁架的高桩码头，如图 7-14 所示。桁架式高桩码头整体性好、刚度大。

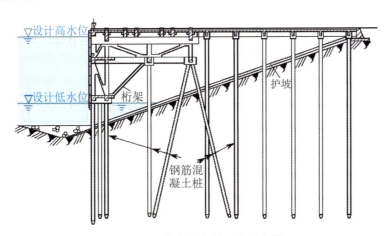

图 7-14 桁架式高桩码头示意图

3）无梁板式高桩码头

无梁板式高桩码头是上部结构不设系梁，面板通过桩帽直接与基桩联系的高桩码头，如图 7-15 所示。其结构简单，施工迅速，造价低，但施加预应力困难，刚度和整体性较差。它适用于水位相差不大、集中荷载较小的中小型码头。

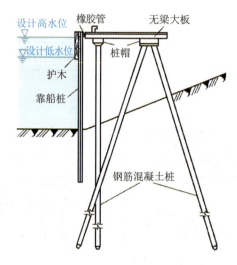

图 7-15　无梁板式高桩码头

2. 梁板式高桩码头的计算

高桩码头的设计应包括持久状况、短暂状况、偶然状况三种设计状况，并按照不同的极限状态和效应组合计算和验算。按承载能力极限状态设计的有下列情况：①结构的整体稳定、岸坡稳定、挡土结构抗倾覆、抗滑移等；②构件的强度；③桩、柱的压曲稳定等；④桩的承载力等。按正常使用极限状态设计的有下列情况：①混凝土构件的抗裂、限裂；②梁的挠度（装卸机械有控制变形要求时）；③柔性靠桩水平变位；④装卸机械作业引起的结构振动等。

1）板

板可以简化为单向板和双向板计算。

2）梁

梁系结构采用平面体系计算时，纵梁根据梁与支座的连接情况、支座宽度等结构特点，采用简支梁、弹性支承连续梁等计算模型进行内力分析，也可以采用其他合适的结构分析方法进行计算。

3）横向排架计算

高桩码头的结构分段是一个空间整体结构。有条件时可根据具体情况选用合适的空间计算方法进行计算。但对于常见的板梁式高桩码头，横梁和其下桩基组成的横向排架常是主要受力构件，各排架结构布置和受荷条件（边排架除外）基本是相同的，通常可按纵向和横向两个平面进行结构内力计算。此时排架内力可简化为平面问题分析，取一个横向排架作为计算单元，计算段长等于横向排架的间距。

7.4 改造与加固

随着我国水运事业的快速发展,部分码头设施已不适应新的发展需要,主要存在靠泊等级偏低、结构功能退化、安全性能降低、不能适用货种的变化、岸线资源的利用率偏低、码头通过能力不足等缺陷。因此,为进一步完善港口功能,适应新的发展需要,使码头设施安全地为经济社会发展服务,需对存在问题的既有码头结构进行加固改造。

7.4.1 重力式码头的加固改造

随着我国经济的快速发展,国内外海运事业蓬勃发展。当前船舶大型化已成为主流发展趋势。对原来的老码头进行加固改造,改建扩建以增加吞吐能力是解决问题的重要途径。另外,不少码头建设年代久远,结构老化严重,需要进行加固改造以达到安全生产的目的。本小节介绍重力式码头常用加固改造方法,并介绍前置桩台改造重力式码头案例。

1. 重力式码头加固改造常用方法

目前在工程中常用的重力式码头结构加固改造方法有表 7-1 和图 7-16 所列的几种。

表 7-1 重力式码头结构加固改造方法

项目	定 义	适 用 范 围	技 术 特 点
墙前桩台法	既有码头地基应力、抗滑、抗倾覆安全度偏低,现状条件下在墙前浚深不具备条件,通过在其前方新建桩台,并浚深码头前沿水深,达到停靠大型船舶的目的	既有码头前方水域或港池开阔,具备将前沿线外推条件,码头前沿地质条件较好,有一定厚度土层,可利用水上打桩或嵌岩桩桩型建设新桩台	码头提高等级较大,新建结构安全性、适用性和耐久性达到规范要求,基本不影响堆场的作业;但码头须全面停产,工程量大
墙前墩台法	既有码头地基应力、抗滑、抗倾覆安全度有限,在墙前不具备浚深条件下,通过在其前方新建墩台,并有限浚深码头前沿水深,达到停靠大型船舶的目的	既有码头前方水域或港池开阔,可适当将前沿线外推,码头前沿地质条件较好,有一定厚度土层,可利用水上打桩或嵌岩桩桩型建设高桩墩台	码头前沿可浚深,提升停靠船舶等级。新建结构安全性、适用性和耐久性达到要求,基本不影响堆场的作业;但码头须全面停产

续表

项目	定 义	适 用 范 围	技 术 特 点
扩大护舷法	既有码头地基应力、抗滑、抗倾覆安全度满足要求，维持码头前沿线不变，通过增大护舷尺度，将船舶停泊位置适当外移，少量浚深码头前沿水深，达到停靠大型船舶的目的	既有码头前方水域或港池尺度有限制，码头前沿线维持不变，需少量浚深，维持原有的工艺流程	码头前沿可少量浚深，停靠船舶等级略有提升，基本不影响码头作业，工程量小；但减少了码头装卸臂有效作业范围
基床升浆法	通过注浆将基床的散粒体转化成胶结体，并与底板连成一块，固化基床，改善基床应力分布，直接提高基床承载力和抗滑能力	对抛石基床的地基加固，如既有码头墙前基床肩台出现空洞、垮塌，直接威胁码头安全	该技术相对成熟，分段施工，对码头正常生产影响较小；但水下工作量大，升浆实际范围和升浆量难确定
墙身注浆法	既有码头块体出现碎裂、崩塌等影响块体的抗滑、抗倾覆稳定性，在舱格中注浆加大重量，提升码头抗滑能力	对既有码头加固，提升结构安全	提升结构安全性，工程量小
胸墙扩大法	既有码头地基应力、抗滑、抗倾覆安全度较大，墙前水深不需要浚深，但因船舶荷载增大，须通过增大胸墙块体，以满足胸墙抗滑稳定要求	墙前水深有富裕，原结构安全	码头等级可适当提高，改造作业面小，陆上作业，工程量小
墙后地基处理法	既有码头地基应力、抗滑、抗倾覆安全度有限，采用地基处理改变墙后回填砂的力学性质，减少墙后土压力，适应大型船舶靠泊要求	码头地基应力、抗滑、抗倾覆安全度有限。改变墙后回填砂的力学性质，减少作用于墙身的水平土压力	提升结构安全性，陆上施工；但码头须全面停产，工程量大
墙后减压承台法	既有码头地基应力、抗滑、抗倾覆安全度有限，采用新建低桩承台直接将上部荷载传递至地基，减少墙后土压力，适应大型船舶靠泊要求	码头地基应力、抗滑、抗倾覆安全度有限，采用新建低桩承台，减少墙后土压力，提升码头抗滑、抗倾覆稳定性	提升结构安全性，需解决前后轨差异沉降问题；但码头须全面停产，陆上冲孔成孔较困难，工程量大

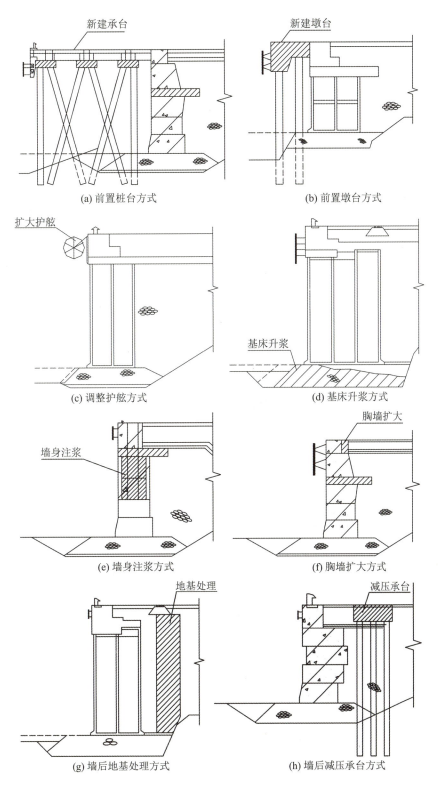

图 7-16 重力式码头结构加固改造方法

2. 前置桩台改造重力式码头案例

湛江港某港区300♯泊位于20世纪60年代末竣工，码头长349m。原设计停靠3.5万吨级专用磷矿石装船，改造后停靠15万吨级散货船。原码头为顺岸式带卸荷板的重力式空心方块结构。码头顶高程为6.5m，前沿泥面高程为－12.0m，码头下部为10～100kg抛石基床。基地为硬黏土层，抛石基床上三层空心方块，预制钢筋混凝土卸荷板及现浇胸墙，墙后回填中粗砂。

码头结构加固改造方案的确定主要考虑以下因素：

（1）本工程所在水域开阔，码头前沿线可以前移；

（2）根据改造后停靠船型对结构进行复核验算，验算结果码头结构承载力和刚度等整体性能不能满足船舶系缆力、撞击力、施工工艺荷载等作用要求；

（3）根据改造后的水深要求，码头港池需浚深较大，但对码头岸坡稳定进行复核验算，验算结果表明岸坡整体稳定性不能满足规范要求；

（4）本工程原结构为重力式空心方块结构，大幅度提高承载力技术难度极大；

（5）本工程所在区域土质虽然较坚硬，但基桩采用钢管桩施工是可行的。

根据上述分析，结合前置桩台方式的技术特点，确定本工程采用前置桩台方式，如图7-17与图7-18所示。加固改造内容是：由于原设计较单薄，不能适应码头前沿远期需浚深6.5m及工艺和荷载出现变化的要求，改造将码头前沿线外推35.1m，新建一梁板式高桩码头，码头长349m，宽32.0m，排架间距9.0m。基桩采用直径1100mm钢管桩。每榀排架拱8根桩，其中两对叉桩，新建码头与原码头采用简支板连接。装卸桥两条轨道均位于新建桩台上，轨距26.0m。上部结构由现浇桩帽节点、预制横梁、轨道梁、纵梁、空心板和现浇面层组成。

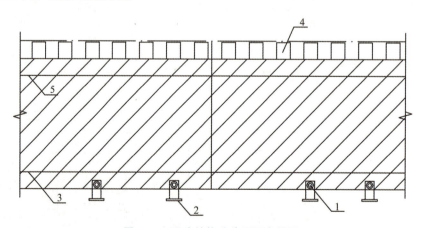

图 7-17 码头结构改造平面布置图

1—橡胶护舷；2—系船柱；3—前轨道梁；4—简支板；5—后轨道梁

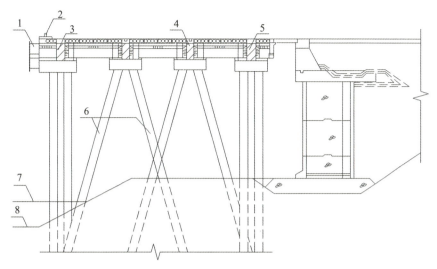

图 7-18 码头结构改造断面图

1—橡胶护舷；2—系船柱；3—前轨道梁；4—中纵梁；
5—后轨道梁；6—钢管桩；7—近期码头前沿线；8—远期码头前沿设计泥面线

7.4.2 板桩码头的加固改造

板桩码头的加固改造主要是为了适应船舶大型化、适应新货种装卸、恢复或者提高结构功能等。板桩码头结构加固改造的关键技术是采用有效措施降低作用在板桩上的土压力、提高板桩结构的安全性以达到码头加固改造的目的。本小节介绍板桩码头常用加固改造方法及调整锚碇设施方式改造板桩码头案例。

1. 板桩码头加固改造常用方法

结合工程实例及理论上可行的技术方法，板桩码头加固改造有表 7-2 和图 7-19 所示的几种主要方法。

表 7-2 板桩码头结构加固改造方法

项目	定 义	适用范围	技术特点
墙后地基加固法	维持码头前沿线不变，既有板桩结构断面强度有富余，板桩后土层土壤力学指标较差，通过将地基加固，减少主动土压力	码头工程地质条件较差的小码头	陆上施工，提高土壤抗剪强度，减少墙后土压力；但加固效果较难判定

续表

项目	定义	适用范围	技术特点
新建板桩法	当既有板桩码头等级小、板桩断面小、前沿浚深码头结构不具备条件时，通过将码头前沿线外推，在前方新设板桩墙，达到停靠大型船舶的要求	既有码头前方水域或港池具备将前沿线外推条件	码头前沿线外移不受岸坡稳定影响，码头提高等级较大；但码头须停产，工程量大
墙后减压承台法	维持码头前沿线不变，既有板桩墙后新建承台，直接将上部荷载传递至地基，减少墙后土压力，实现码头前沿泥面浚深	后方场地条件允许开挖建设减压承台	陆上施工，施工作业面小；但对生产干扰大，工程量大，费用较高
墙后半遮帘桩法和墙后遮帘桩法	维持码头前沿线不变，既有板桩刚度较大，强度具备一定富余，在板桩墙后较小距离内的板桩下部浇筑具有一定厚度的连续墙，作为半遮帘桩或全遮帘桩，利用其减少作用于前板桩下半部分的土压力，可适当浚深码头前沿水域以停靠大型船舶	码头工程地质条件较好，墙后填料采用细颗粒填料等，便于基槽施工	陆上施工，施工作业面小，对生产干扰少，造价便宜；但前板桩的土压力分布和大小需通过试验加以验证
调整锚碇设施法	维持码头前沿线不变，既有板桩码头锚碇设施出现沉降、水平位移，影响板桩结构受力体系，通过加密拉杆、新建锚碇结构，保证结构安全，维持停靠原设计船型的要求	既有码头前方水域或港池不具备将前沿线外推的条件，板桩前沿出现向临水侧位移，适用于小型码头	陆上施工；但码头须停产，土方工程量大

2. 调整锚碇设施方式改造板桩码头案例

上海港某公司水运码头于1972年建成投产，2000年进行改造，改造后停靠1500吨自航驳。码头为斜拉桩板桩码头（图7-20），码头高程5.0m，前泥面高程为−3.0m。码头前板桩采用长12m钢筋混凝土板桩，断面为250mm（高）×800mm（宽），斜拉桩采用450mm×450mm预应力混凝土方桩，长16.5m，间距2m。带卸荷平台的前板桩结构段前板桩为长17m钢筋混凝土板桩，断面高度300mm，平台桩基采用550mm×550mm非预应力混凝土方桩，长27m，间距7m。墙后设抛石棱体，后方回填砂。施工过程中出

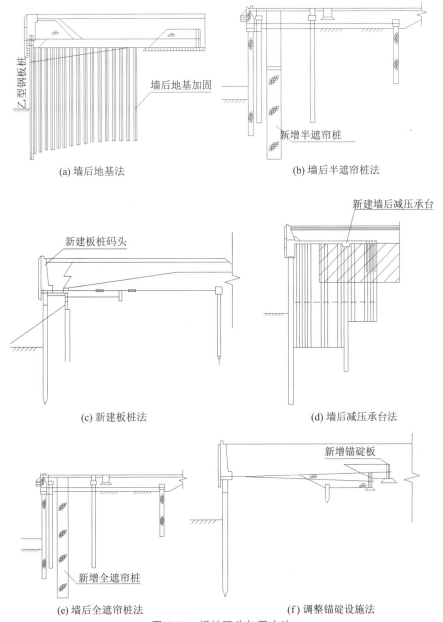

图 7-19 板桩码头加固方法

现胸墙开裂、板桩位移等现象,在承台后增设锚碇设施。拉杆采用直径 50mm 钢拉杆,间距 1750mm。码头经长期使用后,出现板桩前倾、码头面开裂等现象。

码头加固改造方案的确定主要考虑以下因素:
(1) 改造后并不提升码头结构等级,现有码头面高程等合适;
(2) 经检测,既有结构开裂、板桩位移等是由锚碇设施位移造成的;
(3) 码头前沿水域较窄,而在码头后方有条件增设新锚碇墙;
(4) 既有结构受力能够满足原设计等级要求。

根据上述分析,结合调整锚碇设施方式的技术特点,确定本工程采用调整锚碇设施方式。加固改造内容是在原锚碇墙后部设置新锚碇墙,增设植筋 45mm,长 20m 钢拉杆,间距 4m。新建轨道梁、胸墙、码头面层等,如图 7-21 所示。

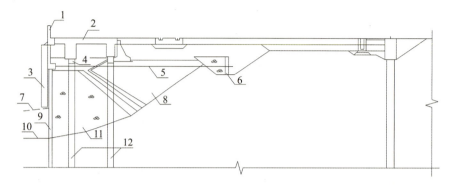

图 7-20　原码头结构断面

1—防汛墙;2—卸荷平台;3—橡胶护舷;4—桩顶接高;5—钢拉杆;6—锚碇墙;
7—原泥面线;8—回填砂;9—钢筋混凝土板桩;10—设计泥面线;11—抛石棱体;12—钢筋混凝土方桩

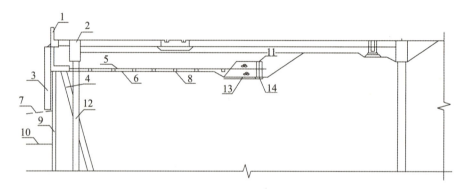

图 7-21　码头结构改造断面

1—加高防汛墙;2—前轨道梁;3—橡胶护舷;4—预应力混凝土方桩;5—A 型钢拉杆;
6—开挖线;7—原泥面线;8—混凝土垫块;9—钢筋混凝土板桩;10—设计泥面线;
11—A 型锚板;12—钢管桩;13—码砌块石;14—碎石垫层

7.4.3　高桩码头的加固改造

本小节介绍高桩码头加固改造常用方法、设置分离式墩台方式改造高桩码头案例及三峡高桩码头加固。

1. 高桩码头加固改造常用方法

高桩码头加固改造的重点和难点是桩基布置。高桩码头的透空性使其具有一定的空间、水陆域条件,为码头结构加固改造提供有利条件,因此其改造方法较多。常用的方法如表 7-3 和图 7-22 所示。

表 7-3 高桩码头结构加固方法特征

项目	定 义	适用范围	技术特点
分离式墩台法	在连片式码头前沿线不变的情况下,对原有码头结构增加桩基础、扩大码头主要受力梁板构件尺寸,提高码头结构整体承载力的方法	既有连片式码头结构工作性能差,结构整体刚度和承载力不足,不能适应使用荷载的要求,需增设桩基、重建节点轨道梁等情况	可充分利用原结构体系,发挥原有基桩承载力,减少新增基桩的数量或基桩规格,改造位置相对灵活;但受码头空间约束,沉桩限制较多,新老结构间结合技术要求高
局部加固法	根据到港船舶尺度,将码头前方桩台部分结构物拆除,或直接在既有码头结构前方,新建与结构分离的系、靠墩结构,用于独立承受船舶荷载作用	既有码头结构基本完好,码头结构竖向承载力较高,水平刚度不足,结构性能不能满足船舶荷载作用	前沿线保持不变时,施工干扰少,改造面小、速度快、造价低,但桩基施工受限制;前沿线外移时,桩基施工较方便,但减少了码头装卸臂有效作业范围,施工时需停产
板桩加固法	为了加大高桩码头前沿水深,保持驳岸整体稳定,在码头前沿或后方设置板桩墙的方法	码头结构性能较好,能够满足船舶荷载和工艺荷载的使用要求	全面提升码头等级,但需停产施工,工程量略大
前方桩台法	在既有码头结构基本完好的情况下,在码头结构前方新建平台结构,对原码头结构进行扩大,提高结构性能的方法	码头前沿浚深,前沿线位置可以前移,工艺荷载变化,原码头桩基承载力及上部结构具备一定承载力	全面提升码头等级,但需停产施工,工程量略大
扩大护舷法	在既有码头前方新设新型护舷,由新建墩台或既有码头排架承受船舶荷载	维持码头前沿线位置,将到港船舶停泊位置微量外移,前沿泥面适当浚深	提升了码头等级,工程造价较低,工程实施周期短;但减少码头装卸设备吊臂作业范围

高桩码头常用加固方式如图 7-22 所示。其中设置分离式墩台方式加固按照加固改造墩式结构位置的不同采用墩面与码头面等高平齐的等高分离式(图 7-22(a))、墩面低于码头面的嵌入分离式(图 7-22(b))和在既有码头前沿外新设墩台的前方墩台式(图 7-22(c))。

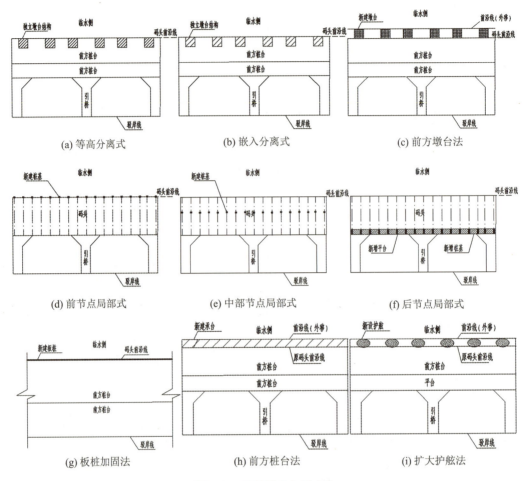

图 7-22 高桩码头加固方法

2. 设置分离式墩台方式改造高桩码头案例

宁波北仑港某公司 3♯、4♯泊位于 20 世纪 80 年代初建成投产，码头总长度为 499.6m。码头原设计停靠 2.5 万吨级散货船舶，改造后停靠 5 万吨级散货船。原码头由前侧系、靠船墩和后侧码头平台组成。前侧系、靠船墩共 10 个，平面尺寸为 8m×8m，顶面高程 5.50m，其中 5♯、6♯墩为艏艉系揽墩，其余墩台为靠船墩。靠船墩结构为高桩墩式，桩基采用直径 1200mm 钢管桩，上部采用现浇墩台。后侧码头平台为高桩梁板式结构，总宽 23m，分前、后平台，前平台宽 16m，后平台宽 7m，排架间距均为 6m，基桩采用 600mm×600mm 预应力混凝土方桩。前平台上部结构由现浇横梁、叠合式纵向梁和叠合式面板构成；后平台上部结构由现浇横梁、预应力空心大板构成。

码头结构加固改造方案的确定主要考虑以下因素：

（1）码头前沿水域开阔，但既有码头前沿的系靠泊能力无法满足改造后停靠船型的系靠泊作业要求；

（2）根据本工程总平面布置和改造后停靠船型，增设改造后停靠船型所需要的系靠泊墩台；

（3）既有码头结构为高桩梁板式结构，码头前沿已设有系靠船墩，有条件新建独立系靠墩且不影响既有码头结构使用。

根据上述分析，结合设置分离式墩台方式的技术特点，确定本工程采用设置分离式墩台方式。加固改造内容是在原泊位系靠船墩新建 5 座墩台，每个靠船墩平面尺寸为 9.0m×8.5m（长×宽），墩台顶面与原墩台高程一致，基床采用直径 2000mm 钢管桩（斜桩），每座墩台下布置 4 根桩，如图 7-23 和图 7-24 所示。

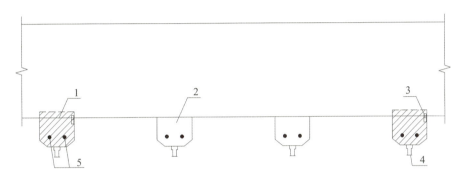

图 7-23　码头结构改造平面布置图

1—新建墩台；2—既有墩台；3—铁爬梯；4—橡胶护舷；5—系船柱

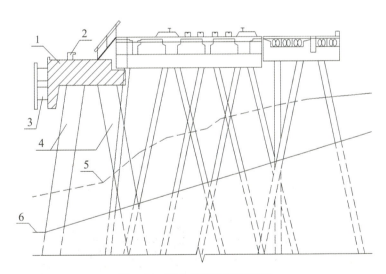

图 7-24　码头结构改造断面图

1—新建墩台；2—系船柱；3—橡胶护舷；4—新增钢管桩；5—原泥面线；6—设计泥面线

3. 三峡高桩码头加固

三峡工程左岸坝河口重件码头是三峡水利枢纽工程对外交通运输专用港，主要承担三峡工程施工期间的水运物资器材，包括左岸大坝电站、通航建筑所需全部重大件，以及散装水泥、煤灰集装箱等进港中转任务。码头顺水流向长 57.8m，垂直水流向宽 35m。

布置了 1000 吨级泊位一个，设计年通过能力 34 万吨。通航建筑物设计标准为Ⅰ级。重件区为高桩承台结构形式，由全直立桩基、承台、桩帽、板梁系统、立柱及箱型钢梁等组成。集装箱区为高桩板梁结构形式，由全直立桩基、承台、桩帽、板梁系统等组成。

三峡杨家湾港口位于长江右岸，三峡大坝下游 5～6km 的杨家湾，于 1996 年 12 月竣工投入使用。上距西陵长江大桥 500m，港口岸线总长 1000 余米，从上游至下游依次设有客运码头、散杂货码头、集装箱件杂货码头、重大件码头共四座码头；港口占地约 6.7 万平方米。集装箱件杂货码头为高桩梁板承台结构，具有 1000 吨级连续泊位三个，码头前沿总长 251m。码头分别设有 30m 和 55m 宽的前后方平台，设计年通过能力 80 万吨；主要由港池、护岸、高桩承台码头和货场四部分组成。

经检测，主要问题为：①桩普遍存在环形裂缝，部分混凝土剥落、露筋；②平台横梁、纵向预制面板出现混凝土局部破损、露筋和裂缝。

加固方案：①出现裂缝混凝土梁采取先裂缝处理后粘贴碳纤维布加固；②出现裂缝混凝土板采取先裂缝处理后按要求粘贴碳纤维布加固补强；③出现裂缝钻孔灌注桩，先裂缝处理，后包钢加固，加固完成后涂装防腐涂料。

7.5　国内外著名港口水工建筑物

1. 世界最大的海岛型人工深水港——上海洋山深水港

上海洋山深水港位于杭州湾口外的崎岖列岛，由小洋山岛域、东海大桥、洋山保税港区组成，于 2005 年 12 月 10 日开港，在业务上属于上海港港区，行政区划属于浙江省舟山市的嵊泗县。洋山港港区规划总面积超过 25km²，包括东、西、南、北四个港区，按一次规划、分期实施的原则，分四期建设，一至四期分别于 2005 年、2006 年、2008 年、2018 年完成。目前洋山深水港吞吐量达到了 3000 万箱以上，占据全球港口吞吐量的 10%，位于世界第一，如图 7-25 所示。

图 7-25　上海洋山深水港

洋山港一至四期码头均采用高桩码头。码头所在区域地基表层为深厚的软土覆盖层，承载力较差，因此采用自重轻、透空性好的高桩梁板式码头结构形式，通过桩基将码头结构自重和使用荷载传递到深层持力层。

2. 北美最大海港——纽约港

纽约港（图7-26），是美国最大的海港，位于美国东北部哈得孙河河口，东临大西洋。纽约港于1614年由荷兰人开始建设，后为英国人所经营。北美独立战争胜利后，纽约港进行大规模建设。由于自然条件优越，1800年它便成为美国最大港口。1921年，纽约港务局建立，负责港口规划和建设。纽约港有水域700多平方千米和陆地1000多平方千米。全港有16个主要港区：纽约市一侧10个，新泽西州一侧6个。全港深水码头岸线总长近70km，有水深9.14m和12.80m的远洋船泊位400多个。纽约港早期是沿哈得孙河建设突堤式狭栈桥码头，布置紧凑，后方陆域小。近期建设的伊丽莎白港区和纽瓦克港区的码头是顺岸布置，陆域面积宽敞。

图7-26　纽约港

第 8 章

高耸构筑物概论

8.1 起源与发展

近代高耸构筑物大多属工业建筑物,由于其在现代建筑中越来越多,特将其单列一章。高耸构筑物指的是高度较大、横断面相对较小、以水平荷载(特别是风荷载)为主要受力的结构。其根据结构形式可分为自立式塔式结构和拉线式桅式结构,所以高耸构筑物也称塔桅结构。高耸构筑物包括古代宗教塔、电视塔、通信塔、输电高塔、烟囱、冷却塔、气象塔、水塔、矿井塔、风力发电塔、筒仓、博物馆等。

8.1.1 古代高耸构筑物

古代宗教塔是早期的高耸构筑物,这种纪念性的塔遍布世界各地。

缅甸仰光大金塔(图 8-1)始建于公元前 585 年,初建时只有 20m 高,后历代多次修缮。大金塔的形状像一个倒置的巨钟,用砖砌成,如今塔身高 112m,塔基周长 424m,4 座中塔 64 座小塔。塔身贴有大量的纯金箔,所用黄金有 7 吨多重。塔的四周挂着 1.5 万多个金、银铃铛,风吹铃响,清脆悦耳,声传四方。

图 8-1 缅甸仰光大金塔

位于印度比哈尔邦迦耶城南 10km 的菩提迦耶塔（图 8-2），距印度东部最大城市加尔各答 607km，是佛祖释迦牟尼悟道之处，也是佛教信徒心目中最神圣的地方。现存之塔系十二三世纪所修造，塔高 52m，外观 9 层，内部实仅两层，四面刻有佛像佛龛，雕镂精致庄严。13 世纪时，因避回教徒之摧残，佛教徒遂将塔掩埋，形成一土丘，湮没数百年，直至 1881 年始由英国考古学者康林罕重新掘出，举世震惊，每年朝圣之佛教徒不计其数。

图 8-2　印度菩提迦耶塔

位于意大利的比萨斜塔（图 8-3），是当地地标性的建筑，创建于 1173 年，倾斜而不倒的特点不仅让比萨斜塔成为建筑界的奇迹，而且还是全球知名的旅游打卡点。

图 8-3　意大利比萨斜塔

始建于 1193 年的印度新德里顾特卜塔是一座石塔，用红砂石和大理石建造而成，整体呈现褐红色,古塔高达 72.5m,造型下粗上细,如图 8-4 所示,其中古塔基座的直径为 14.32m,塔顶的直径为 2.75m,造型不仅壮观且精美,享有"世界上最美的石塔"之美誉,更被称为"印度七大奇迹之一"。

东汉时期随着佛教传到中国,中国历代开始建有砖、石、木材、生铁等材料的各种形式的塔。仅山西一省就有 300 座现存古塔。

中国最早的宗教塔是河北南宫市普彤塔,建于公元 67 年,为八角实心砖塔,底层直径 5m,共九级,塔高 33m,如图 8-5 所示。

图 8-4 印度新德里顾特卜塔

图 8-5 河北南宫市普彤塔

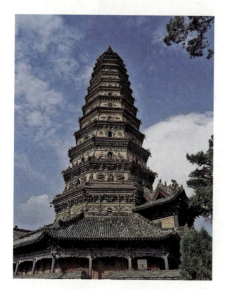

图 8-6 山西飞虹塔

始建于 147 年、高 47.31m 的山西飞虹塔(图 8-6),塔身自下而上逐层递缩,塔檐几乎可以连成一条直线,整体看起来就像锥体一般。塔身挂满各种琉璃挂件,鸟兽、花卉、人物等,栩栩如生,琉璃贴面更是精美绝伦,琉璃塔在光影照射下呈现出类似七彩虹的颜色,妙不可言。飞虹塔是中国现存最大最完整的一座琉璃塔,2018 年经吉尼斯世界纪录机构认证为世界最高的多彩琉璃塔。

523 年(北魏)建造的河南登封嵩岳寺砖塔(图 8-7),是我国现存最古老的多角形密檐式砖塔。塔身呈平面等边十二角形,中央塔室为正八角形,总高 41m 左右,周长 33.72m。

1056 年(辽)建造的山西应县佛宫寺释迦木塔(图 8-8),是世界上现存最古老最高大的木塔。

图 8-7 河南登封嵩岳寺砖塔

图 8-8 山西应县佛宫寺释迦木塔

8.1.2 近现代高耸构筑物

19世纪末，随着工业技术的发展，出现了各种类型的高耸构筑物。英国最早进入工业革命，伦敦在1870年前后烟囱多于教堂，因烟雾的原因，伦敦多年来都被称为"雾都"。

芝加哥水塔，建于1869年，是美国芝加哥的一座历史建筑和地标建筑，位于近北区的密歇根大街北806号，是华丽一英里购物区。芝加哥水塔高47m，由建筑师威廉设计，曾在芝加哥的城市水系中扮演了关键角色。使用的材料为大型的黄色石灰石，整个水塔颇具13世纪欧洲哥特式建筑的风格，看上去似乎更像是一座微型城堡，如图8-9所示。

1889年为巴黎博览会建造了埃菲尔铁塔（图8-10），塔高300m，1921年后在塔顶装设了无线电天线和电视天线，总高度为321m。该塔是为纪念法国大革命100周年而建，由结构工程师埃菲尔设计，故此得名，又称巴黎铁塔，它以高超的现代技术开创了现代建筑的先河，是具有无穷魅力的建筑。

20世纪随着无线电广播和电视事业的发展，世界各地建造了大量较高的无线电塔和电视塔。电力、冶金、石油、化工等企业也建造了很多高耸结构，如输电线塔、石油钻井塔、炼油化工塔、风力发电机塔、排气塔、水塔、烟囱、冷却塔等。邮电、交通、运输等部门也兴建了电信塔、导航塔、航空指挥塔、雷达塔、灯塔等。此外，还有卫星发射塔、跳伞塔和环境气象塔等。

Superstack铜业公司位于加拿大安大略省，它有一个高达380m的烟囱直指云霄（图8-11），建造于1971年，是当时最高的烟囱。

图 8-9　芝加哥水塔

图 8-10　法国埃菲尔铁塔

图 8-11　加拿大 Superstack 铜业公司烟囱

我国现代的高耸建筑起步较晚，最早的水塔建成于 1883 年的上海杨树浦自来水厂水塔（图 8-12）。武汉市的汉口水塔（图 8-13）建于 1906 年，塔高 41.3m，为正八边形，每边边长 8.2m，共 6 层，至今仍有消防之用；2006 年被国务院公布为第六批全国重点文物保护单位。

第8章 高耸构筑物概论

图 8-12　上海杨树浦自来水厂水塔

图 8-13　汉口水塔

秦皇岛耀华玻璃厂旧址内有由比利时设计师设计、1923 年建成的水塔等建筑（图 8-14）。2013 年 5 月 3 日，其被列为第七批全国重点文物保护单位。

位于沈阳市大东区万泉街万泉公园的万泉水塔，由伪满洲国出资并由中国工程师设计，于 1935 年建成。而万泉水塔的建成，也是沈阳市政用水的开始，因此，这座水塔对于沈阳来说，有着重要的历史意义。

万泉水塔为钢筋混凝土结构，通体灰白，外观上呈圆柱形（图 8-15），高度约 50m。它总体上分为地下基础部分、地上储水槽和塔顶三个部分。水塔基础部分深埋于地下，异常坚固。基础上方，管道纵横，控室多处，沿着圆形柱体，均匀分布着 12 根长方形的水泥柱，支撑着圆形储水槽。整个水塔高耸入云，造型别致，颇为壮观。

图 8-14　秦皇岛耀华玻璃厂旧址水塔

图 8-15　沈阳万泉水塔

中国最早的大型钢结构塔是 1965 年建造的 200m 高的广州旧电视塔（图 8-16）和 1973 年建造的 210m 高的上海旧电视塔（图 8-17）。

图 8-16　广州旧电视塔

图 8-17　上海旧电视塔

图 8-18　上海东方明珠电视塔

20 世纪 80 年代以后，我国高耸建筑发展很快，许多电视塔、通信塔、输电塔拔地而起；科研工作也突飞猛进，我国首部高耸结构设计规范在 1990 年编制，使我国高耸结构的设计和施工取得质的飞跃。1994 年建成的 468m 高的上海东方明珠电视塔（图 8-18）是当时中国最高的建筑。

8.2　构造与功能

8.2.1　高耸构筑物的功能

1. 水塔

水塔是用于储水和配水的高耸结构，用来保持和调节给水管网中的水量和水压。水塔主要由水柜、基础和连接两者的支筒或支架组成。

2. 烟囱

烟囱是一种为锅炉的热烟气提供排放通道的结构。烟囱内的空间被称为烟道，烟囱的高度影响其将烟气输送到外部环境的能力。

3. 冷却塔

冷却塔是用水作为循环冷却剂，吸收循环水中的热量排放到大气中，以降低水温的装置；利用水和空气流动接触进行冷热交换产生蒸汽，蒸汽挥发带走热量来散去工业上的余热来降低水温，以保证系统的正常运行。

4. 电视塔

电视塔是用于广播电视发射传播的建筑。为了使播送的范围大，电视塔越建越高，已成为现代最高的建筑物。电视塔的位置一般设在市区范围内，经常成为城市中最高的建筑，也是城市中的最高点，外形千姿百态。随着时代发展，电视塔已经不单是播放电视，还和旅游事业结合在一起，作为当地的一个观光景点。有些电视塔上面设有旋转餐厅，成为一种多用途的塔。电视塔一般都是城市的地标性建筑。

5. 气象塔

气象塔是观测大气边界层的气象要素铅直分布的设施。塔上仪器有两类：一类是铅直梯度观测仪器，测量温度、湿度和风的平均值随高度的分布；另一类是大气湍流的测量仪器，连续测量温度和风速的瞬时值，这些仪器要求时间常数小、观测精度高。

6. 输电塔

输电塔是电力架空线路的支撑点，在输电塔上架设一个回路则是单回路输电塔，在输电塔上架设两个回路则是双回路输电塔。单回路就是指一个负荷有一个供电电源的回路；双回路就是指一个负荷有 2 个供电电源的回路。一般，对供电可靠性要求高的企业或地区重要变电站，均采用双回路供电，这样可保护其中一个电源因故停电，另一个电源可继续供电。对供电可靠性要求不高的中小用户往往采用单回路供电。

7. 钻机井架

井架是在钻井或修井过程中，用于安放天车，悬挂游车、大钩、吊环、吊卡等机具，以及起下、存放钻杆、油管及抽油杆的装置。井架是由主体、天车台、天车架、二层台、立管平台和工作梯组成的。钻机井架按整体结构形式的主要特征可分为塔形井架、前开口井架、A 形井架和桅形井架四种基本类型。

8.2.2 高耸构筑物的材料与构造

古代塔多用砖、石、木材、生铁建造，现代塔则多用钢、钢筋混凝土及预应力混凝土结构，高度较小的可用砌体结构。钢结构塔轻巧美观，可由工业化生产，但防锈要求较高、维护费用较大。钢筋混凝土塔抗大气腐蚀性能较好。筒形钢筋混凝土塔可保护内部管线、设备免受大气影响和风雪侵袭，但由于自重大，需设较强的基础。

因主要荷载是风荷载，现代高耸构筑物要注意降低结构的风阻力。例如：采用圆管构件，以减小体型系数；简化构造，以减小迎风面积；进行方案比较，选取最优尺寸等。计算时必须考虑在各种最不利的荷载组合下结构的强度和刚度，验算结构的稳定，以确保结构安全。

高耸构筑物包括基础和上部结构。高耸构筑物种类繁多，用途各异，本小节主要介绍烟囱、冷却塔和筒仓等几种常见高耸工业构筑物。

1. 烟囱

常见的烟囱有砖烟囱、钢筋混凝土烟囱、钢烟囱。烟囱由筒身、内衬、隔热层及附属设施（爬梯、避雷设施、信号灯平台等）组成，如图 8-19 所示。

筒身是烟囱的承重结构，形式可用圆柱形或圆锥形，筒身高度及筒顶排烟出口内径由工艺要求决定，底部直径常常根据筒身和基础的结构需要控制。筒身最底部称为底座，底座设有烟道口和烟道相连；还设有出灰口以便清除烟灰。底座可不做斜坡（即空心圆柱形），也可做斜坡。由于底座的筒身截面因烟道洞口削弱，故筒壁厚度需增大。砖烟囱的筒身最小厚度为一砖厚，沿高度变化以半砖为倍数。钢筋混凝土烟囱的壁厚一般由计算确定。筒壁顶部的最小厚度主要考虑施工条件，筒壁的厚度变化一般采用阶梯类型，分节高度 9～15m，以便与内衬分节高度一致。

内衬和隔热层一方面保护筒身混凝土免受烟气腐蚀作用，另一方面防止筒壁受热温度过高，降低筒壁内外温差，减少温度应力。钢筋混凝土烟囱的内衬应沿全高设置。砖烟囱的内衬，当烟气温度不高于 400℃ 时可局部设置；当烟气温度在 250～400℃ 时，内衬砌至烟囱半高处；烟气温度在 150～250℃ 时，内衬砌至烟囱 1/3 高处；烟气温度在 150℃ 以下时，内衬可砌至烟道口顶面标高的两倍以上。内衬的材料：当烟气温度在 500℃ 以下时可采用黏土砖，当烟气温度在 500℃ 以上时可采用耐火砖。

烟道口是设在烟囱底部与烟道连接的接口，烟道口的孔洞面积由工艺来确定，一般为烟囱顶部烟气出口面积的 1.25 倍。烟道口削弱了烟囱筒身底部水平截面，因此在烟道口周围可设耐热钢筋混凝土边框或其他加强措施。

出灰口可设置在烟道口的对面，可不用铁门而用泥浆砌半砖厚砖墙临时封堵，清灰时拆除而后再行封堵。

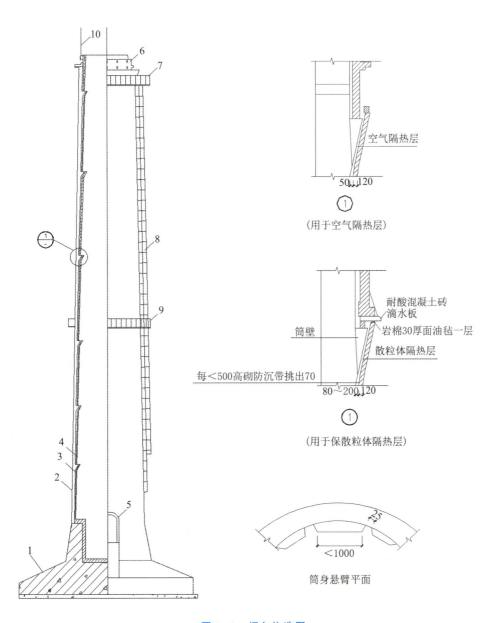

图 8-19 烟囱构造图
1—基础；2—筒身；3—隔热层；4—内衬；5—烟道口；6—筒首；
7—信号灯平台；8—外爬梯；9—休息平台；10—避雷针

附属设施有爬梯、避雷针、信号灯平台等。爬梯在离开地面 2.5m 处沿全高设置。为避免飞机夜间飞行偶然撞击，烟囱顶部需设置信号灯，顶部还设置检修平台。避雷针的数量根据烟囱的高度和外径而定。

2. 冷却塔

冷却塔按通风方式可分为自然通风和机械通风两类；按水和空气接触方式可分为湿式、干式和干湿式三类；按水和空气的流动方向可分为横流式和逆流式两类。

冷却塔由塔筒、支柱（人字柱或X字柱）、塔基及淋水装置组成，其中淋水装置由支撑构架、配水系统、淋水填料、集水池等组成。自然通风冷却塔冷却原理图如图 8-20 所示。

塔筒由环梁、筒壁和刚性环组成，是冷却塔的主要构件。

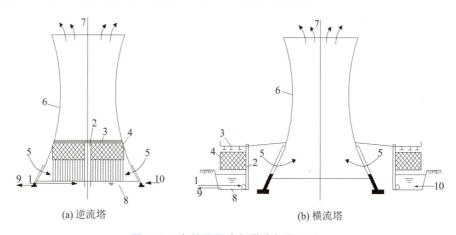

(a) 逆流塔　　　　　　　　　　(b) 横流塔

图 8-20　自然通风冷却塔冷却原理图
1—压力进水管；2—竖井；3—配水装置；4—淋水填料；5—进风口；6—塔筒；
7—热空气出口；8—集水池；9—回水管沟；10—补给水管

冷却塔筒壁是钢筋混凝土旋转薄壁结构，平分筒壁厚度的中线为一条平面曲线，简称母线。当这条母线绕其平面内的一条直线旋转时形成一个曲面，该曲面称为中面，该直线称为旋转轴。在旋转曲面上这些母线称为子午线，子午线与旋转轴构成的平面称为子午面。母线上任何一个点的旋转轨迹是一个圆，这些圆称为平行圆，平行圆直径最小的部位称为喉部，如图 8-21 所示。

环梁位于塔筒下部，其作用是将上部的荷载均匀地传给塔筒支柱，并加强塔筒的刚度。

刚性环位于塔筒顶部，其作用是增加塔顶刚度与稳定性，并用于设置供检修用的人行道和栏杆。

支柱的作用是支撑塔筒，将塔筒的荷载传给塔基，同时形成进风口。支柱应沿塔筒底部均匀布置，其形式有人字柱和X形柱，X形柱常用于大型冷却塔。

淋水装置又称塔芯，是冷却塔的一个重要组成部分，包括支撑构架、配水系统和淋水填料等。支撑构架用来支撑配水系统及淋水填料等设备，一般由预制钢筋混凝土柱、主梁和次梁装配而成。配水系统包括配水竖井、配水管槽和喷溅装置三部分。其作用是将来自凝汽器的热水均匀地分配到淋水装置的顶面，以提高冷却效率。淋水填料的作用

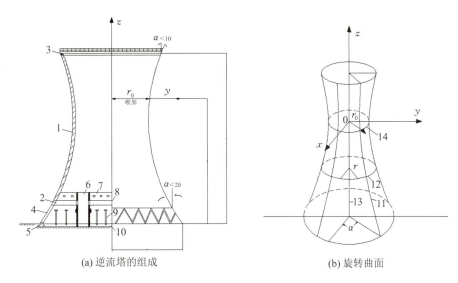

(a) 逆流塔的组成　　　　　　(b) 旋转曲面

图 8-21　冷却塔的组成及旋转曲面

1—筒壁；2—环梁；3—刚性环；4—支柱；5—塔基；6—竖井；7—配水装置；8—淋水填料；
9—支撑构架；10—集水池；11—母线（子午线）；12—平行圆；13—旋转轴；14—喉部

是将喷溅装置分散的水滴再均匀分散成水膜，使之与进风口流入的空气进行充分的热交换。

3. 筒仓

筒仓是储存焦炭、煤、水泥、粮食等散装物料的仓库，平面形式有矩形、圆形和正方形。按结构材料筒仓分为钢筒仓和混凝土筒仓。可在底部设置卸料漏斗，顶部设置装料运输设备。

筒仓按高度可分为深仓和浅仓，按平面形式分圆形仓、正方形仓、矩形仓，按材料分混凝土筒仓和钢筒仓，按布置形式分为独立仓、单排仓、多排仓（图 8-22）。筒仓结构示意图如图 8-23 所示。

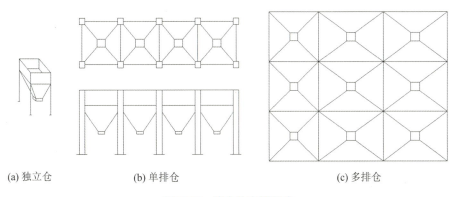

(a) 独立仓　　　　(b) 单排仓　　　　(c) 多排仓

图 8-22　筒仓的布置形式

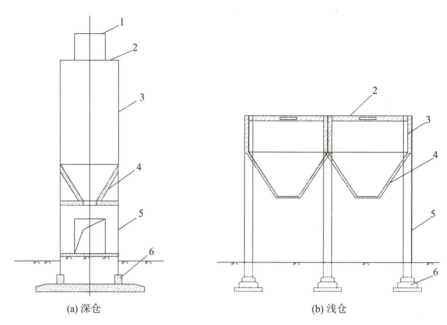

图 8-23　筒仓结构示意图

1—仓上建筑物；2—仓顶；3—仓壁；4—料斗；5—仓下支撑结构；6—基础

8.3　结构形式与力学模型

本节以冷却塔为例简单说明高耸构筑物的受力情况。冷却塔的结构设计使用年限为 50 年，安全等级二级，抗震设防类别按重点设防类别（乙类）考虑。冷却塔塔筒是典型的空间薄壁结构，应建立有限元模型进行设计，其主要荷载有：

（1）自重：一种相对准确的荷载，计算自重时，钢筋混凝土重度取 $25kN/m^3$。

（2）风荷载：一般情况下，风荷载是冷却塔设计的控制性荷载。作用在塔筒表面的风荷载分为两部分，即外部风压和内吸力，二者皆垂直于塔筒表面，始终指向塔中心。

（3）地震作用：目前国内外冷却塔结构设计规范中抗震分析以采用振型分解反应谱法理论为主。冷却塔抗震设计时应考虑设防烈度、结构类型和淋水面积等，按构筑物抗震规范确定抗震等级，并符合相应的抗震计算规定和抗震构造措施要求。

（4）温度作用：冷却塔设计应考虑冬季运行和夏季日照时筒体内外壁温差作用下的温度应力。

（5）施工和安装荷载。

（6）平台活荷载。

设计冷却塔时，应对承载能力极限状态和正常使用极限状态分别进行荷载效应组合，并分别取其不利工况进行设计。

冷却塔对结构失稳破坏敏感，必须保证塔筒的抗屈曲失稳能力。

常见的冷却塔基础是环形基础，通常按弹性地基梁或桩承地基梁设计，塔筒基础按塔筒、人字柱、基础和地基整体分析计算，并考虑基础和地基的变形协调。

8.4 改造与加固

8.4.1 某气象塔顶升改造

某气象塔（图 8-24（a））建于 2004 年，建筑面积 $1757m^2$，地下 1 层，地上 14 层，箱形基础，首层高 3.9m，标准层高 3.6m，总高度 51.4m。底部最大直径 19.4m，顶部直径 21.38m，腰部最小直径 10.8m。

该气象塔本身没有损伤、老化等耐久性问题。但因周边高层建筑越建越多，气象塔信号减弱，属于典型的不满足功能要求情况。为了增强信号，拟在塔底截断后上下分离，利用钢滑道顶升技术，将气象塔整体顶升 5 层 22m，顶升改造后原塔底新增 5 层结构，高度达到 73.4m，完全达到气象探测的功能要求，改造后效果如图 8-24（b）所示。

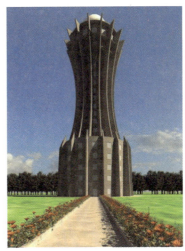

(a) 顶升前　　　　　　　　　　　(b) 顶升后

图 8-24　某气象塔顶升改造

利用这种顶升改造方案，第一是使塔增高之后，气象雷达可以达到理想的探测效果；第二是顶升施工过程中，雷达可以保持继续探测状态，基本不会造成气象资料的中断；第三是下部增加了 $3000m^2$ 的办公面积。若采用拆除新建方案，除需巨额投资和产生大量的建筑垃圾外，还不能保证雷达探测的连续性。采用塔顶直接加高方案也是如此。

8.4.2 高耸构筑物纠偏改造

福建龙岩春驰集团新丰水泥厂烧成车间 1#窑尾塔架（图 8-25）高度 76m，在 6.8m 以下为一层现浇混凝土框架结构，6.8m 以上为 6 层有支撑钢框架结构。钢框架为钢管混凝土柱、H型钢梁、钢板梁楼面，支撑构件为圆钢管。基础采用人工挖孔灌注桩。龙厦铁路象山隧道发生岩溶突水地质灾害，导致新丰水泥厂厂区地基不均匀沉降，1#窑尾塔架发生倾斜。

根据2011年5月25日的观测结果，1号窑尾车间因地基不均匀沉降引起的钢塔架倾斜，其最大倾斜率超过千分之十，超出规范规定限值千分之四，造成停工停产。经方案比选，拟采用截柱顶升纠偏。具体做法如下：

钢筋混凝土柱截断部位取在离地面高度1.6m的位置，截柱前先在断口上下位置安装钢支撑等工程措施保障顶升时结构安全，防止柱截断后上下截面产生水平错位（图8-26）。

将1.6m边长的正方形柱横截面用十字线分成四等份。按图8-26切除混凝土的阴影部分，插入千斤顶，并使千斤顶受力。然后用绳锯分别锯断柱横

图8-25 福建春驰集团新丰水泥厂窑尾塔架

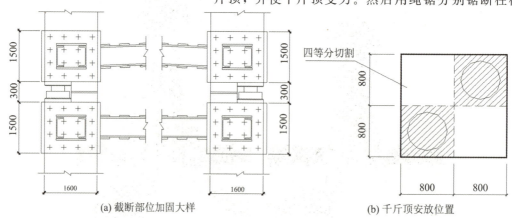

(a) 截断部位加固大样　　　　　　(b) 千斤顶安放位置

图8-26 福建春驰集团新丰水泥厂窑尾塔架截柱纠偏方案

截面的余下部分，使柱完全断开。绳锯锯断的断口处立即插入薄钢板，只留小于3mm宽的缝隙，防止千斤顶失效。千斤顶额定顶升力应有两倍的安全储备。

顶升纠偏过程中，每次顶升3mm后，插入3mm厚薄钢板防护；测量钢塔架的横向侧移值与理论侧移值并比较，无异常后再进行下一步的顶升，直至钢塔架横向扶正，实际顶升量197mm。凿出柱插入钢板的断口处的纵向钢筋头。分两批次抽出1/4截面的防护钢板，用同规格的新增短钢筋与原柱中钢筋采用对接焊恢复，1/4截面封边后灌入早强灌浆料并养护。灌浆料强度达要求后，再分两批次拆除千斤顶，同样凿出放置千斤顶的柱断口处的纵向钢筋头，采用钢筋对接焊恢复，在放置千斤顶的空腔内灌注微膨胀细石混凝土并养护。最后拆除钢连梁和拉杆，将断口处的钢板上下对接焊，钢板与混凝土之间灌注建筑结构胶对柱断口补强加固。

此方案优点：工期短，安全有保障，对垂直度控制精准，纠偏后最大倾斜率达到反向千分之一。

8.4.3 高耸构筑物应急工程

丰城电厂 7♯冷却塔（图 8-27）设计塔高 165m，塔底直径 132.5m，喉部高度 132m，喉部直径 75.19m，淋水面积 8000m²。施工至中部时因发生过特大安全生产事故而停工。

2020 年复工后，经有关设计单位复核，已建部分混凝土筒壁需要在外侧加厚 80mm，该工程属于高危项目。开工前，由业主方和总承包方等组织召开了多次加固设计方案和施工组织设计的专家论证会，专家要求：①必须保证新老混凝土可靠联结且不宜采用粘接材料；②要采取措施保障后浇混凝土筒壁不开裂；③筒壁外侧后浇混凝土浇筑必须有可靠且满足浇筑要求的施工平台，保证施工顺利和安全。

根据专家要求并结合现场情况，采用了以下加固设计和施工方案，总体思路是用自锁锚固技术（扩孔自锁锚杆）代替传统的化学植筋。

（1）为确保筒壁加厚的 80mm 新混凝土与老混凝土壁连接可靠且不使用化学粘接材料，采用自锁锚杆代替化学植筋，如图 8-28 所示。

图 8-27　丰城电厂 7♯冷却塔

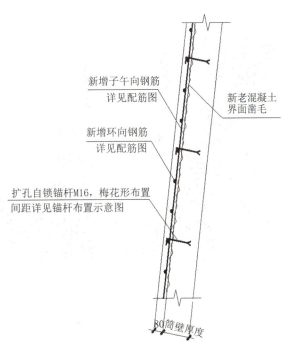

图 8-28　混凝土壁加厚方案（自锁锚杆代替化学植筋）

（2）为了保障加厚筒壁后混凝土不开裂，做了多组新老混凝土连接和混凝土配合比试验，选择了最科学的配筋形式。

（3）研发了满足施工要求的塔壁钢平台和垂直运输通道。

塔壁钢平台与筒壁的联结采用了自锁锚固技术。

常规的施工钢平台需要在冷却塔壁上打对穿孔，在塔筒内外壁同时施工，现场条件不允许。本工程的钢平台方案通过自锁锚杆连接塔筒，经过严格的科学试验，仅需在塔筒外壁施工，大大降低了施工难度。图8-29为钢施工平台和垂直运输通道。

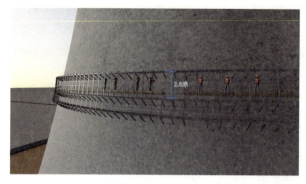

图8-29 丰城电厂7#冷却塔钢施工平台和垂直运输通道

考虑到本工程的重要性，平台荷载按$5kN/m^2$设计，并留有足够的安全储备，施工前通过加载试验论证，可达到$15kN/m^2$。图8-30为钢施工平台和加载试验，试验时，按两倍设计荷载验证，结构未破坏失效，挠度未超过限值，构件和节点以及与筒壁的连接均安全可靠。

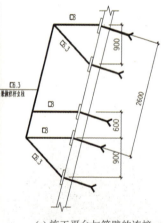

(a) 施工平台搭设　　　　(b) 施工平台加载试验　　　　(c) 施工平台与筒壁的连接

图8-30 施工平台

8.4.4 高耸构筑物耐久性改造

某电厂210m高烟囱为钢筋混凝土单筒式烟囱（图8-31），出口内直径7.0m。2005年和2010年电厂先后对2台机组实施技术改造，单台机组出力由600MW升至630MW，并采用石灰石-石膏湿法脱硫工艺,每台炉配置一座吸收塔,设有 GGH 烟气加热系统装置。

图 8-31　某电厂 210m 高烟囱

受脱硫湿烟气影响,烟囱内衬及筒壁出现了不同程度的病害。根据检测鉴定结果,烟囱整体改造方案为拆除原有内衬及隔热层,新加钛合金内筒;对混凝土筒壁进行缺陷修补及耐久性处理,处理方案如图 8-32 所示。

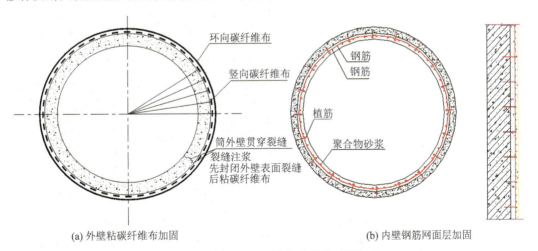

图 8-32　某电厂 210m 高烟囱改造加固方案

筒外壁加固内容有:
(1) 处理筒外壁裂缝;

(2) 修复筒身混凝土缺陷部位；
(3) 竖向、环向粘碳纤维布加固筒壁；
(4) 烟囱外壁整体涂刷CPC防碳化涂料。

筒内壁加固内容有：
(1) 拆除烟囱原有内衬和隔热层，露出混凝土结构层；
(2) 检查内壁裂缝情况，处理筒内壁裂缝；
(3) 采用钢筋网水泥聚合物砂浆面层加固内壁。

8.5 国内外著名高耸构筑物

1. 波兰华尔扎那电视塔

波兰华尔扎那电视塔高达647m，是目前为止世界上最高的电视塔（图8-33）。这座电视塔位于波兰普罗茨克附近，离首都96km。塔是用15根金属缆线索拉紧的钢结构高塔，重量达到了550t，在它347.5m高的地方，还建有一个旋转餐厅。

2. 广州市新电视塔

广州市新电视塔（图8-34）高610m，是中国最高电视塔。它由一座高达454m的主塔体和一个高156m的天线桅杆构成。作为广州市的标志性建筑，新电视塔将矗立于城市的中轴线上。

图8-33 波兰华尔扎那电视塔

图8-34 广州市新电视塔

新电视塔的建筑结构是由一个向上旋转的椭圆形钢外壳变化生成,相对于塔的顶、底部,其腰部纤细,体态生动,因此获"小蛮腰"雅号。该结构通过其外部的钢斜柱、斜撑、环梁和内部的钢筋混凝土筒充分展现了建筑所要表达的建筑造型。

3. 加拿大多伦多电视塔

耸立在加拿大多伦多市中心的国家电视塔(即加拿大多伦多电视塔),是多伦多的标志性建筑(图 8-35)。电视塔高达 553.3m,147 层,是世界最高的钢筋混凝土电视塔,建于 1976 年。它不仅是加拿大国家十大景观之一,也曾经是世界最高的独立式建筑物。伫立在多伦多的港湾旁,圆盘状的观景台远看像是飞碟,从这里远眺,可以一览最完整的多伦多都市风景。电视塔每年吸引两百万游客,是去多伦多的游客必访的景点。

4. 哈萨克斯坦 GRES-2 电站烟囱

GRES-2 电站烟囱(图 8-36)位于哈萨克斯坦埃基巴斯图兹,建造于 1987 年,只用了不到一年的时间建造,420m 的高度使它成为烟囱界当之无愧的世界第一。

图 8-35 加拿大多伦多电视塔

图 8-36 哈萨克斯坦 GRES-2 电站烟囱

5. 内蒙古胜利发电厂冷却塔

内蒙古胜利发电厂冷却塔(图 8-37),位于内蒙古锡林浩特市,外缘直径 185m,总高度 225m,是目前世界最高的冷却塔。它采用"烟塔合一+两机一塔+五塔合一"的技术。前期基建费用节约了近 5000 万元,占地节约 8000m^2,投产后每年预计降低运维费用近 200 万元。

在环保性能方面它的排放标准达到"112",超低排放指标烟尘排放浓度不大于 $1mg/Nm^3$,二氧化硫排放浓度不大于 $10mg/Nm^3$,氮氧化物排放浓度不大于 $20mg/Nm^3$,远优于国家环保要求的排放标准。

6. 瑞典厄勒布鲁水塔

目前世界上容量最大的倒锥形水塔是瑞典的厄勒布鲁水塔(图 8-38),容量为 $10000m^3$,水塔顶上还设有供人们用餐的旋转餐厅,容量 $9000m^3$。水塔上部直径 45m,塔身直径 10m,高 68m,十分壮观。该水塔是双曲线水塔,外形美观。水塔建于 1958 年,现在已经不作为水塔使用,而是作为瞭望台使用。站在塔顶可以一览耶尔马伦湖和厄勒布鲁市的风景。

图 8-37 内蒙古胜利发电厂冷却塔

图 8-38 瑞典厄勒布鲁水塔

7. 江阴跨长江输电塔

500kV 江阴跨长江输电塔(图 8-39)2004 年 11 月建成使用,塔总高 346.5m,跨越档距 2303m,横担总长 77m,铁塔底部根开达 68m,是目前世界上最高的输电铁塔,结构轻巧,外形美观,全塔重约 4000t。

8. 北京广渠路筒仓

世界最大的水泥筒仓群——北京广渠路筒仓,由 46 个圆形筒仓组成(图 8-40),大的单仓直径 8.5m,小的单仓直径 7m,高 12m。

图 8-39　江阴跨长江输电塔

图 8-40　北京广渠路沿线筒仓群

9. 非洲当代艺术博物馆

非洲当代艺术博物馆（图 8-41），位于南非开普敦蔡茨地区，该构筑物建于 1921 年，高 187 英尺（约合 57m）的它曾是南半球最高的建筑物，由 42 个垂直的混凝土筒仓组成，用以对来自南非各地的玉米进行分级和储藏。这座筒仓一直以来都是开普敦的象征。2013 年，相关方面将其改造成一座博物馆。该博物馆由两栋完全独立的建筑物组成，一栋是 57m 高的建筑，一栋是 42 个混凝土筒仓群组成的建筑，后来被称为非洲当代艺术博物馆，在 2017 年对外开放。

图 8-41 非洲当代艺术博物馆

第 9 章 新能源发电工程概论

新能源行业的定义有广义和狭义之分。广义的新能源泛指能够实现温室气体减排的可利用能源，外延涵盖了高效利用能源、资源综合利用能源、可再生能源、替代能源、核能、节能等。

狭义的新能源是指将常见的一些常规性能源排除在外的能源，主要指大型水力发电、火力发电之外的风能、太阳能、抽水蓄能、生物能、地热能、海洋能和核能等能源的总称。现阶段我国对风能、海洋能、小水电和核能的使用主要在电能的转换上，而对太阳能、生物能、地热能的利用除了要转换为电能，还应该发展为向热能和燃气的转换上。总体来讲，新能源的利用主要是将各种能源转换为电能。

生物能、地热能等新能源占比很少，抽水蓄能在第 4 章已作介绍，本章主要介绍高速发展中的风能和太阳能。

9.1 起源与发展

9.1.1 风能的起源与发展

1. 历史悠久的风能应用

人们对风的认识，从远古时代就开始了，对风的感情也很复杂。因为人们能够感觉到风能量的强大，却又对风难以把握。在中国神话故事里，"风伯"这个神话人物的出现，就是我们祖先对风的矛盾感情的体现。传说，在上古时代，黄帝是中央之帝，天下太平。后来蚩尤的部族在南方崛起，起兵与黄帝争天下，他请来风伯、雨师兴风作浪，使老百姓深受狂风暴雨之苦。黄帝派后羿与风伯战斗，后羿在青丘之泽战胜了风伯，把风伯用绳索绑了起来，交给黄帝。但黄帝没有杀风伯，只是将风伯束缚着，让风伯适时兴风，为老百姓谋福利。

早在 8000 多年前，古埃及人就用纸草（芦苇）扎制成草船，然后挂上一道简陋的帆，扬帆航行在尼罗河上，这可以说是人类对风能最早的应用。我国也是世界上最早利用风能的国家之一，3000 多年前的商代人就开始用帆船运货。春秋战国时期（公元前 770—前 221 年）我国就有了利用风力来磨面、舂米、提水、灌溉的先河。到明代时，帆船更是得到了空前的发展,我们都知道郑和七次下西洋的故事,当时中国的大型帆船"三宝船"应当是世界上最先进的帆船,其船体庞大,长达44丈(约合146.7m),宽18丈(60m),载重达1000t,排水量在当时是首屈一指的。

国外应用风车的历史也很悠久。公元前2世纪,古波斯人就有了利用垂直轴风车碾米的先例。11世纪风车在中东就已获得广泛的应用。12世纪,风车从中东传到欧洲,从此揭开了风车最辉煌的一页。16世纪,荷兰人为了扩大国土面积,在沿海地区建立起大量风车,利用风车排水、围海造地,竟然在西部和北部的浅海和低洼的海滩地上造出了1/4的国土。直到今天,荷兰人仍将风车视为国宝,保留着不少荷兰式的大风车,成为人类文明发展的见证。风车效果图如图9-1所示。

图9-1 风车效果图

我国使用风车的时间也很早,可追溯到数千年前;而到了宋朝,我国农村使用的风车竟然是至今仍使用的先进的垂直轴风车。明朝以后,风车的应用更是普遍。

2. 风力发电的起源

风能是一种储量庞大的可再生清洁能源,据科学家推算,照射在地球上的太阳能大约有0.25%在大气层中变成了风能,人类只要能开发出其中的1%,就能够满足目前的能源需求。目前利用风能的方式,除了传统的风帆助航、风车、风力提水等,还有现代应用比较成熟的风力发电。而实际上,风力发电的历史是比较悠久的,而且风力发电的发展过程是曲折的。

1888年,丹麦人F.布鲁什发明了第一台直流风力发电机,其原理如图9-2所示。虽然这台风力电机只是实验性质,但却标志着天然的风能可转变为二次能源——电能,意义十分重大。1891年,丹麦的拉库尔教授建成了世界上第一座风力发电站,发电能力仅为9kW,风力发电也算首度在世界能源舞台上亮相。到1908年,丹麦已经建成几百个小型风力发电站。20世纪初，荷兰、法国等欧洲国家也加入了研究风力发电的行列。但煤炭、石油和天然气的大量发现和开采，致使可用以发电的化石燃料价格不断下降。传统方式发出的电能成本低、效率高；而风力发电却由于发电效率低、输电不方便以及风力机械成本高等缘故，价格很难降低；再加上又出现了价格更低廉的、发电效率高、发电量大的水力发电参与竞争，使得风力发电再也难以存续，在20世纪20年代初便停止了发展步伐。

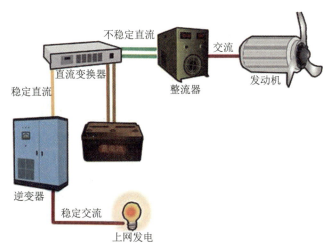

图 9-2　风力发电原理图

3. 风力发电的发展

20世纪的三次石油危机使得传统能源频频告急，在这样的形势下，再加上全球环境污染，使全球生态环境恶化，促使人们的生态环境保护意识加强，这也为风能、太阳能等清洁能源创造了发展的机会。

风力发电对于解决沿海岛屿、交通不便的边远地区、地广人稀的草原牧场，以及远离电网的农村、边疆等地方的生产和生活用电问题有着立竿见影的效果。正是在这样的形势下，风力发电迎来了发展的机遇。从20世纪70年代开始，世界各国加快了研究风力发电和建设大中型风力发电场的努力。据国家能源局统计，2022年我国风电光伏新增装机占全国新增装机的78%，风电光伏发电达1.19万亿千瓦时，占总发电量的13.8%，已成为我国新增装机的主体。在这个过程中出现了两种形式的风力发电机：水平轴风力发电机和垂直轴风力发电机。

1）水平轴风力发电机

水平轴风力发电机——塔筒顶上安装水平轴螺旋桨，如图9-3所示。常见的风力发电机都是这种水平轴风力发电机。

水平轴风力发电机由风轮、塔筒或塔架、基础构成，在风轮后面有个小机舱，里面有增速齿轮箱和传动系统，风轮的低速转动可在齿轮箱里变成高速。由于风轮必须迎着风才能转动，所以机舱里还有偏航装置控制系统，可以让风轮始终正对着风来的方向。

一般来说，风轮只有在4级风以上时才能转动，但是到了8级风以上时，风力发电机就必须停止工作，以免电机设备被大风毁坏。不过，如今的最新式风力发电机已能在3级风至10级风的情况下正常工作了。

目前水平轴风力发电机普遍采用图9-3（a）所示的偏心式（单叶轮式）。除此之外，还有一种新型的双叶轮式水平轴风力发电机，如图9-3（b）所示，包括两个叶轮、支撑座、塔架、空心轴、实心轴及两个发电机，实现了前后两个叶轮同时发电，增加了风力发电机的捕风能力，大大提高发电功率，提高风能的利用率，具有很好的应用前景。

(a) 偏心式水平轴风力发电机

(b) 双叶轮式水平轴风力发电机"赛瑞号"

图9-3 水平轴风力发电机

中国华能自主研制的世界首台串列式双风轮风电机组"赛瑞号"在吉林通榆风电场成功吊装，开启了风能利用的新纪元。在同样的功率下，叶片长度可以缩短近一半，成本可以降低10％以上，效率可以提高15％，如图9-3（b）所示。

2）垂直轴风力发电机

垂直轴风力发电机——塔筒顶安装有垂直轴的螺旋桨，如图9-4所示。水平轴风力发电机的风轮轴要承受风轮转动的扭力以及风轮质量带来的重力，而随着风轮越做越大，质量也越来越大，风轮轴一旦承受不了就会损毁。我国从2001年开始研发一种新型的垂直轴风力发电机，它的轮轴是竖直立在地面上的，风轮就像直升机的螺旋桨那样，安装在塔筒或塔架的顶上。

这种新型垂直轴风力发电机有几个好处：一是风轮质量由塔架承担了，轮轴就不需要再承担风轮的质量带来的剪力；二是垂直轴的风轮既然像直升机螺旋桨，就会形成升力，风力越大，转得越快，升力就越大，轴对风轮的阻力就越小，使垂直轴风力发电机的风轮有点"浮"起来，转得更轻盈，更容易增速，从而产生更大的能量。此外，垂直升力型风力发电机还有一大好处：它的增速齿轮箱、偏航控制系统和发电机等重要装置都是装在地面上（塔架底部）的，这样在大风天气里，维修人员就不用冒着生命危险爬上塔顶去进行维修了。

图 9-4 垂直轴风力发电机

9.1.2 太阳能的起源与发展

1. 古代文明时期

太阳对地球上的生命起着至关重要的作用,这一点已经被所有的文化认同。在古代,人们崇拜太阳,甚至把太阳当作神来崇拜。

说起太阳神,就不得不提到神秘而古老的国度——古埃及,在那个时期,阿吞神就是被所有人信奉的唯一的神,他是以太阳圆盘的形象出现,是全埃及的神,取代了古老的创造大神阿图姆,位列九元神之首。可见太阳神在古埃及人心中不可动摇的地位。不仅仅是古埃及,世界上几乎所有的古代文明都有它们的太阳神,比如说古希腊的阿波罗、古印度的苏里亚等,它们都代表了太阳系恒星的力量。

6000 多年前,新石器时代的中国人开始大胆地应用太阳能。他们把家朝南建,就是为了在冬季的时候捕捉更多的阳光,让房间内变得温暖。这种看似粗糙的方法实际上是当前加热技术的原型。到后来,古希腊著名建筑师维特鲁威(公元前 80—前 15 年)设计出了正确的住宅朝向,进一步改善了人们居住的舒适程度。维特鲁威也创作了建筑学领域的范本《建筑十书》。

自古以来,食品储存与加工一直是人类重要的生产生活部分,而太阳光就可以用来干燥和保存食物。古埃及人就是利用太阳光将谷物脱水干燥,并把干燥后的谷物储存在密封的谷仓中,这种方法可以使他们的粮食储存好几年。

古代人早就认识到，集中太阳光线可以用来照明。早在公元前 7 世纪，人们就会用放大镜来聚焦阳光；在公元前 3 世纪，古希腊人和古罗马人开始使用一个更先进的方法：就是利用镜子集中太阳光来照明。

2. 中世纪

中世纪早期 5—10 世纪，是西欧罗马帝国崩溃后的时期，是知识、经济匮乏的时期，也是科技发展的"黑暗时代"。等到欧洲中世纪 14—17 世纪的文艺复兴时期，新发现和新发明的数量急剧增加，这些推动了西方科技的进一步发展。

达·芬奇（1452—1519 年），被大家称作"文艺复兴人"，是意大利那个时代最著名的发明家。他呈现给人们一个巨大的、多样性的世界，特别是在工程、化学、数学、物理等科学领域。当时的人们普遍都通过燃烧大量木材的方式来取暖，而他在当时就已经开始对环境问题有所注意。在他的作品中也表现出了他对地球森林正遭破坏问题的担心。因此，他进行了几项关于利用太阳能取暖的研究。通过研究可反射平行光线的弯曲金属板，达·芬奇得出了光线与金属板的几何关系。据说，达·芬奇提出了第一个工业应用的凹面镜太阳能聚光热水器。他还提出了一种集中太阳辐射来焊接铜的技术。

古罗马帝国衰落后，生活在这个时代的富人希望在家里也可以享用热带水果。在气温相对较低的欧洲为了满足外来植物的生长需要，他们会在屋子朝南的地方铺上玻璃形成一个温室。在某些家庭里，温室也被连接到房子中去，进而将温室内的热空气输送到建筑物的内部来取暖。

3. 工业革命时期至现在

18 世纪，英国开始工业革命，在这个时代，同样也有许多与太阳能相关的工业成就和创新。

1901—1920 年这一阶段世界太阳能研究的重点，仍然是太阳能动力装置。但采用的聚光方式多样化，并开始采用平板式集热器和低沸点工质（它是为克服闪蒸地热发电系统的缺点而出现的一种循环系统）；1921—1945 年由于化石燃料的大量开采应用及第二次世界大战的影响，此阶段太阳能利用的研究开发处于低潮，参加研究工作的人数和研究项目及研究资金大为减少；1946—1965 年这一阶段，太阳能利用的研究开始复苏，加强了太阳能基础理论和基础材料的研究，在太阳能利用的各个方面都有较大进展；1966—1972 年此阶段由于太阳能利用技术还不成熟，尚处于成长阶段，世界太阳能利用工作停滞不前，发展缓慢；1973—1980 年，这一时期爆发的中东战争引发了西方国家的"石油危机"，使得越来越多的国家和有识之士意识到，现时的能源结构必须改变，应加速向新的能源结构过渡，这客观上使这一阶段成了太阳能利用前所未有的大发展时期；1981—1991 年由于世界石油价格大幅度回落，而太阳能产品价格居高不下，缺乏竞争力，太阳能利用技术无重大突破；1992 年至今，特别是 1992 年 6 月联合国"世界环境与发展大会"在巴西召开之后，世界各国加强了对清洁能源技术的研究开发，使太阳能的开发利用工作走出低谷，得到越来越多国家的重视。

中国光伏发电产业于 20 世纪 70 年代起步。受国际大环境的影响和国内外市场的推动，我国光伏发电产业在 50 多年后的今天已经进入了高速发展的新阶段，自 2015 年装机量超过德国后，我国历年累计装机和年度新增装机均居全球首位。

中国蕴藏着丰富的太阳能资源，这一先天的优越条件使得太阳能产业在中国发展迅速，近年来的整体实力一直高居世界领先水平。目前中国比较成熟的太阳能产品主要是太阳能光伏发电系统和太阳能热水系统，如今我国不仅是光伏产品世界生产大国，而且是全球太阳能热水器生产量和使用量最大的国家。

截至 2022 年底，全国总装机容量 25.6 亿千瓦，全国风电光伏发电装机突破 7 亿千瓦，其中风电装机容量 3.7 亿千瓦，太阳能发电装机容量 3.9 亿千瓦，风电、光伏发电装机均处于世界第一。

9.2 结构形式和功能

新能源建筑物中常见的是风能和太阳能，下面将重点介绍风力和光伏发电中的主要建（构）筑物。

9.2.1 风力发电

风力发电机由 5 个主要部件和许多次要零件组成。主要部件是基础、塔架或塔筒、转子和轮毂（包括叶片）、机舱和发电机。

风力发电机是将风能转换为机械功，机械功带动转子旋转，最终输出交流电的电力设备。风力发电机一般由风轮、发电机（包括装置）、调向器（尾翼）、塔架、限速安全机构和储能装置等构件组成。

风力发电机的工作原理比较简单，风轮在风力的作用下旋转，它把风的动能转变为风轮轴的机械能，发电机在风轮轴的带动下旋转发电。广义地说，风能也是太阳能，所以也可以说风力发电机是一种以太阳为热源、以大气为工作介质的热能利用发电机。

风力发电正在世界上形成一股热潮，因为风力发电没有燃料问题，也不会产生辐射或空气污染。常见的风力发电场有图 9-5 所示的几类。

和结构工程专业相关的主要是两类部件：风机基础和风机塔架（筒）。本节将主要介绍风力发电机的基础和塔架（筒）。

1. 风机基础常见形式

近年来，全球范围内的风能开发获得了大规模的发展，我国虽然风能资源丰富，利用潜力巨大，但只是最近几年在陆上风力发电方面取得一定的发展，海上的风力发电还只是刚刚起步。制约我国风力发电的技术因素有很多，其中风机基础就是其中重要的一项。

基础是风力发电机组的固定端，与塔筒一起将风机竖立在 60~200m 的高空，是保

(a) 山地风电场　　　　　　(b) 平原风电场　　　　　　(c) 海上风电场

图 9-5　常见的风力发电类型

证风机正常发电的重要组成部分。在设计上，风机应归属高耸结构。对于一般高耸结构设计而言，采用的是简洁的结构形式，以尽量减少风荷载。但是风机的动力来源主要是风，要正常发电就要捕获足够的风力，这就使得基础不可避免地要承受巨大的水平荷载，较之传统的高耸结构设计有很大的差别，设计时要考虑地质情况、风向影响。另外，风机基础也是造成风力发电成本高的主要因素之一，基础的成本占总成本的10%～30%。

随着风力发电技术的日益成熟，风机基础也得到长足的发展。陆上风机的基础形式主要有重力式基础和桩基础等，如图 9-6 所示。其中第一种是按塔筒和基础的连接方式进行分类，第二种是按基础结构形式进行分类。

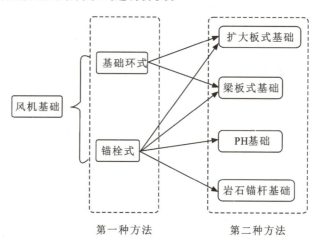

图 9-6　常见的风机基础形式

1) 基础环式基础

基础环式基础的风机塔架与基础之间通过图 9-7 所示的基础环进行连接。这种形式基础的基础环防腐与塔架的防腐方案一致，因此不存在后期使用过程中基础环的腐蚀问题。但基础环与混凝土基础连接部位存在刚度突变，因此基础环附近混凝土容易疲劳破坏，设计时需要特别注意。这种基础适用于所有陆上场地。

图 9-7 基础环

2）锚栓式基础

风机塔架与基础之间通过图 9-8（a）所示的锚栓组合件连接；对锚栓施加预应力，从而实现塔架在基础的固结；由于锚栓的下端固结于基础的底部，因此整个基础刚度一致，不存在突变，受力合理。

锚栓组合件

锚栓锈蚀

图 9-8 锚栓式基础

锚栓的下端固结于基础底部，因此整个基础中不存在刚度突变，受力合理，不存在混凝土疲劳等问题，适用于陆上所有场地。但国内目前的锚栓防腐还存在问题，锚栓腐蚀后，承载力降低，存在安全隐患，如图 9-8（b）所示；锚栓如果在施工中，被张拉断裂，更换成本巨大。

3）扩大板式基础

传统扩大板式基础分为台柱和底板两部分，实体结构，如图 9-9 所示。基础高度和底部直径比例小于 1∶3，随着基础顶部荷载变大，底部直径增大，该比例逐渐变小。

这种扩大板式基础支模容易，施工速度比梁板式更快，适用于所有陆上场地。但由于大功率风机基础需承受较大的弯矩，基础底面积往往较大，致使底面尺寸较大，混凝土用量大，开挖回填量也随之增大。

图 9-9　扩大板式基础施工过程

4）梁板式基础

梁板式基础是在扩大板式基础方案下的改进，形状参数基本相同，其改进点有：用地基梁代替底板变截面圆台，梁板式基础中间圆台（台柱）与塔筒下法兰对接，如图 9-10 所示。

基础环梁板式基础　　　　　　　锚栓梁板式基础

图 9-10　梁板式基础

与扩大板式基础相比，梁板式基础最大的优点就是能够节省混凝土用量。但这种基础土方工程量较大，并且现场施工模板安装不方便，钢筋布置的间距太小，导致混凝土不易振捣密实。

5）PH 基础

PH 基础（无张力灌注桩基础）属于深基础，如图 9-11 所示。埋深一般在地下 10m 左右。PH 基础主要由被动土压力承受风机荷载。

PH 基础没有烦琐的钢筋绑扎工程，施工速度快，并且造价低，适用于非湿陷性黄土地质。但此基础的关键材料预应力材料与波纹筒不易采购；施工现场需要一台小型吊车在现场配合施工；设计时没有考虑土的塑性特性和时间效应，因此安全性存在问题；锚栓锈蚀问题没有解决，存在安全隐患，如图 9-12 所示；若锚栓断裂，更换成本巨大。

6）岩石锚杆基础

岩石锚杆基础是直接通过岩石锚杆，将塔架固定在岩石地基上，如图 9-13 所示。这种基础充分利用了基岩的承载力，可以明显减少基础的混凝土和钢筋的工程量，有效节省成本。但如果岩石锚杆的防腐能力不足，基础会存在安全隐患；另外，由于直接将锚杆固定在基岩上，因此对基础的要求较高。

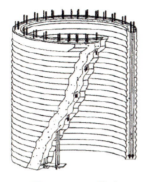 

图 9-11　PH 基础　　　图 9-12　无张力灌注桩基础锚栓锈蚀

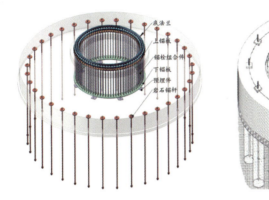

图 9-13　岩石锚杆基础

2. 风机塔筒形式

目前已应用的塔筒主要形式有锥式钢塔筒、混凝土塔筒、钢-混塔筒、构架式塔架、空间钢管混凝土塔等。

1）锥式钢塔筒

锥式钢塔筒是目前最常用的一种塔筒形式。锥式钢塔筒先在工厂分段制造好，再运输到现场用螺栓将段与段之间连成一个整体。其最大的优点是现场安装方便，施工时间短。故现今业主大部分选用锥式钢塔筒，如图 9-14 所示。

锥式钢塔筒的设计内容主要包括强度、稳定性、动力性能和疲劳等。随着轮毂高度的不断增大，钢塔筒由于其"柔"的特点，其动力性能需要更多关注。若加强塔筒，做到"刚"，则成本会大幅增加。

2）混凝土塔筒

混凝土塔筒包括现场浇筑型和预制型两种，这两种均可分为预应力型和非预应力型。一般风机容量越大、轮毂高度越高，经济性越好。

混凝土塔筒相对于钢塔具有以下优势：

(1) 塔高不受塔筒直径或运输条件限制（可升至 160m 以上）。

(2) 耐久性更好（运行周期可由 20 年提升至 50 年）。

（3）自重大，稳定性好。

（4）混凝土阻尼比高于钢结构，结构安装和运行过程中振动远小于钢筒，不会频繁通过主机振动控制策略损失发电量。

（5）碳排放量低于钢塔筒，符合国家工业化装配制造和节能减排政策。

（6）就近取材，成本优势明显。

3）钢-混塔筒

下部采用锥式混凝土塔筒，上部采用锥式钢塔筒就形成了下混上钢塔筒，如图 9-15 所示，既充分利用了锥式钢塔筒安装方便和锥式混凝土塔筒维护费用低的优点，又不会因为风电机组底部塔筒尺寸过大而运输困难。

图 9-14　锥式钢塔筒

图 9-15　钢-混塔筒

现有钢-混塔筒涵盖了 90m、100m、120m、140m 甚至 160m 轮毂高度。

钢-混塔筒有如下优点：

（1）发电量稳定、自耗电量小、运维成本低。首先钢-混塔筒运用了材料替换和组合式结构，阻尼系数大，机头振幅小，叶轮迎风的入流角度稳定，发电量更稳定；其次钢混塔筒的设计理念为化繁为简，类似于将传统钢塔筒放在了山头上，塔筒仍然是半刚性传统塔筒。不需要用机组策略对塔架振动或发电机转速跳跃进行控制，解决了高塔筒的机组可靠性问题。

（2）钢-混塔筒结构安全性优势大。这主要是因为避振型钢混塔筒的塔顶位移小，所引起的塔筒和叶片的二阶效应小；其次是塔筒重心低，地震荷载小；另一个重要原因是设计使用寿命问题，传统的钢塔筒使用寿命是 20 年，而钢-混塔筒的使用寿命是 50 年。

4）构架式塔架

2020 年 9 月 28 日，全球首台采用 160m 预应力构架式钢管塔架的风电机组在山东省菏泽市鄄城顺利投运并网（GW140-2.5MW型风电机组，首台样机），该机组也是我国目前并网轮毂高度最高的风电机组。该机组的并网，标志着预应力构架式钢管塔架工程的成功应用，为低风速地区风资源开发利用创造了先决条件，引领风电技术与市场，实现开拓性发展。

预应力构架式钢管风电塔由青岛华斯壮能源科技有限公司依托同济大学共同研发，为"构架式塔架＋过渡段＋塔筒"结构，总高度160m。该塔架技术有效解决了焊接疲劳及共振矛盾等问题，突破铁塔高度和荷载限制，不仅提高了塔架安全性和使用寿命，还能更好获取风资源，提高发电效率，适于低风速地区及分散式风电建设。同时，预应力构架式钢管风电塔技术更节约原材料，利于工厂模块化生产和运输。该新型塔架还具备极强的节地性。由于该塔架基础采用与特高压输电塔相似的点状分布基础形式，如图9-16所示，可调节埋深，影响耕地面积仅为露出地面面积。该单基风塔基础裸露面积小于$6m^2$，可大大减少土地占用面积，令土地利用实现"以租代征"，快速开工。

预应力构架式钢管风电塔技术的推广应用，可每年为国家综合利用土地节约15000亩（1000公顷）、混凝土200万立方米、投资成本20亿元，更有利于节能减排。

5）空间钢管混凝土塔

风电塔架与一般建（构）筑物不同，除了安全性，它对刚度、制造难度、可靠性、运输、安装周期、运维等都有要求。这些设计目标与成本控制相矛盾。传统风塔各有优缺点，技术上很难满足高轮毂大容量风机要求。设计一款安全经济的风塔成为巨大的挑战。从技术角度，安全经济的风塔需做到以下几点：风塔刚度大，避免涡激共振发生；结构有弹塑性发展能力，弹塑承载力比弹性承载力高1.3倍以上；结构材料延性好，抗冲击变形能力强；制造简单，运输方便，安装容易。

空间钢管混凝土塔如图9-17所示。

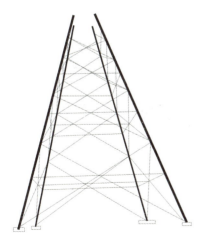

图9-16 构架式塔架点状分布基础

图9-17 空间钢管混凝土塔

空间钢管混凝土塔具有以下优势：

（1）截面选型角度：与实腹型结构相比，空间布置截面具有更大的抗弯截面模量。相同的材料下获得更多的刚度和强度，例如大型的机场和火车候车大厅都采用空间结构。

风塔底部 30～50m 工程量最大，最影响结构刚度，需要采用空间布置截面代替实腹型截面。

（2）构件材料角度：钢管混凝土中的混凝土为三向约束混凝土，抗压承载力是单向受压混凝土的 2 倍以上。钢管中可设置钢绞线预紧力提高构件抗疲劳和抗拉承载力。钢管混凝土构件延性好，结构抗倒塌能力强。

9.2.2 光伏发电

常见的光伏电站分为分布式光伏电站和集中式光伏电站。

9.2.2.1 分布式光伏电站的特点及常见形式

1. 分布式光伏电站的特点

分布式光伏电站主要基于建筑物表面，包括村镇居民住房屋顶太阳能电站和工商企业屋顶光伏电站。屋面分布式光伏电站如图 9-18 所示。它能就近解决用户的用电问题和资源利用问题，通过并网实现供电差额的补偿与外送，以及企业和居民的自用电。

图 9-18　屋面分布式光伏电站

分布式光伏电站具有诸多优点，如：输出功率相对小，规模可灵活调整；项目污染少，环保效益突出；发电用电并存，输电线路线损少；靠近负荷中心，对电网影响不大；节约土地资源与开发成本等。但分布式光伏电站也有参与主体较多，不确定因素增加；电费结算效率较低等方面的不足。

2. 分布式光伏电站的常见形式

分布式光伏电站特指采用光伏组件，将太阳能直接转换为电能的分布式光伏电站系统。通常利用商场、工厂、民宅等屋面建设电站，有着规模小、数量多、项目分散的特点，它一般接入 35kV 或更低电压等级的电网。

建设分布式光伏电站的屋面可分为混凝土平屋面、彩钢瓦屋面和琉璃瓦斜屋面。

分布式光伏电站的支架基础可分为以下几种：

1）混凝土配重块基础

混凝土配重块基础的施工过程：首先在混凝土屋顶浇筑水泥基础（配重块），基础顶面安装标准化的固定连接件，固定连接件上安装光伏支架，或者直接将支架连同混凝土基础一起浇筑，此种浇筑方法对支架的定位精度要求高。

这种基础按施工方式可分为预制混凝土基础和直接浇筑基础；根据其大小可分为独立底座基础和复合底座基础，如图 9-19 和图 9-20 所示。混凝土配重块基础适用于在混凝土平屋面建设分布式光伏电站。

图 9-19　独立底座基础　　　　　　图 9-20　复合底座基础

混凝土配重块基础的优点是承载能力强，抗洪抗风效果好，受力可靠，不破坏水泥屋顶，强度高，精度高，且施工简单、方便、不需要大的施工设备；其不利之处是增加屋面的负荷，所需的钢筋混凝土量大、人工多、施工周期长，整体造价较高。

2）支架与屋面粘接安装

支架与屋面粘接安装方式有三种：支架直接接入楼板的方式，如图 9-21 所示；支架底座用结构胶粘接于屋面的方式，如图 9-22 所示；金属支架嵌入式粘接于屋面的，如图 9-23 所示，此种安装方式主要应用于混凝土斜屋面和混凝土拱形屋面。

图 9-21　支架直接接入楼板

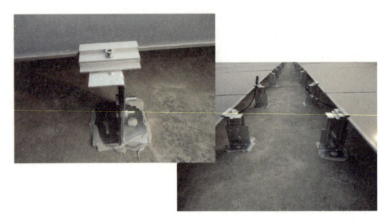

图 9-22　支架底座用结构胶粘接于屋面

图 9-23　金属支架嵌入式粘接于屋面

3）夹具固定安装

夹具固定安装分为以下几种形式：彩钢瓦的安装夹具（夹持），如图 9-24 和图 9-25 所示；马鞍支座与彩钢瓦的粘接或螺栓固定，如图 9-26 和图 9-27 所示；琉璃瓦通过挂钩固定在梁或板上，如图 9-28 和图 9-29 所示。

图 9-24　彩钢瓦的安装夹具（夹持）(1)　　　图 9-25　彩钢瓦的安装夹具（夹持）(2)

图 9-26　粘接

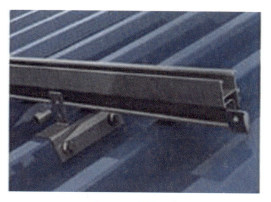

图 9-27　螺栓固定

图 9-28　挂钩用螺栓固定于横梁上

图 9-29　挂钩用膨胀螺栓固定于混凝土楼板上

9.2.2.2　集中式光伏电站的特点及常见形式

1. 集中式光伏电站的特点

集中式光伏电站是充分利用荒漠地区、荒山、塌陷矿区丰富和相对稳定的太阳能资源构建的大型光伏电站或水上光伏电站，如图 9-30 所示。集中式光伏电站通常接入高压输电系统供给远距离负荷。

图 9-30　集中式光伏电站

1) 优点

(1) 选址更加灵活，光照条件更好，光伏发电的稳定性有所增加，并且充分利用太阳辐射与用电负荷的正调峰特性，起到削峰的作用。

(2) 运行方式较为灵活，相对于分布式光伏电站可以更方便地进行无功和电压控制，参加电网频率调节也更容易实现。

(3) 建设周期短，环境适应能力强，自然条件利用率高，不需要水源（水力发电的条件）、燃煤（火力发电的条件）运输等原料保障，运行成本低，便于集中管理，受到空间的限制小，可以很容易地实现增容扩容。

2) 缺点

(1) 集中式光伏电站需要依赖长距离输电线路送电入网，同时自身也是电网的一个较大的干扰源，输电线路的损耗、电压跌落、无功补偿等问题将会凸显。

(2) 大容量的光伏电站由多台变换装置组合实现，这些设备的协同工作需要进行统一管理，目前这方面技术尚不成熟。但随着国内光伏技术经验的积累和发展，基本上克服了电站管理问题。

(3) 为保证电网安全，大容量的集中式光伏接入需要有 LVRT（低电压穿越功能）等新的功能，这对集中式电站的建设运营提出了更高的要求，当然也对合理智能用电起到了一定的促进作用。

2. 集中式光伏电站的常见形式

集中式光伏电站按支架形式分固定式-地面支架和固定式-预应力柔性支架两类。

1) 固定式-地面支架

固定式-地面支架有五种不同的支架构件和基础。

第一种是山地/平地双立柱大管套小管固定支架结构形式，如图 9-31（a）所示。这种支架立柱采用 $\phi 60mm/\phi 76mm$ 圆管、斜梁和檩条采用 C 型钢，斜支撑采用角钢等主材。基础采用 150mm/200mm 灌注桩。其优点是大管套小管方案，结构稳定性好，针对山地地形调节范围广，适应复杂地形能力强，可适应各种复杂地形，桩基小，施工速度快，安装方便快捷；缺点是桩基数量多。

第二种是山地/平地单立柱大管套小管固定支架结构形式，如图 9-31（b）所示。这种支架立柱采用 $\phi 83mm/\phi 89mm/\phi 108mm$ 圆管、斜梁和檩条采用 C 型钢、斜支撑采用 C 型钢或者角钢等。基础采用 250mm/300mm 灌注桩。其优点是大管套小管方案，针对山地地形调节范围广，适应复杂地形能力强，可适应各种复杂地形，施工速度快，安装方便快捷；缺点是桩直径偏大。

第三种是平地双立柱固定支架结构形式，如图 9-31（c）所示。这种支架立柱、斜梁和檩条均采用 C 型钢、斜支撑采用 C 型钢或者角钢等。基础采用 150mm/200mm 灌注桩或条形基础。优点是双立柱结构稳定性好，针对平地地形，施工速度快，安装方便快捷；缺点是桩基数量多。

第四种是农光/渔光双竖撑+双抱箍固定支架结构形式，如图 9-31（d）所示。这种支架立柱、斜支撑采用 C 型钢或者角钢、斜梁和檩条采用 C 型钢等。基础一般采用直径 300mm 的预制管桩。其优点是预制水泥管桩方案，跨距大，结构稳定性好，地形适应性强，针对农光/渔光地形适应能力强，采用双抱箍结构，无须现场电焊。

第五种是农光/渔光单立柱＋单抱箍固定支架结构形式，如图 9-31（e）所示。这种支架立柱采用槽钢、斜支撑采用 C 型钢或者角钢、斜梁和檩条采用 C 型钢等。基础采用直径 300mm 的预制管桩。优点是预制水泥管桩方案，跨距大，结构稳定性好，地形适应性强，针对农光/渔光地形适应地质条件较差项目电站，基础高度优势大；缺点是现场需通电，用于焊机焊接立柱。

(a) 山地/平地双立柱大管套小管固定支架

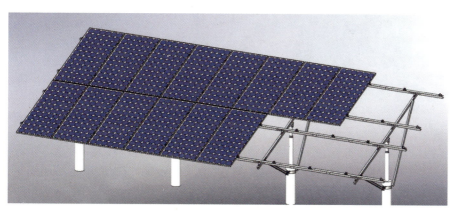

(b) 山地/平地单立柱大管套小管固定支架

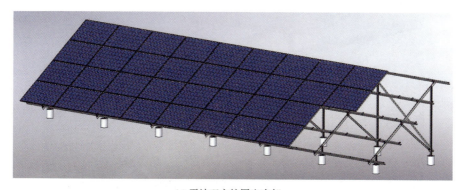

(c) 平地双立柱固定支架

图 9-31 固定式-地面支架

(d) 农光/渔光双竖撑+双抱箍固定支架

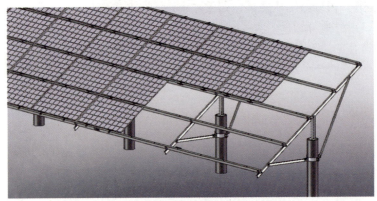

(e) 农光/渔光单立柱+单抱箍固定支架

续图 9-31

2) 固定式-预应力柔性支架

为了适应陡峭的山地，鱼塘，农（牧、渔）光互补，戈壁沙漠，高速公路铁路，污水处理厂等特殊及通用场地，需要采用高净空、大跨距、场地适应性更好的固定式-预应力柔性支架，如图 9-32 所示。

图 9-32 固定式-预应力柔性支架

9.3 设计要点

本节主要介绍风机基础、风机塔筒（架）和光伏支架的设计。

9.3.1 风机基础设计

1. 风机基础设计的基本要求

《建筑地基基础设计规范》（GB 50007—2011）规定，基础的设计需要进行承载力、变形以及稳定性的计算和验算。这些既要保证基础具有足够的强度和刚度，同时还要避免在荷载的作用之下，地基产生过大的倾斜和变形；再就是需要保证基础在动荷载作用之下不会产生过大的振动，尤其是对于风机基础来说，其本身振动就比较大。风机基础设计时需要进行详细的计算，并采取有效的减振措施，以免影响到设备的正常运行以及邻近设备的正常使用。

2. 基础形式的选择

国内陆上风机基础应用较多的是重力式基础（扩展基础）和桩基础、岩石锚杆基础等。当地质条件较好，基底所在土层能满足或通过地基处理能满足承载力、沉降要求时可选用扩展基础。扩展基础的形式多样，应用较广的是圆形及圆形肋梁基础、方形基础即八角形基础。由于陆上风机基础承受巨大的弯矩，竖向力和水平力相对较小，与其他结构扩展基础受力特性存在较大差异，扩展基础的基底反力分布对基础的受力特性影响较大。当基底所在土层不能满足或通过地基处理不能满足承载力、沉降要求时，需采用桩基础。桩基础按成桩工艺常见的桩型有干作业钻孔灌注桩、泥浆护壁钻孔灌注桩、PHC预应力管桩等常见桩型。风机基础设计时应根据项目具体地勘土质情况进行综合比较，选择安全可靠、经济合理的基础形式。

3. 风机基础的设计要素

风机基础设计要素可归结为以下几点：
（1）基础特征，它涉及地质勘探中岩土的分类和相应的岩土工程特性指标；
（2）荷载、荷载条件和荷载效应的组合系数和分项系数；
（3）计算内容和方法，如地基承载力和压缩性能计算、地基变形计算等，保证风机正常运行的稳定性计算等；
（4）基础设计，包括扩展基础的设计、桩基础的设计、锚杆基础的设计、基本结构的设置标准等；
（5）地基处理的类型和方法，例如土石复合地基、压实填土地基、软土地基和岩石地基等的处理等；
（6）试验和监测，这也是风机基础设计的关键因素，也是保证风机基础质量标准的依据之一。只有明确试验和监测的要求和标准，才能进一步完善风机基础设计工作。

4. 风电基础的具体设计

1) 扩展基础底板弯矩和配筋计算

有关设计规范规定扩展基础底板的配筋应按抗弯计算确定，用于配筋的弯矩值可按承受均布荷载的悬臂构件进行计算，弯矩计算位置宜选择在基础变截面处（即基础台柱边缘处）。对于基础底板底面，基础变截面处单位弧长的弯矩设计值可根据基础底面近似均布地基净反力（均布荷载）计算，近似均布地基净反力应取基础外悬挑 2/3 处的最大压力。对于基础底板顶面，基础变截面处单位弧长的弯矩设计值可根据基础顶面近似均布荷载计算，近似均布荷载应取外悬挑边缘处的最大压力。圆形基础底板宜采用径向和环向配筋，单位弧长径向配筋弯矩和环向配筋弯矩，可分别取荷载效应基本组合下基础底板单位弧长弯矩设计值的 2/3 和 1/3。配筋计算应符合现行国家标准《混凝土结构设计标准》（GB/T 50010—2010）的有关规定。对于圆形基础底板底面近似均布地基净反力的确定：《建筑地基基础设计规范》（GB 50007—2011）规定采用基础外悬挑边缘处的最大压力；而《烟囱工程技术标准》（GB/T 50051—2021）和《高耸结构设计标准》（GB 50135—2019）则均采用基础外悬挑中点处的最大压力，考虑到风电机组基础的外悬挑长度较长，取中点处的最大压力偏小，取边缘处的最大压力又过于保守，经试算，取基础外悬挑 2/3 处的最大压力，与《建筑结构静力计算手册》的精确计算方法相比，误差在 4%～6%。因此，设计规范采用基础外悬挑 2/3 处的最大压力是合适的。

2) 岩石预应力锚杆基础结构计算

《风电机组地基基础设计规定》（FD 003—2007）将设计规定中的"岩石锚杆基础"修改为"岩石预应力锚杆基础"，这是因为风电机组基础具有承受 360°方向重复荷载和大偏心受力的特殊性，对地基基础的稳定性要求高。为了确保风电机组基础的安全可靠性，规范要求在较完整的岩石地基上应采用预应力锚杆与基岩连成整体，并规定了岩石预应力锚杆基础结构的计算分析内容，包括基础台柱边缘、基础环与基础交接处受冲切承载力验算，基础底板抗弯计算，斜截面受剪承载力验算，锚杆预拉力计算，锚杆杆体抗拉承载力计算，锚杆锚固段注浆体与筋体、注浆体与岩体的抗拔承载力计算；特别是对预应力锚杆的选择、锚固段的长度和基岩的抗剪强度等给出了详细的计算分析方法。

3) 预应力筒型基础计算

《风电机组地基基础设计规定》（FD 003—2007）规定了预应力筒型基础的计算分析内容，包括地基承载力验算和变形验算、锚栓预拉力计算、混凝土筒体内力计算、锚板强度及其周围混凝土局部承压验算；特别是对地基承载力特征值、基底压力和基础侧面横向压力、基础顶面水平变形和基础转角、混凝土筒体强度、上锚板附近混凝土的局部压力等给出了详细的计算分析方法。

9.3.2 风机塔筒（架）设计

在设计风机塔筒时，为保证风机在正常运行期的安全性，风机塔筒的频率应避开风机自振运行频率（1P、3P），如图 9-33 所示，以免发生共振破坏。

风机塔筒一般由设备厂家设计，属于设备行列，在这里不作赘述。

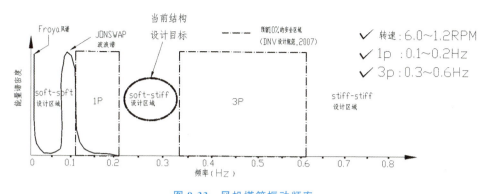

图 9-33 风机塔筒振动频率

9.3.3 光伏支架设计

光伏支架作为光伏发电的重要组成部分，结构方案设计与选型需要考虑到耐久性、经济性、可调性以及施工便利性。

1. 光伏支架设计原则

光伏支架要保证其能够满足基本的受力性能，保证其具有足够的承载能力，同时还要对相应的地基（或屋面结构）承载能力进行一定验算；各部分荷载的取值要依据相关的设计规范进行；整个的光伏支架结构的设计方案应该包括光伏结构实施的全过程。

1) 夹具布置原则

在设定的坡度方向进行相关夹具的布置，针对不同的支架材质选择不同的间距进行设置，保证各部分夹具的设计间距满足相关要求。

2) 导轨布置原则

导轨布置主要是为了能够最大限度地利用光伏组件的承载能力，而且能够使其达到最佳的受力状态。因此，导轨的间距要严格按照相关规范的要求，使其最大限度地发挥受力性能，提高整个光伏支架的承载能力。

3) 柱间支撑布置原则

根据每一排光伏支架的纵向长度，进行相应的柱间支撑设置。如纵向长度较短，则只需要在端部和中间位置布置柱间支撑；如光伏支架的纵向长度较大，除了要在端部和中间进行布置支撑，还需要隔一定间距布置支撑，从而提高光伏支架结构的整体稳定性。

2. 光伏支架结构设计

光伏支架结构的计算主要依据《钢结构设计标准》（GB 50017—2017）的规定来进行，光伏支架的结构组成构件一般有檩条、横梁、相应的支撑体系以及立柱等。

1) 支架荷载分析及荷载效应组合

在进行光伏支架的受力分析时，首先要确定其承受的荷载情况。其中恒载主要包含了上部结构所传来的自重，活载及施工荷载则是根据相关的规范进行取值。此外，还要根据项目所在地区以及其他因素等确定风荷载的取值和地震作用计算，还要考虑温度效应对其的影响。对支承电池组件的檩条，尚需根据电池组件的阵列布置，确定传递到檩条上的荷载。

在进行支架结构设计时，应按两种极限状态计算或验算，一是承载能力极限状态计算，二是正常使用极限状态验算，针对不同的情况进行相应的荷载效应组合。

在进行这些荷载效应组合时，需要考虑两种情况下的组合：一种是有地震效应的组合，另一种是没有地震效应的组合。不同组合的荷载分项系数有所不同，因此需要对其进行细致的计算工作，才能够保证所计算出的支架内力的准确性。

2）支架檩条设计

依照相关规范要求，对不同种类的檩条进行强度、挠度以及稳定性验算。

3）电池组件阵列支架设计

在进行了结构各部分的承载能力计算之后，则需要针对不同的要求，对其光伏组件的阵列情况进行相应的布置。根据工程中所需要的电池数量，进行分行分列，根据支架的倾角，利用支架体系进行相关的檩条布置，设置好的电池组件与其下部的檩条选用相应方式进行连接，通常情况下选用螺栓连接。为了能够保证其安全性，需要在其两侧面增加垫圈。

4）支架连接设计

光伏支架结构各杆件之间通常选用螺栓进行连接。这种方式的连接一方面能够使连接的结构间的变形不受阻碍，能够更加合理地承受一定范围的结构变形；另一方面在现场施工时更为方便，因此在实际光伏项目中得到了广泛的应用。

9.4 加固与改造

风机机组在建造和使用过程中容易出现的病害和事故主要有风机整体破坏和基础局部病害。

9.4.1 风机整体破坏

风机整体破坏形式有塔筒折断、基础环整体拔出和基础混凝土拔断等，如图9-34所示。

(a) 塔筒折断

(b) 基础环整体拔出

(c) 基础混凝土拔断

图9-34 风机整体破坏的几种形式

9.4.2 风机基础局部病害

风机基础局部病害有混凝土内部缺陷、混凝土浇筑施工冷缝,如图 9-35 所示,以及基础混凝土强度不足、基础环下法兰松动塔筒摇晃、基础面裂缝等,如图 9-36 所示。

(a) 混凝土浇筑分层(取芯检测)　　　　(b) 混凝土施工冷缝(外观)

图 9-35　基础分层缺陷

图 9-36　塔筒与基础连接处松动

9.4.3 典型工程案例

典型案例一:施工分层,浇筑缺陷

湖南某风电场,单台风机 2MW,采用扩大板式基础。由于施工期间恶劣天气、路况等原因,基础分两次浇筑完成,如图 9-37 所示。

基础一、二次混凝土浇筑结合面存在明显缺陷,台柱与翼缘板结合部出现蜂窝麻面,完整性不满足设计与验收规范要求,因此本方案采用混凝土缺陷修补及打入自锁锚杆穿过结合面的方法进行加固处理,具体方法为:

(1) 采用高强修补材料对混凝土缺陷部位进行修补。

图 9-37 基础浇筑分层

（2）打入自锁锚杆穿过结合面并施加一定的预应力，通过自锁锚杆的"压紧"作用将两部分连成整体，如图 9-38 所示。

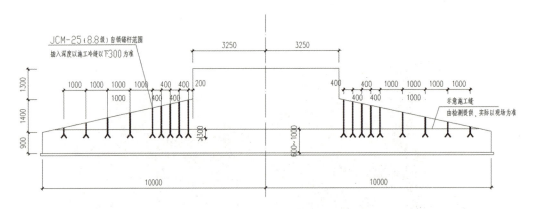

图 9-38 风机基础施工缝处理方案

风机基础加固后照片如图 9-39 所示。

图 9-39 风机基础加固后照片

典型案例二：基础塔筒倾斜、基础环不平整度超限

辽宁朝阳大唐喀左风电场 20 台单机容量 1.5MW 的风电机组，装机容量共 30.0MW。采用扩大板式基础，基础环连接。在运行过程中发现塔体倾斜超限，基础上法兰平整度超限，需要对其进行纠偏处理。

现场调查原因发现是塔筒底座上锚板未进行二次灌浆处理造成的，主要问题有：①风机基础上锚板底混凝土不密实（图 9-40）；②锚板平整度偏差超出 3mm 的设计限值；③塔筒发生倾斜现象。

采用了调平上锚板、塔筒纠偏、置换锚板下部不密实混凝土等处理方法，如图 9-41、图 9-42 所示。

图 9-40 风机基础混凝土病害

图 9-41 风机基础顶升调平及塔筒纠偏　　图 9-42 基础二次灌浆置换处理后照片

典型案例三：塔筒晃动

塔筒晃动此类现象在早期的基础环式风机塔筒中非常普遍。

1. 工程概况

某风电场项目于 2012 年建成投产，部分风机出现基础环接缝泛浆现象，运行时风机塔筒明显晃动。根据现场勘察和综合分析，推测基础环与混凝土间已经产生破碎带，基础环下法兰处可能形成空腔，存在严重安全隐患。

雨水（有明水时）灌入风机基础环（法兰筒）塔筒内或混凝土基础缝隙内，导致部分塔筒内、外出现泛浆现象。泛浆物呈灰状液体，不凝结，该泛浆现象随着时间推移将进一步加剧基础环受力结构恶化。随着泛浆量加大，钢结构基础环与混凝土基础结构的间隙将不断扩大，势必对风机基础及风机安全造成严重影响，可能造成风机倒塌的安全生产事故。

2. 基础环松动病害形成机理分析

基础法兰环与底端基础台是一个钢与混凝土整体组合结构（图 9-43（a）），在基础大体积浇筑混凝土过程中温度应力、混凝土自收缩、法兰环与混凝土不同材质的温缩差、

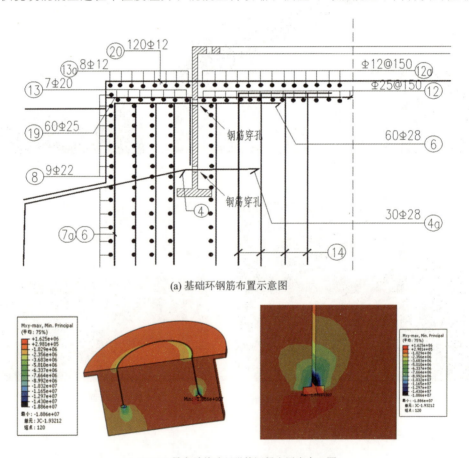

(a) 基础环钢筋布置示意图

(b) Mxy 最大时基础环附件混凝土压应力云图

图 9-43　风机塔筒晃动原因分析

环形结构等各种因素组合，无法避免地使法兰与混凝土间产生微量间隙。

法兰环内外与混凝土结构的微细间隙存在，不能完全限制法兰环变形。

风力发电机高度大，体量大，设备运行动载、风载各种力的作用，使结构产生自振，传导到结构基础部分；在变形、自振的长期作用下，钢结构基础环与混凝土结构产生摩擦和挤压（图 9-43（b）），加大钢环与混凝土间隙；当雨水或地下水进入基础钢环间隙内，变形、自振与水、混凝土摩擦产生的粉末，形成一种湿磨效应，进一步加大混凝土基础与法兰环磨损；风压在偏心作用下，使混凝土粉末与水形成稠状物挤压冒到基础外，放大并加剧上述现象。

3. 常规处理方案

此类病害的常规处理方式为压力注浆，如图 9-44 所示。但该方案存在如下难以解决的问题：①基础环下法兰处松动情况无法查明；②基础环埋置较深，且周边钢筋密布，无法避开钢筋顺利钻孔；③灌浆质量无法得到保证；④灌浆材料在后续较短时间内极易压碎失效。

4. 采用自锁锚杆的方案

现场采用在基础环周边布设预应力自锁锚杆方案；锚杆底端用扩孔自锁锚头锚固到风机基础底面以下混凝土中，顶端施加预应力后通过连接件与基础环锚固到一起，防止基础环发生晃动，如图 9-45 所示。

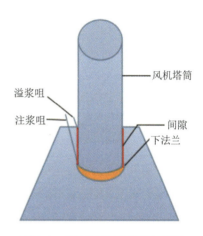

图 9-44 基础环打孔灌浆示意图

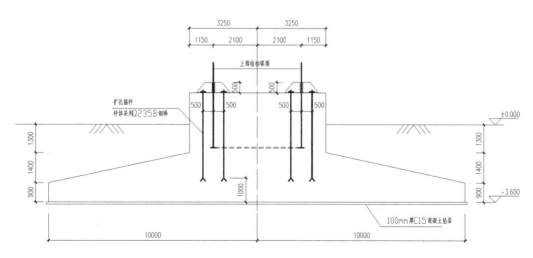

图 9-45 自锁锚杆锚固基础环示意图

典型案例四：岩石锚杆基础锚杆断裂

1. 工程概况

某风力发电场发电机组共 33 台，装机总容量 49.5MW。风机基础采用 P&H 岩石锚杆基础。项目于 2013 年 12 月 30 日投产发电，运行过程中发现部分风机基础原设计的 18 根 50mm 岩石预应力锚杆出现数量不等的断裂情况。

2. 加固方案

业主组织了两轮专家论证会，与会专家和参建方对原风机基础岩石预应力锚杆断裂的原因进行了系统、全面的分析、论证，结合专家意见及相关技术资料，并根据现场实际情况，提出了风机基础加固处理方案：①对原风机基础采取加大截面法进行加固（加大基础直径）；②在基础扩大区域增加 18 根岩石预应力锚索，锚索底端用扩孔自锁锚头锚固于岩石地基中。自锁锚杆处理岩石锚杆基础如图 9-46 所示。

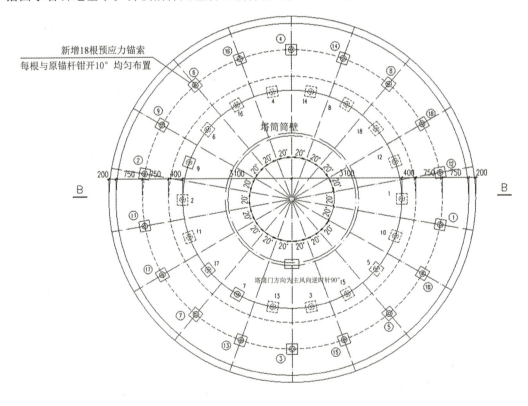

(a) 风机基础加固平面图

图 9-46　自锁锚杆处理岩石锚杆基础

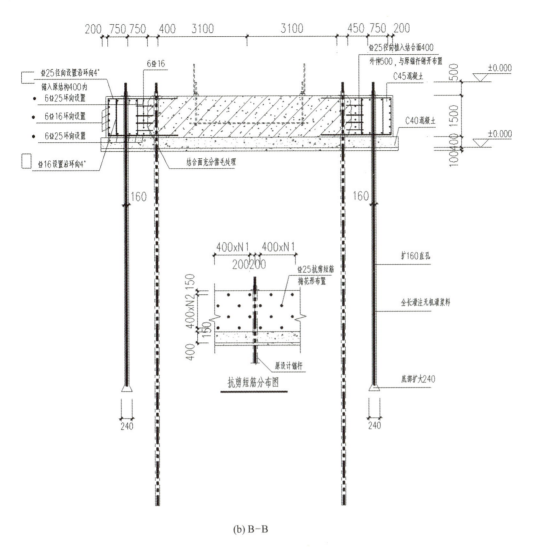

(b) B—B

续图 9-46

自锁锚杆安装大样如图 9-47 所示。

3. 现场施工

岩石预应力锚索现场施工情况如图 9-48 所示。

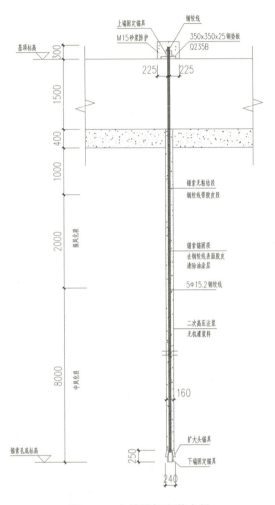

图 9-47 自锁锚杆安装大样

预应力张拉

施工完毕

图 9-48 现场施工照片

9.5 国内外著名风电和太阳能电站

1. 中国最大的风力发电站场——内蒙古风电基地

内蒙古东部风电基地是我国在内蒙古东部地区开发建设的千万千瓦级风电基地，如图 9-49 所示。内蒙古东部地区风能资源丰富、土地开阔、人口稀少、地价低廉，适合长期开发和集约开发建设大型风电基地，可为大规模送电提供电源保障。内蒙古自治区离地 10m 高度风能资源总储量为 8.98 亿千瓦，技术可开发量为 1.5 亿千瓦，其中蒙东地区面积约占内蒙古自治区面积的 40%，风能资源储量约占整个自治区风能资源储量的 32%，风能资源的技术可开发量约为 4300 万千瓦。

2023 年，内蒙古风电光伏累计并网规模达到 9260 万千瓦，占全区电力总装机的 45%，全年新增装机 3128 万千瓦，实现风电光伏年度新增装机、累计装机、发电量"3 个全国第一"。

图 9-49 内蒙古风电基地

2. 中国第二的风力发电站场——新疆哈密风电基地

新疆是我国重要的战略能源接替区，不仅拥有丰富的石油、煤炭等化石能源，还拥有丰富的风能等清洁能源。新疆哈密风电基地是我国 2010 年 8 月在哈密东南部建设的 200 万千瓦风电开发基地，如图 9-50 所示。

从资源储量来看，新疆风能资源总储量约为 8.9 亿千瓦，总面积达 7.8 万平方千米，技术开发量约为 1.2 亿千瓦，是我国陆上风能资源富集省区之一。全疆九大风区有三个分布在哈密市，总面积达 5.16 万平方千米，技术开发量为 7549.8 万千瓦，占到全疆的 62.9%，因此，哈密市被国家确定为八大千万千瓦级风电基地之一。

图 9-50　新疆哈密风电基地

3. 中国第三的风力发电站场——甘肃酒泉风电基地

甘肃酒泉风电基地是我国第一个千万级风电基地的启动项目，是国家继西气东输、西油东输、西电东送和青藏铁路之后，西部大开发的又一标志性工程，被誉为"风电三峡"，如图 9-51 所示。

该项目场址位于甘肃省酒泉市玉门镇西南戈壁滩上，地势平坦开阔，工程地质条件良好，交通运输和用水用电条件具备，适宜建设大型风电场。

甘肃酒泉风电基地风力发电厂所在地区的风能资源总储量 2 亿千瓦，可开发量 8000 万千瓦以上，占全国可开发量的七分之一。其风电装机量达 915 万千瓦，从这里输出的电量，等于每年节约标煤 25 万吨，减少二氧化硫排放 8071t、二氧化氮排放 2290t、二氧化碳排放 42.7 万吨、一氧化碳排放 58t、烟尘排放 45.4 万吨，减少耗水 1.23 万吨，可有效改善大气环境。

图 9-51　甘肃酒泉风电基地（在建）

4. 国内目前单体容量最大的海上风电场——中广核汕尾后湖海上风电场

国内目前单体容量最大的海上风电场——中广核汕尾后湖 50 万千瓦海上风电项目全部机组（91 台 5.5MW 风电机组）已并网发电，正式投产运营，如图 9-52 所示。年上网电量可达 14.89 亿度，每年可节省标煤消耗约 42 万吨，减少二氧化碳排放量约 86 万吨。

图 9-52　中广核汕尾后湖 50 万千瓦海上风电场

5. 全球最大的光伏发电基地——青海塔拉滩光伏电站

茫茫戈壁荒滩寸草不生，这是昔日塔拉滩给人留下的印象。随着光伏发电的兴起，"借光"聚能的塔拉滩换了模样。如今，这里已建起全球装机容量最大的光伏发电园区——海南州生态光伏园，如图 9-53 所示。据统计，当前园区已入驻企业 46 家，总装机量为 15730MW，年均发电量达到 100 亿千瓦时，年节约标准煤 311 万吨，减排二氧化碳 780 万吨。

图 9-53　青海塔拉滩光伏电站海南州生态光伏园

参 考 文 献

[1] 高作平,陈明祥,周剑波.地下排水与观测廊道加固方案的现场试验论证[J].岩土力学,2003(S2):395-398.

[2] 高作平.粘钢加固钢筋混凝土梁的非线性有限元分析[J].武汉大学学报(工学版),1992(6):594-601.

[3] 甘良绪,高作平,屈大梁.粘钢加固钢筋混凝土受扭构件试验研究[J].武汉大学学报(工学版),1992(6):637-641.

[4] 林树,甘良绪,高作平.钢筋混凝土悬臂梁粘钢加固试验研究[J].武汉大学学报(工学版),1992(6):650-656.

[5] 高作平,陆惠君,甘良绪.结构粘结剂的试验研究[J].武汉大学学报(工学版),1992(6):680-686.

[6] 高作平,甘良绪,刘小明.新老混凝土界面连接技术[J].水利水运科学研究,1998(3):287-291.

[7] 高作平,周建波,秦文科,等.自锁锚固技术在风轮机岩石基础中的应用[J].武汉大学学报(工学版),2012(201):132-135.

[8] 高作平,周剑波,甘良绪,等.钢筋混凝土短柱外包粘钢加固法试验研究[J].特种结构,1999,16(2):52-55.

[9] 高作平,陈明祥,周剑波.地下排水与观测廊道加固方案的现场试验论证[J].岩土力学,2003(202):395-398.

[10] 高作平.结构胶流变性的研究——模型、短期试验与数值分析[J].工业建筑,1998(4):57-59.

[11] 高作平,甘良绪,严定耀,等.李珍铁矿抗冲耐磨墙修复实例[J].特种结构,1998,15(4):48-50.

[12] 刘小明,高作平,甘良绪.鄂州市樊口大闸钢闸门粘钢加固有限元分析[J].水利水运科学研究,1998(3):275-280.

[13] 甘良绪,高作平,刘小明.响水潭水库输水管竖井堵漏与加固实践[J].水利水运工程学报,1998(201):48-51.

[14] 常晓林,位敏,高作平.高地震烈度下金安桥碾压混凝土重力坝动力分析[J].水利水电技术,2005,36(7):57-59,63.

[15] 刘小明,高作平,甘良绪,等.一种新型面层粘贴不锈钢的定形钢模板试验研究[J].工业建筑,1999(7):69-70.

[16] 陈立保,陈明祥,高作平,等.主厂房空间框架中考虑楼板作用的有限元分析[J].工业建筑,2005(201):420-422,431.

[17] 位敏,常晓林,高作平.洞坪双曲拱坝三维渗流及坝肩稳定分析[J].湖北水力发电,2005(201):43-47,61.

[18] 李庆繁,高连玉,高作平.关于外墙涂料防水透气性的探讨[J].砖瓦,2016(3):47-52.

[19] 李日辰,卢义焱,陈明祥,等.后成型端部缺口梁抗剪加固试验研究[J].土木与环境工程学报(中英文),2012,34(4):38-45.

[20] 李北星,陈明祥,高作平.无机快速锚固灌注材料的性能与应用研究[J].水利水电技术(北京),2003(6):36-38,68.

[21] 周艳国,周剑波,高作平.粘结型钢加固钢筋混凝土梁抗弯性能试验研究[J].建筑技术开发,2001(7):35-36.

[22] 李日辰,陈明祥,卢亦焱.粘接型钢形成的缺口梁抗剪粘钢加固方式试验[J].武汉理工大学学报,2009,31(4):28-33.

[23] 卢亦焱,陈莉,高作平,等.薄壁钢管外粘钢加固理论研究[J].工业建筑,2004(3):83-84,87.

[24] 石志龙,卢亦焱,高作平.输电铁塔基础混凝土裂缝检测与加固[J].特种结构,2003(4):61-64.

[25] 卢亦焱,陈莉,高作平,等.外粘钢板加固钢管柱承载力试验研究[J].建筑结构,2002,32(4):43-44,18.

[26] 卢亦焱,高作平,陈明祥,等.某电站厂房裂缝的分析与处理[J].建筑结构,2001,31(9):40-42.

[27] 李日辰,高作平.悬臂梁粘型钢加固反应实例[J].工业建筑,2000(12):66-68.

[28] 卢亦焱,高作平,万雄卫,等.厂房钢筋混凝土梁酸腐蚀与加固补强[J].建筑结构,2000(8):49-51.

[29] 史健勇,卢亦焱,何勇,等.碳纤维布加固钢筋混凝土梁正截面承载力试验研究[J].建筑技术,2001(6):370-372.

[30] 廖杰洪,谭星舟,陈明祥,等.自锁锚杆在风机基础改造中的应用研究[J].武汉大学学报(工学版),2020,53(201):274-277.

[31] 晏思聪,陈明祥,高作平,等.抽水蓄能电站排水观测廊道拱顶开裂事故原因的分析研究[J].岩石力学与工程学报,2001(202).

[32] 廖杰洪,周志勇,李明,等.某汽机基础加固改造的有限元分析及试验研究[J].武汉大学学报(工学版),2021,54(202):14-20.

[33] 曹小武,谭星舟,周剑波.地下输水隧洞加固方案与有限元分析研究[J].水利规划与设计,2018(12):151-155.

[34] 卢亦焱,龚田牛,张学朋,等.外套钢管自密实混凝土加固钢筋混凝土圆形截面短柱轴压性能试验研究[J].建筑结构学报,2013(6):121-128.

[35] 卢亦焱，薛继锋，张学朋，等．外套钢管自密实混凝土加固钢筋混凝土中长圆柱轴压性能试验研究［J］．土木工程学报，2013，46（2）：100-107．

[36] 陈明祥．粘钢混凝土梁的弯曲损伤分析［J］．武汉大学学报（工学版），1992（6）：602-608．

[37] 李治，湖北省发改委办公楼加层改造设计［J］．建筑结构，2008，38（5）：70-72，105．

[38] 综合科技日报，人民日报．600年屹立不倒紫禁城有何建筑奥秘［J］．科学大观园，2020（20）：22-25．

[39] 张爱林，王小青，刘学春，等．北京大兴国际机场航站楼大跨度钢结构整体缩尺模型振动台试验研究［J］．建筑结构学报，2021，42（03）：1-13．

[40] 吕国梁，陈志康，郑光俊．南水北调中线丹江口大坝加高工程设计［J］．人民长江，2009（23）：81-84．

[41] 刘天羽，Peter J. Tavner．风电高速发展下的中国风力发电机可靠性的研究［J］．上海电机学院学报，2010（6）：315-321．

[42] 白鹤滩的N个世界之最：白鹤滩工程观察报告［J］．中国三峡，2021（9）：56-69．

[43] 韩冬，赵增海，严秉忠，等．2021年中国常规水电发展现状与展望［J］．水力发电，2022，48（6）：1-5，72，104．

[44] 王樱畯，李金荣．天荒坪抽水蓄能电站上水库设计特点及技术发展［J］．水电与抽水蓄能，2018，4（5）：20-25．

[45] 马伟斌．铁路山岭隧道钻爆法关键技术发展及展望［J］．铁道学报，2022，44（3）：64-85．

[46] 李其桐．拱坝发展概况［J］．四川水力发电，1990（1）：62-70，58．

[47] 黎展眉．国内外拱坝建设与发展［J］．贵州水力发电，2005（02）：5-10．

[48] 万雄卫，徐盈，肖皓，等．二滩水电站水垫塘抗冲磨修补研究［J］．水利水电技术，2013，44（9）：96．

[49] 陆敏，顾祥奎，王晓晖．洋山四期码头水工结构设计要点［J］．水运工程，2016（9）：17-22．

[50] 王贵祥．建筑理论、建筑史与维特鲁威《建筑十书》：读新版中译维特鲁威《建筑十书》有感［J］．建筑师，2013（5）：101-108．

[51] 高海燕．海上风电机组单桩支撑结构和基础设计分析［J］．科技资讯，2020，18（33）：35-36，49．

[52] 丁智．工业建筑发展简史及未来展望［J］．石油化工设计，2020，37（2）：59-64，67．

[53] 李江云，胡少华，周龙才，等．新滩口泵站改造方案全流道仿真分析［J］．工程热物理学报，2008（7）：1136-1140．

[54] 罗承先．太阳能发电的普及与前景［J］．中外能源，2010（11）：33-39．

[55] 欧阳峰，陈长璠．某大楼加层预应力巨型框架设计研究［J］．建筑结构，1997（1）：

38-41.

[56] 龙莉波．上海外滩源 33 号历史保护建筑改造及地下空间开发［J］．上海建设科技，2014（4）：39-41．

[57] 顾宽海，李增光，程泽坤，等．码头结构加固改造方法和施工技术［J］．水运工程，2016（6）：9．

[58] 高作平，陈明祥．混凝土结构粘结加固技术新进展［M］．北京：中国水利水电出版社，1999．

[59] 赵西安．高层建筑结构实用设计方法［M］．3 版．上海：同济大学出版社，1998．

[60] 卢亦焱．外套钢管夹层混凝土加固混凝土结构［M］．北京：科学出版社，2023．

[61] 上海大学美术学院．建筑概论步入建筑的殿堂［M］．北京：中国建筑工业出版社，2009．

[62] 李钰．建筑工程概论［M］．3 版．北京：中国建筑工业出版社，2021．

[63] 张文忠．公共建筑设计原理［M］．5 版．北京：中国建筑工业出版社，2020．

[64] 钱坤，吴歌．建筑概论［M］．北京：北京大学出版社，2021．

[65] 胡明，蔡付林．水电站［M］．5 版．北京：中国水利水电出版社，2021．

[66] 李仲奎，马吉明，张明．水力发电建筑物［M］．北京：清华大学出版社，2007．

[67] 徐炬平．港口水工建筑物［M］．北京：人民交通出版社，2011．

[68] 田土豪，陈新元．水利水电工程概论［M］．北京：中国电力出版社，2006．

[69] 竺慧珠，陈德亮，管枫年．渡槽［M］．北京：水利水电出版社，2009．

[70] 夏富洲．水工建筑物［M］．6 版．北京：中国水利水电出版社，2019．

[71] 王元战．港口与海岸水工建筑物［M］．北京：人民交通出版社，2013．

[72] 谭界雄，高大水，周和清，等．水库大坝加固技术［M］．北京：中国水利水电出版社，2011．

[73] 华北水利水电大学水利水电工程系．水利工程概论［M］．北京：中国水利水电出版社，2020．

[74] 韩理安．港口水工建筑物［M］．北京：人民交通出版社，2008．

[75] 钱伯章．风能技术与应用［M］．北京：科学出版社，2010．

[76] 李晓杰．九说中国：桥上桥下的中国［M］．上海：上海文艺出版社，2022．

[77] 万明坤．桥梁漫笔［M］．北京：中国铁道出版社，2015．

[78] 项海帆，潘洪萱，张圣城，等．中国桥梁史纲［M］．上海：同济大学出版社，2009．

[79] 茅以升．桥梁史话［M］．北京：北京出版社，2020．

[80] 翟秀静．新能源技术［M］．北京：化学工业出版社，2010．

[81] 王成．重庆交通大学隧道工程教案［M］．重庆：重庆交通大学出版社，2018．

[82] 肖汝诚．桥梁结构体系［M］．北京：人民交通出版社，2013．

[83] 中国大百科全书编纂委员会．桥梁发展史［M］．北京：中国大百科全书出版社，1993．

[84] 李旭东. 钢筋混凝土框架结构加层改造关键技术研究 [D]. 唐山：华北理工大学，2016.

[85] 毕关庆. 山西某大厦"高鸡腿式"外套钢框架加层结构抗震性能分析 [D]. 太原：太原理工大学，2014.

[86] 章佳娟. 底层整体顶升的力学分析与位移控制 [D]. 南京：东南大学，2016.

[87] 张君临. 既有建筑地下增层改造风险综合评估研究 [D]. 南京：南京工业大学，2016.

[88] 张帆. 城市高密度环境下高层建筑"次级地面"的设计策略研究——以新加坡为例 [D]. 广州：华南理工大学，2018.

[89] 束伟农. 北京大兴国际机场航站楼钢结构设计研究 [R]. 武汉：第二届大跨空间结构技术交流会，2019.

[90] 水利部. 混凝土重力坝设计规范：SL 319—2018 [S]. 北京：中国水利水电出版社，2018.

[91] 水利部. 混凝土拱坝设计规范：SL 282—2018 [S]. 北京：中国水利水电出版社，2018.

[92] 水利部. 碾压混凝土坝设计规范：SL 314—2018 [S]. 北京：中国水利水电出版社，2018：8.

[93] 住房和城乡建设部. 灌溉与排水工程设计标准：GB 50288—2018 [S]. 北京：中国计划出版社，2018.

[94] 水利部. 水工隧洞设计规范：SL 279—2016 [S]. 北京：中国水利水电出版社，2016.

[95] 住房和城乡建设部. 泵站设计标准：GB 50265—2022 [S]. 北京：中国计划出版社，2022.

[96] 水利部. 水闸设计规范：SL 265—2016 [S]. 北京：中国水利水电出版社，2016.

[97] 交通运输部. 码头结构设计规范：JTS 167—2018 [S]. 北京：人民交通出版社，2018.

[98] 交通运输部. 码头结构设计规范：JTS 215—2018 [S]. 北京：人民交通出版社，2018.

[99] 武汉巨成结构集团股份有限公司. 一种钢滑道顶升建筑物增层的施工方法：中国，20151044074473 [P]. 2017-3-29.

[100] 武汉巨成结构集团股份有限公司. 一种顶升增层钢管混凝土柱与基础连接施工方法：2018110766138 [P]. 2021-1-8.

[101] 武汉巨成结构集团股份有限公司. 一种利用同步顶升移位装置新增小区地下空间的施工方法：2018104570801 [P]. 2019-11-15.

[102] 空中流动的能源，中国科学院科普文章 [Z].